高职高专“十三五”规划教材

数据库原理及应用
—SQL Server 2014

郭俐　肖英　谢日星　主　编
李唯　刘洁　副主编
王路群　罗保山　主　审

化学工业出版社
·北京·

本书结合高职高专的教学特点，系统地介绍了学生必须掌握的数据库原理相关理论知识，在此基础上，通过大量实例着重讲解 SQL Server 2014 数据库的操作与管理，以某公司人事系统后台数据库设计项目为例贯穿全书，使得数据库原理的阐述与 SQL Server 2014 的实际应用融为一体，读者可以通过必要的基本理论指导其对数据库操作的实践，同时也能在实践中加深对数据库原理的理解。为方便读者更好地掌握 SQL Server 2014 的使用方法，书中采用通俗易懂的方式介绍了有关操作步骤和原理，并辅以大量实例和插图，章后配有相关内容的项目实训，便于读者通过实际操作和练习，巩固所学知识。

本书共计三大部分，其中第一部分（第 1 章至第 4 章）主要介绍数据库基本概念和理论；第二部分（第 5 章至第 7 章）主要介绍 SQL Server 2014 的安装、管理和数据操作等；第三部分（第 8 章和第 11 章）主要介绍数据库系统设计方法。

本书内容翔实、叙述清晰、注重实践、习题丰富，可作为高职高专计算机相关专业的必修教材，也适合计算机相关人员自学使用。

图书在版编目(CIP)数据

数据库原理及应用：SQL Server 2014 / 郭俐，肖英，
谢日星主编. —北京：化学工业出版社，2017.7（2023.1 重印）
高职高专“十三五”规划教材
ISBN 978-7-122-29742-6

Ⅰ. ①数… Ⅱ. ①郭… ②肖… ③谢… Ⅲ. ①关系数据库系统-高等职业教育-教材 Ⅳ. ①TP311.138

中国版本图书馆 CIP 数据核字（2017）第 111577 号

责任编辑：王听讲　　装帧设计：刘丽华
责任校对：边　涛

出版发行：化学工业出版社（北京市东城区青年湖南街 13 号　邮政编码 100011）
印　　装：涿州市般润文化传播有限公司
787mm×1092mm　1/16　印张 12¼　字数 322 千字　2023 年 1 月北京第 1 版第 2 次印刷

购书咨询：010-64518888　　售后服务：010-64518899
网　　址：http: // www. cip. com. cn
凡购买本书，如有缺损质量问题，本社销售中心负责调换。

定　　价：28.00 元

前　言

本书针对职业教育特点，淡化理论，强化技能，重在实践，在完成必要的理论阐述之后，以SQL Server 2014数据库管理系统为实训环境，重点详述了数据库应用、管理的技能，以及数据库程序设计技能，适合于熟悉计算机组成、掌握计算机程序设计基本技能的读者作为教材或自学用书。全书以实际项目设计贯穿全书，在每项技术讲解完成后，再辅以实践练习，加强学生的实践能力，最后完成一个完整的数据库设计和编程，让学生能在实践训练中，掌握关系型数据库管理系统的应用技术、关系型数据库的设计以及数据库程序设计技能。

本书是编者在多年的教学实践、科学研究，以及项目实践的基础上，参阅了大量国内外相关教材后，几经修改而成，主要特点如下。

1．语言严谨、精练。简明扼要地对数据库中的基本概念和相关技术进行了解释，读者能轻松地掌握每一个知识点。

2．实际项目开发与理论教学紧密结合。为了使读者快速掌握关系型数据库的操作技能，本书在大部分章节的重要知识点后面都安排了相关的实训，还在最后一章完整地展示了数据库的设计和管理的全过程。

3．教材结构编排合理。本书按照由浅入深的顺序，循序渐进地介绍了数据库应用、管理以及程序设计的相关知识和技能，练习的重要性得到了充分体现。

4．教学资源丰富。由于书中涉及的项目是实际项目开发所使用的数据库系统，所以对读者的实践具有重要的指导作用。我们还将为使用本书的教师免费提供电子教案和教学资源，需要者可以到化学工业出版社教学资源网站http://www.cipedu.com.cn免费下载使用。

本书由武汉软件工程职业学院郭俐、肖英、谢日星担任主编，武汉软件工程职业学院李唯、刘洁担任副主编，由武汉软件工程职业学院王路群、罗保山担任主审，武汉软件工程职业学院董宁、肖奎、汪汝、赵丙秀、刘嵩、李文惠参与编写。

由于时间仓促，加之编者水平有限，书中不妥之处在所难免，殷切希望广大读者批评指正。

编　者

2017年5月

目 录

第 1 章　数据库基本概念

【内容提要】本章主要讲解数据管理技术的发展、数据模型和数据库系统等基本概念，为后面各章的学习打下基础。本章主要包括以下内容：数据库的基本概念、数据库技术的发展、常用的数据库管理系统、SQL Server2014 的安装与使用。

1.1　基本概念和定义

数据库是数据管理的工具，在系统学习数据库相关知识之前，首先要学习数据、数据库、数据库管理系统、数据库系统等一些常用的术语和基本概念。

1.1.1　数据与信息

数据是数据库中存储的基本对象，是客观世界反映出的信息的一种表现形式。 在许多不严格的情况下“数据”称为“信息”，事实上，数据不等于信息，数据只是信息表达方式中的一种。正确的数据可以表达信息，而虚假、错误的数据所表达的是谬误，不是信息。数据在大多数人头脑中的第一反应就是数字，其实数字只是最简单的一种数据，是对数据的一种传统和狭义的理解。事实上，数据的种类很多，文字、图形、图像、声音、学生的档案记录、货物的运输情况等，这些都是数据。

数据定义：描述事物的符号记录称为数据。 描述事物的符号可以是数字，也可以是文字、图形、图像、声音、语言等，数据有多种表现形式，它们都可以经过数字化后存入计算机。

1.1.2　数据库

数据库，简而言之就是存放数据的仓库。只不过这个仓库是在计算机的存储设备上，并且数据是按一定的格式存放的。

过去人们把数据存放在文件柜里，在科学技术飞速发展的今天，人们的视野越来越广，数据量急剧增加，现在人们借助计算机和数据库技术，科学地保存和管理大量的复杂的数据，以便能方便而充分地利用这些信息资源。

数据库定义：长期储存在计算机内的、有组织的、可共享的数据集合。数据库中的数据按一定的数据模型组织、描述和储存，具有较小的冗余度、较高的数据独立性和易扩展性，并可为各种用户共享。

1.1.3　数据库管理系统

了解了数据和数据库的概念，下一个问题就是如何科学地组织和存储数据，如何高效地获取和维护数据。完成这个任务的是一个系统软件：数据库管理系统（Data Base Management System，DBMS）。DBMS 是一种非常复杂的、综合性的、对数据进行管理的大型系统软件，它在操作系统（OS）的支持下工作。在确保数据“安全可靠”的同时，DBMS 大大提高了用户使用“数据”的简明性和方便性，用户对数据进行的一切操作，包括数据定义、查询、更新及各种控制，都是通过 DBMS 完成的。它的主要功能包括以下几个方面。

1. 数据库定义功能

DBMS 提供数据定义语言（Data Definition Language，DDL），用户通过它可以方便地对数据库中的数据对象进行定义。

2．数据操纵功能

DBMS 提供数据操纵语言（Data Manipulation Language，DML）实现对数据库数据的基本存取操作：检索、插入、修改和删除等。

3．数据库运行管理功能

DBMS 提供数据控制功能，即数据的安全性、完整性和并发控制等，对数据库运行进行有效的控制和管理，以确保数据库的数据正确有效和数据库系统的有效运行。

4．数据库的建立和维护功能

它包括数据库初始数据的输入、转换功能，数据库的转储、恢复功能，数据库的重组织功能和性能监视、分析功能等。这些功能通常是由一些实用程序完成的。

5．数据通信功能

DBMS 提供处理数据的传输，实现用户程序与 DBMS 之间的通信。通常与操作系统协调完成。

1.1.4 数据库系统

数据库系统是指使用数据库技术设计的计算机系统，一般由计算机硬件、数据库、数据库管理系统、应用软件和数据库管理员五部分组成。数据库的建立、使用和维护等工作只靠一个 DBMS 是远远不够的，还要有专门的人员来完成，这些人被称为数据库管理员（Data Base Administrator，DBA）。数据库系统可以用图 1.1 来表示。

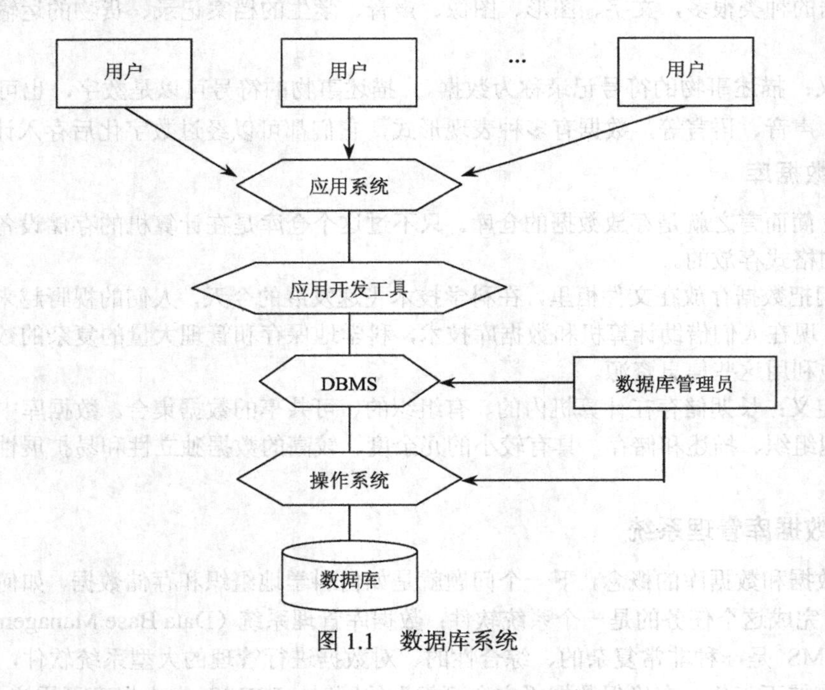

图 1.1 数据库系统

1.2 数据管理技术发展的过程

到目前为止数据管理技术经历了三个阶段：手工管理阶段、文件管理阶段和数据库技术阶段。数据库技术是 20 世纪 60 年代末期发展起来的数据管理技术。数据库技术仍在日新月异地发展，数据库技术的应用在继续深入。

1.2.1　人工管理

20 世纪 50 年代以前，计算机主要用于科学计算。外存只有纸带、卡片、磁带，没有直接存取的储存设备，并且那时还没有操作系统，没有管理数据的软件，数据处理方式是批处理。手工管理阶段具有以下特点。

1．不保存数据

在手工管理阶段，由于数据管理规模小，加上当时的计算机软硬件条件比较差。当时的处理方法是在需要时将数据输入，用完就撤走，数据管理中涉及的数据基本不需要，也不允许长期保存。

2．没有软件系统对数据进行管理

在手工管理阶段，没有相应的软件系统负责数据的管理工作，数据需要由应用程序自己管理。应用程序中不仅要规定数据的逻辑结构，而且要设计物理结构，包括存储结构、存取方法、输入方式等。这就造成程序中存取数据的子程序随着数据存储机制的改变而改变的问题，使数据与程序之间不具有相对独立性，这给程序员带来了极大的负担。

3．数据不共享

数据是面向应用的，一组数据只能对应一个程序。当多个应用程序涉及某些相同的数据时，由于必须各自定义，无法互相利用、互相参照，因此程序与程序之间有大量的冗余数据。

4．数据不具有独立性

数据的逻辑结构或物理结构发生变化后，必须对应用程序做相应的修改，这就进一步加重了程序员的负担。

在人工管理阶段，程序与数据之间的对应关系如图 1.2 所示。

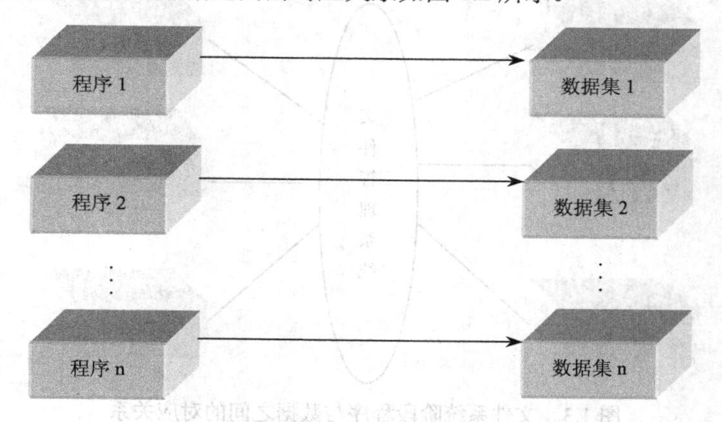

图 1.2　人工管理阶段程序与数据之间的对应关系

1.2.2　文件系统管理

从 20 世纪 50 年代后期至 60 年代中期，计算机硬件方面已有了磁鼓、磁盘等直接存储设备，计算机软件的操作系统中已经有了专门的管理数据软件，一般称为文件系统。处理方式上不仅有了批处理，而且能够联机实时处理。这时，计算机不仅用于科学计算，也已经大量用于数据处理。文件系统阶段具有以下特点。

1．数据以文件的形式长期保存

在文件管理阶段，由于计算机大量用于数据处理，采用临时性或一次性输入数据已无法满足使用要求，数据需要长期保留在外存上，以便能够反复对其进行查询、修改、插入和删除等操作。

因此，在文件系统中，按一定的规则将数据组织为一个文件，存放在外存储器中长期保存。

2．由文件系统管理数据

在文件管理阶段，有专门的计算机软件提供数据存取、查询、修改和管理功能，为程序和数据之间提供存取方法，为数据文件的逻辑结构与存储结构提供转换的方法。这样，程序员在设计程序时不必过多地考虑物理细节，使程序的设计和维护工作量大大减小了。

3．文件形式多样化

在文件管理阶段，为了方便数据的存储和查找，人们研究了许多文件类型，文件系统中数据文件不仅有索引文件、链接文件、顺序文件等多种形式，而且还可以使用倒排文件进行多键检索。

4．数据存取以记录为单位

在文件管理阶段，文件系统是以文件、记录和数据项的结构组织数据的。文件系统的基本数据存取单位是记录，也就是说文件系统按记录进行读写操作。

尽管文件系统有上述优点，但是，文件系统仍存在以下缺点。

1．数据共享性差，冗余度大

在文件系统中，文件仍然是面向应用的。当不同的应用程序具有部分相同的数据时，也必须建立各自的文件，而不能共享相同的数据，因此就造成了数据冗余度大、浪费存储空间的问题。

2．数据独立性差

在文件系统中，数据文件之间是孤立的，因此不能反映现实世界中事物之间的相互联系。文件系统中的文件是为某一种特定应用服务的，因此要想对现有的数据再增加一些新的应用程序，就不是那么容易了，系统不容易扩充，应用程序的改变也将引起文件的数据结构的改变，因此数据与程序之间仍缺乏独立性。

在文件系统阶段，程序与数据之间的对应关系如图 1.3 所示。

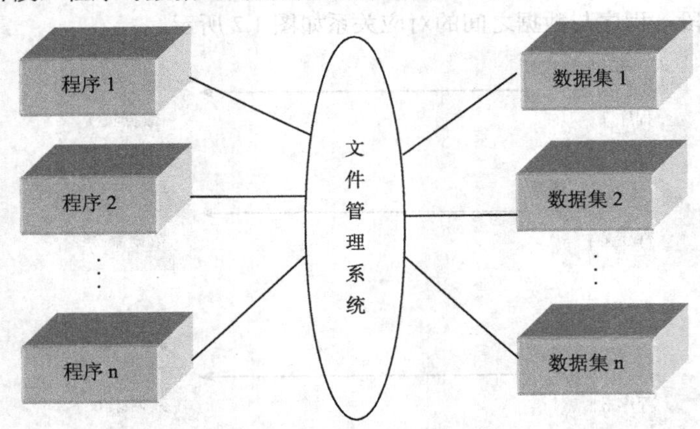

图 1.3　文件系统阶段程序与数据之间的对应关系

1.2.3　数据库管理

20 世纪 60 年代后期，数据管理技术就进入了数据库系统阶段。数据库技术是在文件系统的基础上发展起来的新技术，为用户提供了一种使用方便、功能强大的数据管理手段。在这一阶段出现了统一管理数据的专门软件系统——数据库管理系统。

从文件系统到数据库系统，标志着数据管理技术的飞跃，用数据库系统来管理数据，比文件系统具有明显的优点。

1．面向数据模型对象

数据模型是数据库设计的基础，在设计数据库时，要站在全局需要的角度抽象和组织数据；再完整、准确地描述数据自身和数据之间联系的情况；要建立适合整体需要的数据模型。与文件系统相比较，数据库系统的这种特点决定了它的设计方法，应先设计数据库，再设计功能程序，而不能像文件系统那样，先设计程序，再考虑程序需要的数据。

2．数据的共享性高、冗余度低、易扩充

所谓冗余度低就是指重复的数据少。减少冗余数据可以节约存储空间，使对数据的操作容易实现；可以使数据统一，避免产生数据的不一致问题。所谓数据的不一致性是指同一数据不同拷贝的值不一样。采用人工管理或文件系统管理时，由于数据被重复存储，所以很容易造成数据不一致。在数据库中数据共享，减少了由于数据冗余造成的不一致现象。减少冗余数据还可以便于数据维护，避免数据统计错误。

数据库系统从整体角度看待和描述数据，数据库中的数据是面向整个系统的，因此数据可以被多个用户、多个应用所共享。数据共享可以大大减少数据冗余，节约存储空间。

由于数据面向整个系统，是有结构的数据，不仅可以被多个应用所共享，而且容易增加新的应用，这就使得数据库系统非常易于扩充，可以适应各种用户的要求。当应用需求改变或增加时，只要重新选取不同的子集或加上一部分数据便可以满足新的需求。

3．数据和程序之间具有较高的独立性

数据库中的数据独立性可以分为两级：数据的物理独立性和数据的逻辑独立性。

物理独立性（Physical Data Independence）是指用户的应用程序与存储在磁盘上的数据库中数据是相互独立的。也就是说，数据在磁盘上的数据库中怎样存储是由 DBMS 管理的，用户程序不需要了解，应用程序要处理的只是数据的逻辑结构，这样，当数据的物理结构发生变化时，应用程序不需要修改也可以正常工作。

逻辑独立性（Logical Data Independence）是指用户的应用程序与数据库的逻辑结构是相互独立的，也就是说，即使数据的逻辑结构改变了，应用程序也可以不变。

数据独立性是由 DBMS 的二级映像功能来保证的，DBMS 的二级映像功能将在后面做详细介绍。

4．数据由 DBMS 统一管理和控制

数据库是系统中各用户的共享资源，因而计算机的共享一般是并发的，即多个用户同时使用数据库。因此，数据库管理系统 DBMS，就提供了数据安全性控制、数据完整性控制、并发控制和数据恢复等数据控制功能。

数据的安全性（Security）是指保护数据，以防止不合法使用造成的数据泄密和破坏。使每个用户只能按规定，对某些数据以某些方式进行使用和处理。

数据的完整性（Integrity）是指数据的正确性、有效性和相容性，完整性检查将数据控制在有效的范围内，或保证数据之间满足一定的关系。

并发控制（Concurrency）是指当多个用户的并发进程同时存取、修改数据库时，可能会发生相互干扰而得到错误的结果或使得数据库的完整性遭到破坏，因此必须对多用户的并发操作加以控制和协调。

数据恢复（Recovery）是指当计算机系统的硬件故障、软件故障、操作员的失误，以及故意的破坏，影响数据库中数据的正确性，甚至造成数据库部分或全部数据的丢失时，DBMS 必须具有将数据库从错误状态恢复到某一已知的正确状态的功能。

在数据库系统阶段，程序与数据之间的对应关系如图 1.4 所示。

1.2.4 数据库未来发展的趋势

数据库管理系统经历了 30 多年的发展演变，已经取得了辉煌的成就，发展成一门内容丰富的学科,形成了总量达数百亿美元的软件产业。数据、计算机硬件和数据库应用，这三者推动着数据库技术与系统的发展。数据库要管理数据的复杂度和数据量都在迅速增长；计算机硬件平台的发展仍然实践着摩尔定律；数据库应用迅速向深度、广度扩展。尤其是互联网的出现，极大地改变了数据库的应用环境，向数据库领域提出了前所未有的技术挑战。这些因素的变化推动着数据库技术的进步，出现了一批新的数据库技术，如 Web 数据库技术、并行数据库技术、数据仓库与联机分析技术、数据挖掘与商务智能技术、内容管理技术、海量数据管理技术等。限于篇幅，本书不可能逐一展开来阐述这些方面的变化，只是从这些变化中归纳出数据库技术发展呈现出的突出特点。

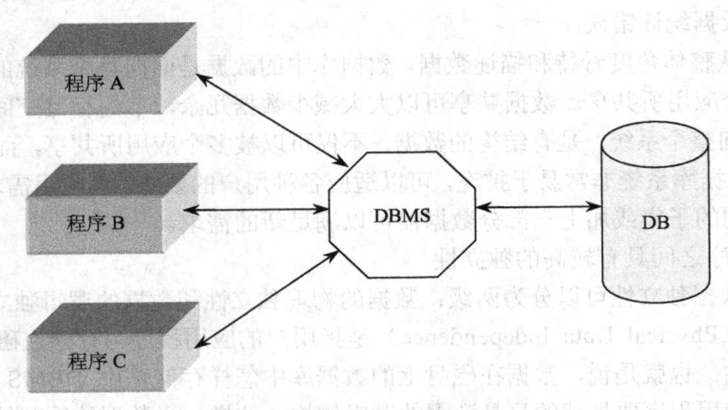

图 1.4　数据库系统阶段程序与数据之间的对应关系

①“四高”：即 DBMS 具有高可靠性、高性能、高可伸缩性和高安全性。数据库是企业信息系统的核心和基础，其可靠性和性能是企业领导人非常关心的问题。因为，数据库一旦发生故障，会给企业造成巨大的经济损失，甚至会引起法律的纠纷。最典型的例子就是证券交易系统，如果在行情来临的时候，由于交易量猛增，造成数据库系统的处理能力不足，导致数据库系统崩溃，将会给证券公司和股民造成巨大的损失。

②“互联”：指数据库系统要支持互联网环境下的应用，要支持信息系统间“互联互访”，要实现不同数据库间的数据交换和共享，要处理以 XML 类型的数据为代表的网上数据，甚至要考虑无线通信发展带来的革命性的变化。与传统的数据库相比，互联网环境下的数据库系统要具备处理更大量的数据，以及为更多的用户提供服务的能力，要提供对长事务的有效支持，要提供对 XML 类型数据的快速存取的有效支持。

③“协同”：面向行业应用领域要求，在 DBMS 核心基础上，开发丰富的数据库套件及应用构件，通过与制造业信息化、电子政务等领域应用套件捆绑，形成以 DBMS 为核心的面向行业的应用软件产品家族。满足应用需求，协同发展数据库套件与应用构件，已成为当今数据库技术与产品发展的新趋势。

1.3　常用的数据库管理系统

目前有许多数据库产品，如 Oracle、Sybase、Informix、SQL Server、Microsoft Access 等，各产品以自己特有的功能在数据库市场上占有一席之地。下面简要介绍几种常用的数据库管理系统。

Oracle 是最早商品化的关系型数据库管理系统，也是应用广泛、功能强大的数据库管理系统。作为一个通用的数据库管理系统，Oracle 不仅具有完整的数据管理功能，还支持各种分布式功能，特别是支持 Internet 应用。作为一个应用开发环境，Oracle 提供了一套界面友好、功能齐全的数据库开发工具。Oracle 使用 PLISQL 语言执行各种操作，具有可开放性、可移植性、可伸缩性等特点。 特别是 Oracle8i，支持面向对象的功能，如支持类、方法、属性等，使 Oracle 产品成为一种面向对象的关系型数据库管理系统。

DB2 是 IBM 公司的产品，是一个多媒体、Web 关系型数据库管理系统，其功能足以满足大中公司的需要，并可灵活地服务于中小型电子商务解决方案。DB2 数据库系统在企业级的应用中十分 广泛，其采用多进程多线索体系结构，可以运行于多种操作系统环境中，并根据相应平台环境进行调整和优化，以便能够达到较好的性能。

Sybase 数据库管理系统是 Sybase 公司开发的数据库产品，是一个面向联机事务处理，具有高性能、高可靠性的功能强大的关系型数据库管理系统，其多库、多设备、多用户、多线索等特点，极大地丰富和增强了数据库的功能。

SQL Server 是微软公司开发的大型关系型数据库系统。SQL Server 的功能比较全面，效率高，可以作为大中型企业或单位的数据库平台。SQL Server 在可伸缩性与可靠性方面做了许多工作，近年来在许多企业的高端服务器上得到了广泛的应用。同时，该产品继承了微软产品界面友好、易学易用的特点，与其他大型数据库产品相比，在操作性和交互性方面独树一帜。SQL Server 可以与 Windows 操作系统紧密集成，这种安排使 SQL Server 能充分利用操作系统所提供的特性，不论是应用程序开发速度，还是系统事务处理运行速度，都能得到较大的提升。另外，SQL Server 可以借助浏览器实现数据库查询功能，并支持内容丰富的扩展标记语言（XML），提供了全面支持 Web 功能的数据库解决方案。对于在 Windows 平台上开发的各种企业级信息管理系统来说，不论是 CIS（客户机-服务器）架构还是 BIS（浏览器-服务器）架构，SQL Server 都是一个很好的选择。SQL Server 的缺点是只能在 Windows 系统下运行。

Access 是微软 Office 办公套件中的重要成员。自从 1992 年开始销售以来，Access 已经卖出了超过 6000 万份，现在它已经成为世界上最流行的桌面数据库管理系统。与其他数据库管理系统软件相比，它更加简单易学，一个普通的计算机用户，没有程序语言基础，仍然可以快速地掌握和使用它。Access 的功能强大，足以应付一般的数据管理及处理需要，可以满足用于中小型企业数据管理的需求。

选择数据库管理系统时，应从以下几个方面予以考虑 ：

① 构造数据库的难易程度；

② 程序开发的难易程度；

③ 数据库管理系统的性能分析；

④ 对分布式应用的支持；

⑤ 并行处理能力；

⑥ 可移植性和可扩展性；

⑦ 数据完整性约束；

⑧ 并发控制功能；

⑨ 容错能力；

⑩ 安全性控制；

⑪ 支持汉字处理能力；

⑫ 数据恢复的能力。

当然，还要考虑价格是否在所能承受的范围内。

1.4 SQL Server 2014 数据库管理系统

SQL Server 系列软件是 Microsoft 公司推出的关系型数据库管理系统。2014 年 4 月 16 日于旧金山召开的一场发布会上，微软公司 CEO 萨蒂亚·纳德拉宣布正式推出“SQL Server 2014”。

1.4.1 概述

SQL Server 2014 版本提供了企业驾驭海量资料的关键技术 in-memory 增强技术，内建的 In-Memory 技术能够整合云端各种资料结构，其快速运算效能及高度资料压缩技术，可以帮助客户加速业务和向全新的应用环境进行切换。

同时提供与 Microsoft Office 联结的分析工具，通过与 Excel 和 Power BI for Office 365 的集成，SQL Serve 2014 提供让业务人员可以自主将资料进行即时决策分析的商业智能功能，轻松帮助企业员工运用熟悉的工具，使资源发挥更大的营运价值，进而提升企业产能和灵活度。

此外，SQL Server 2014 还启用了全新的混合云解决方案，可以充分获得来自云计算的各种益处，比如云备份和灾难恢复。

1.4.2 SQL Server 2014 的特点

1．优势功能

这套数据库引擎不仅能够直接访问内存当中的数据，具备出色的并发水平，而且能够对执行流程进行编译与存储，以备日后进一步优化。该引擎还会将一套数据副本不断传输至磁盘当中，如果不在乎数据丢失的话，也可以将其禁用，以最大限度提升性能表现。

它在性能上的好处也很实在。在 Azure(四核心，7GB 内存)上运行一套负载极低的虚拟机，切换至内存的内表之后，处理 10 万次事务型操作的时间，也由原先的 2 分 54 秒缩减到 36 秒。

用户可以直接启动保存在 Azure 当中的数据库文件；虽然 SQL Server 能够以缓存形式保留大量活动数据，但由此带来的延迟，在很多情况下仍会使实际效果变得比较糟——从另一个角度看，将其用于归档倒是个很好的选择。

目前，该软件应用范围比较广泛的功能之一，就是利用 Azure 存储机制进行备份，而且该功能在新版本中已经以内置姿态出现。在 Management Studio 当中，用户可以选择 URL 作为备份目标，系统会自动提示要求 Azure 证书。另一项名为 Managed Backup 的新工具，则更适合规模较小的企业，允许它们以自动化方式，将数据库备份保存在 Azure 当中。用户只需要配置相关证书以及数据保留期限即可。

另一项 Azure 集成化功能，是将 SQL Server 数据库的副本运行在 Azure 虚拟机之上。此外，用户还可以利用 Add Azure Replica 向导设置，保证其随时可用。

2．缺点局限

该软件最严重的局限，是内存的内表有一长串不支持的 T-SQL 关键字，其中包括 IDENTITY、UNIQUE、OUTER JOIN、IN、LIKE、DISTINCT 和其他的常用命令，触发器和 BLOB 字段。

SQL Server 2014 还存在一些局限性，微软官方建议的内存数据不要超过 256GB。这一点将在未来的版本中进行大幅增强。

该软件另一大局限在于“建议使用双插槽硬件”，以避免由 NUMA(即非统一内存访问)导致的问题影响性能表现。

目前最适合借用内存内数据库强大功能的业务逻辑，是交互元素较少的存储流程，以及客户端-服务器通信。利用外部代码实现业务逻辑的应用程序则无法发挥其全部潜能。

聚合列存储索引效果拔群，但却只能在一小部分应用程序当中正常起效。

1.4.3 SQL Server 2014 的安装

1．安装环境要求

SQL Server 2014 的安装环境要求见表 1.1～表 1.3。

表 1.1 硬件和软件要求

组　件	要　求
.NET Framework	在选择 SQL Server 2014、数据库引擎、Reporting Services、Master Data Services、复制或 Data Quality Services 时，.NET 3.5 SP1 是 SQL Server Management Studio 所必需的，但不再由 SQL Server 安装程序安装 .NET 4.0 是 SQL Server 2014 所必需的。SQL Server 在功能安装步骤中安装 .NET 4.0
Windows PowerShell	SQL Server 2014 不安装或启用 Windows PowerShell 2.0，但对于数据库引擎组件和 SQL Server Management Studio 而言，Windows PowerShell 2.0 是一个安装必备组件。如果安装程序报告缺少 Windows PowerShell 2.0，则可以按照 Windows 管理框架中的说明安装或启用它
网络软件	SQL Server 2014 支持的操作系统具有内置网络软件。独立安装的命名实例和默认实例，支持以下网络协议：共享内存、命名管道、TCP/IP 和 VIA
虚拟化	在以下版本中，以 Hyper-V 角色运行的虚拟机环境中，支持 SQL Server2014： ① Windows Server 2008 SP2 Standard、Enterprise 和 Datacenter 版本 ② Windows Server 2008 R2 SP1 Standard、Enterprise 和 Datacenter 版本 ③ Windows Server 2012 Datacenter 和 Standard 版本
硬盘	SQL Server 2014 要求最少 6 GB 的可用硬盘空间
驱动器	从磁盘进行安装时需要相应的 DVD 驱动器
监视器	SQL Server 2014 要求有 Super-VGA（800×600）或更高分辨率的显示器
Internet	使用 Internet 功能需要连接 Internet（可能需要付费）

表 1.2 内存和处理器要求

组件	要　求
内存	最小值： ① Express 版本：512 MB ② 所有其他版本：1 GB 建议： ① Express 版本：1 GB ② 所有其他版本：至少 4 GB，并且应该随着数据库大小的增加而增加，以便确保最佳的性能
处理器速度	最小值： ① x86 处理器：1.0 GHz ② x64 处理器：1.4 GHz 建议：2.0 GHz 或更快
处理器类型	① x64 处理器：AMD Opteron、AMD Athlon 64、支持 Intel EM64T 的 Intel Xeon、支持 EM64T 的 Intel Pentium Ⅳ ② x86 处理器：Pentium Ⅲ兼容处理器或更快

表 1.3 操作系统要求

组　件	要　求
操作系统	根据 SQL Server 2014 各版本不同，对操作系统要求也不同，但总体要求操作系统 Windows7 以上版本

2．全新安装

（1）插入 SQL Server 安装介质，然后双击根文件夹中的 Setup.exe。如图 1.5 所示。

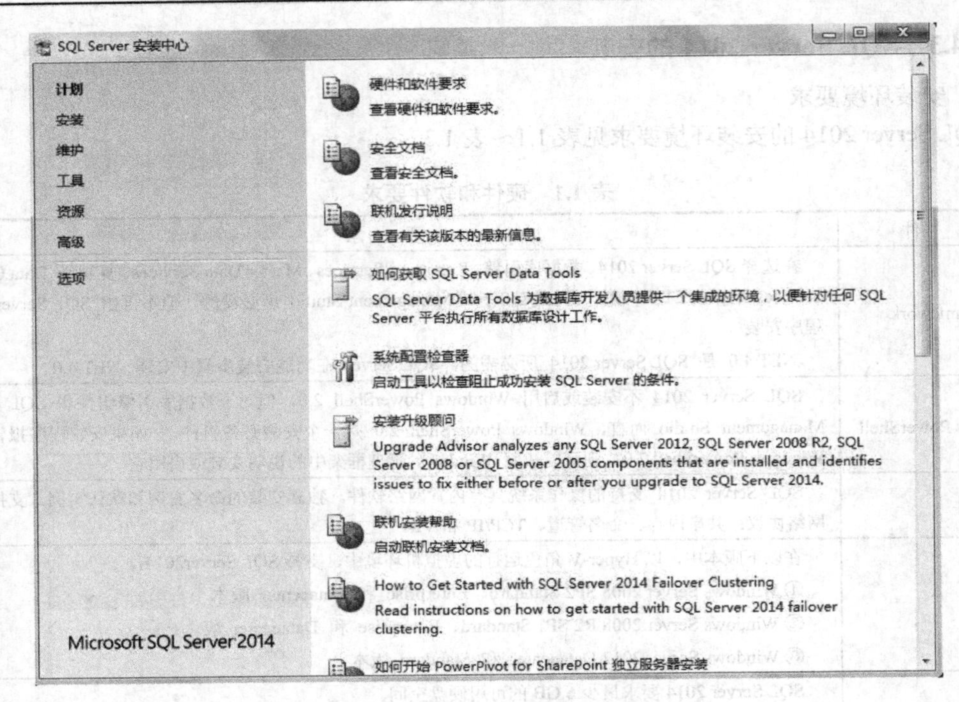

图 1.5　安装步骤 1

（2）安装向导将运行 SQL Server 安装中心。若要创建新的 SQL Server 安装，可单击左侧导航区域中的“安装”，然后单击“全新 SQL Server 独立安装或向现有安装添加功能”。如图 1.6 所示。

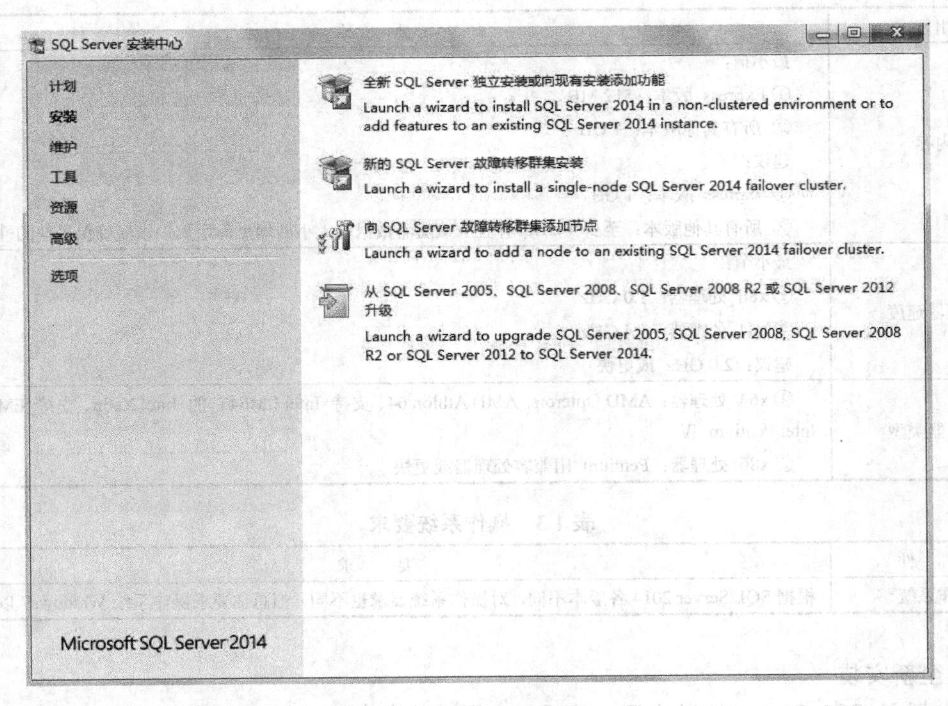

图 1.6　安装步骤 2

（3）在“产品密钥”页上，选择默认密钥，单击“下一步”。如图 1.7 所示。

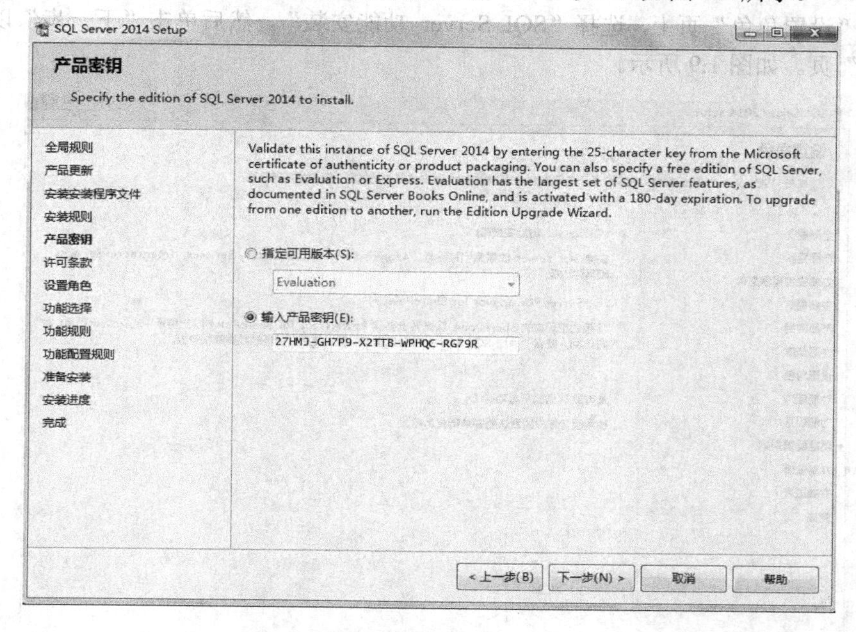

图 1.7　安装步骤 3

（4）在“许可条款”页上查看许可协议，如果同意，可选中“我接受许可条款”复选框，然后单击“下一步”。如图 1.8 所示。

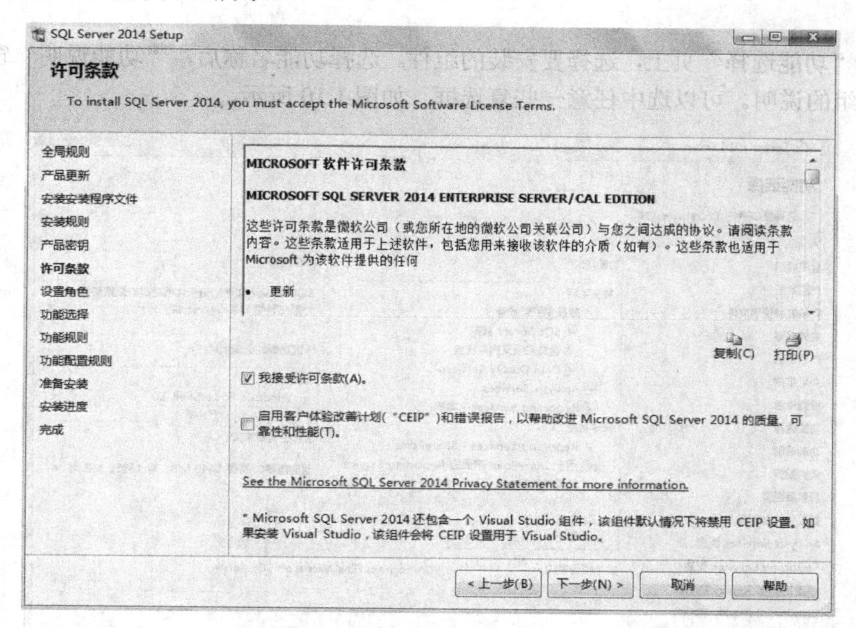

图 1.8　安装步骤 4

（5）在“全局规则”窗口中，如果没有规则错误，安装过程将自动前进到“产品更新”窗口。

（6）在“产品更新”页中，将显示最近提供的 SQL Server 产品更新。如果未发现任何产品更新，SQL Server安装程序将不会显示该页并且自动前进到“安装安装程序文件”页。

（7）在“设置角色”页上，选择“SQL Server 功能安装”，然后单击“下一步”以继续进入“功能选择”页。如图1.9所示。

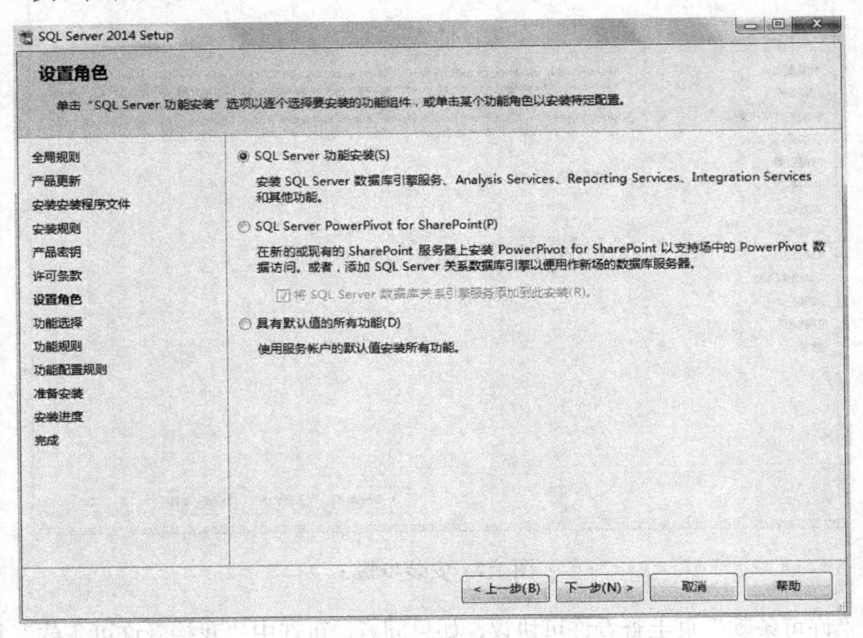

图1.9 安装步骤5

（8）在“功能选择”页上，选择要安装的组件。选择功能名称后，“功能说明”窗格中会显示每个组件组的说明。可以选中任意一些复选框。如图1.10所示。

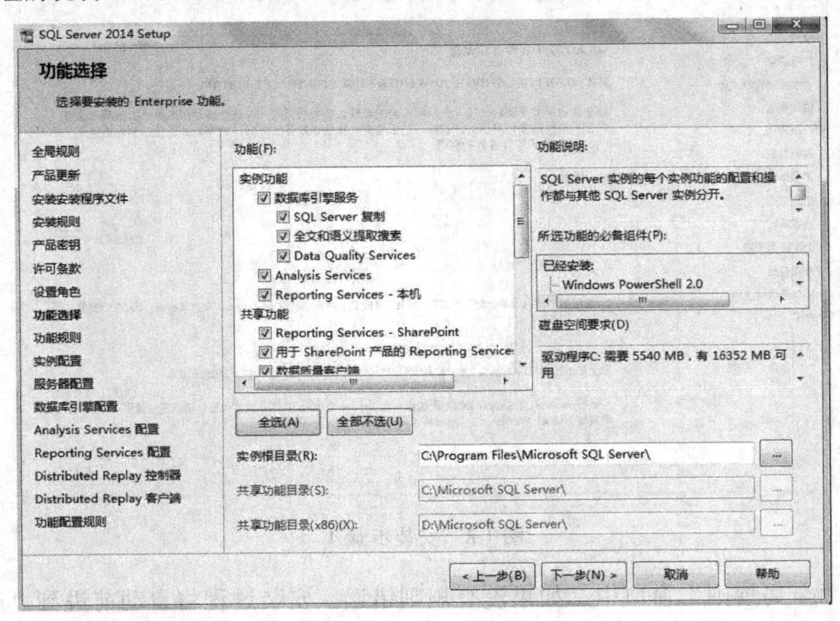

图1.10 安装步骤6

（9）在“实例配置”页上指定是安装默认实例还是命名实例。如图 1.11 所示。

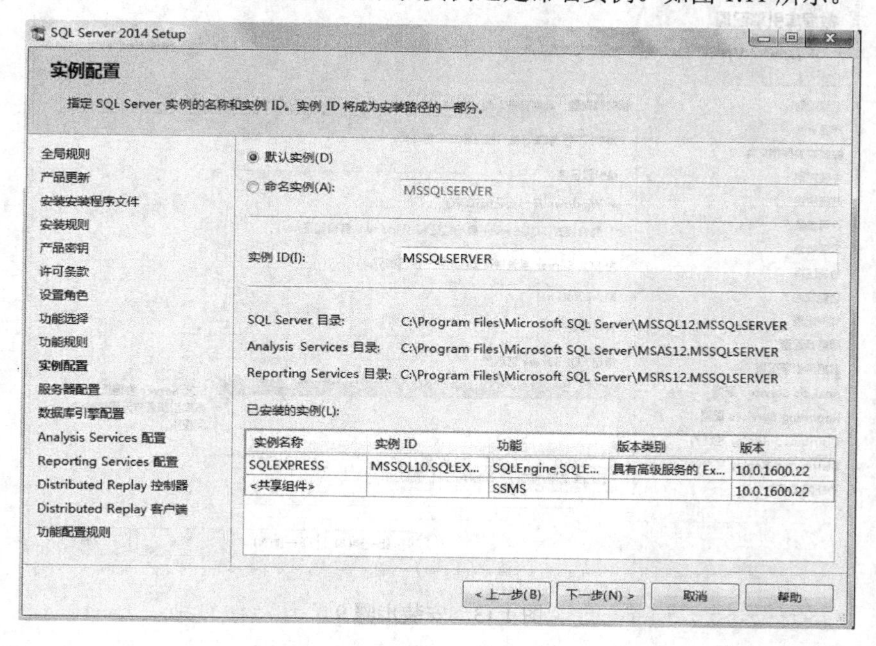

图 1.11　安装步骤 7

（10）使用“服务器配置-SQL Server 服务账户”页指定服务的登录账户。如图 1.12 所示。

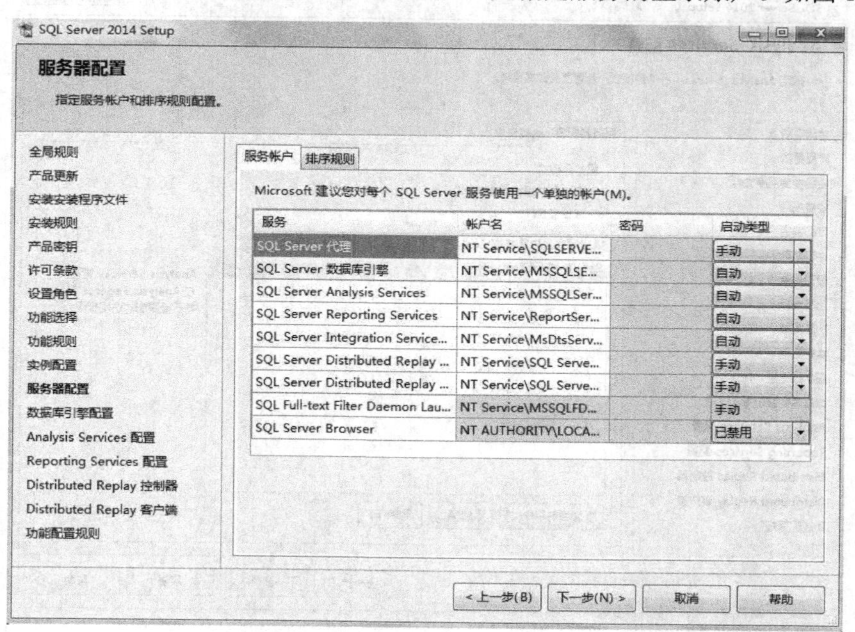

图 1.12　安装步骤 8

（11）使用“数据库引擎配置-服务器配置”页指定以下各项：安全模式、SQL Server 管理员。如图 1.13 所示。

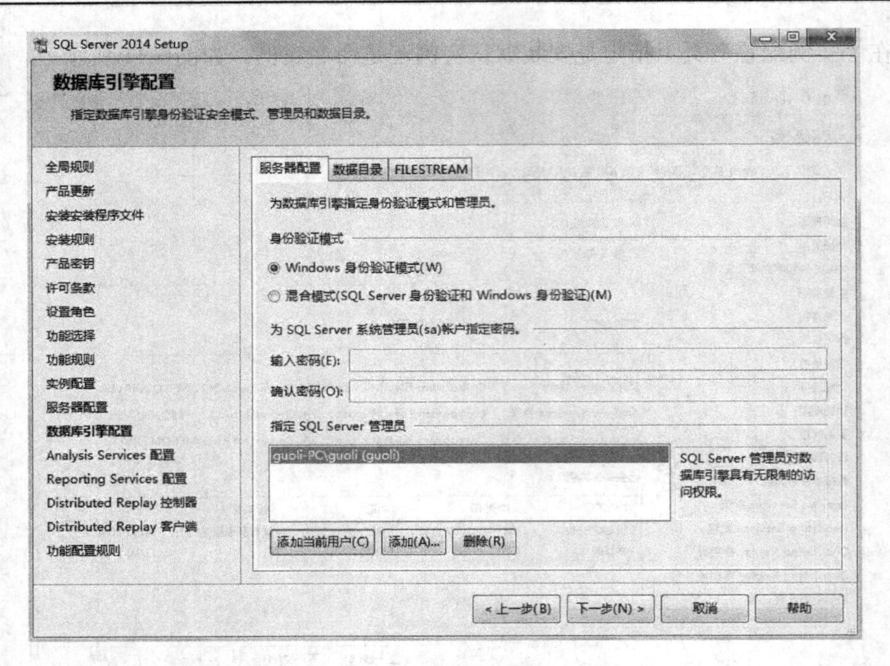

图 1.13 安装步骤 9

（12）使用“Analysis Services 配置-服务器配置”页指定服务器模式，以及将拥有 Analysis Services 的管理员权限的用户或账户。如图 1.14 所示。

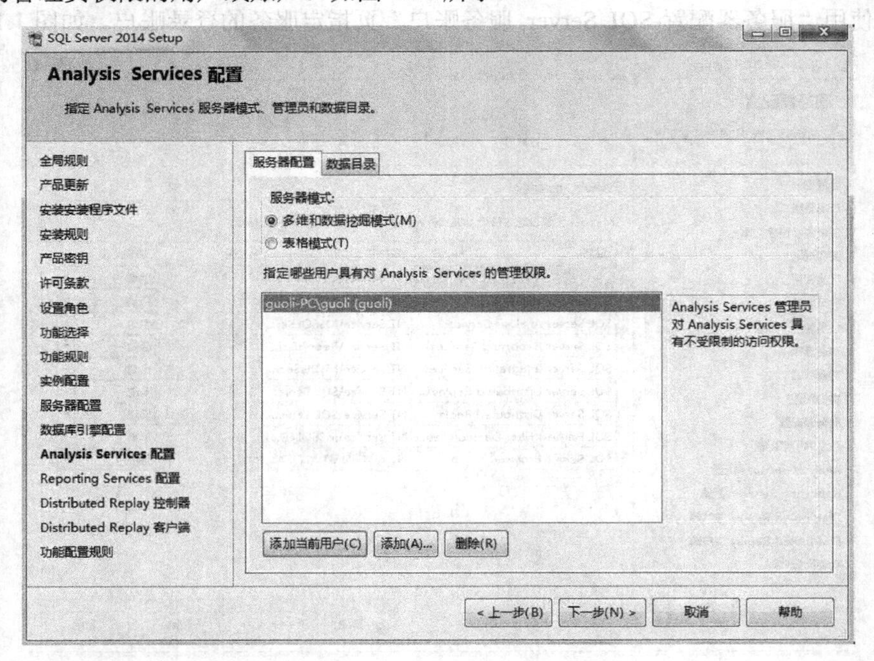

图 1.14 安装步骤 10

（13）使用“Reporting Services 配置”页指定要创建的 Reporting Services 安装类型。如图 1.15 所示。

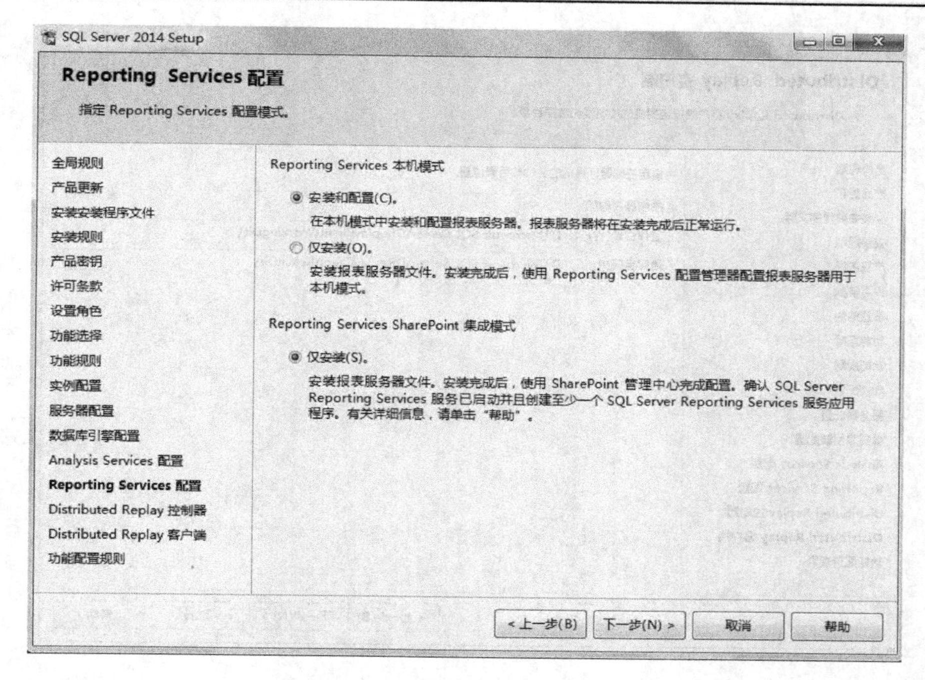

图 1.15　安装步骤 11

（14）使用"Distributed Replay 控制器"页可以指定授予针对 Distributed Replay 控制器服务的管理权限的用户。如图 1.16 所示。

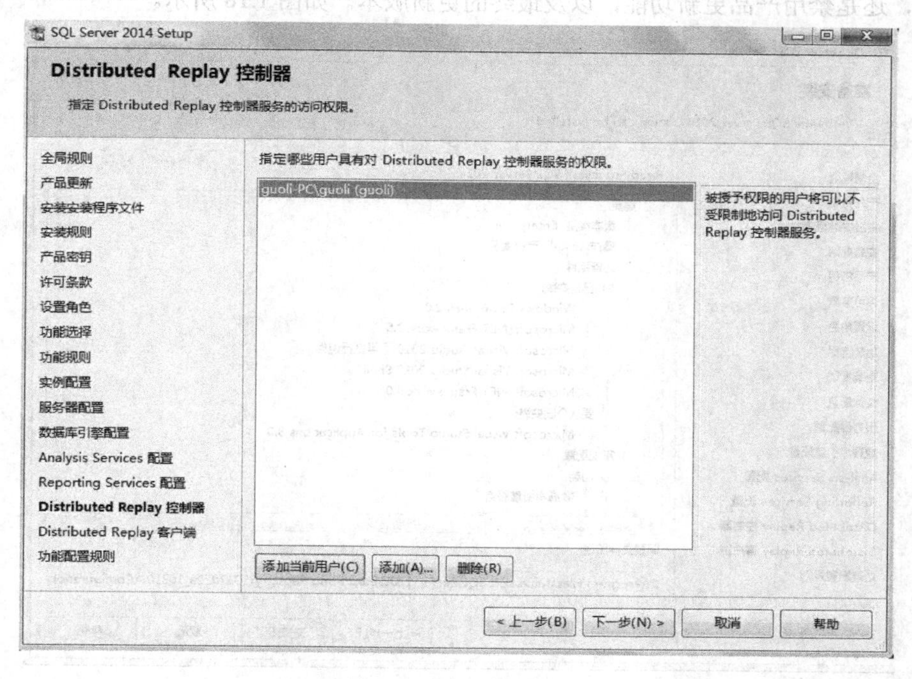

图 1.16　安装步骤 12

（15）使用" Distributed Replay 客户端"页可以指定授予针对 Distributed Replay 客户端服务的管理权限的用户。如图 1.17 所示。

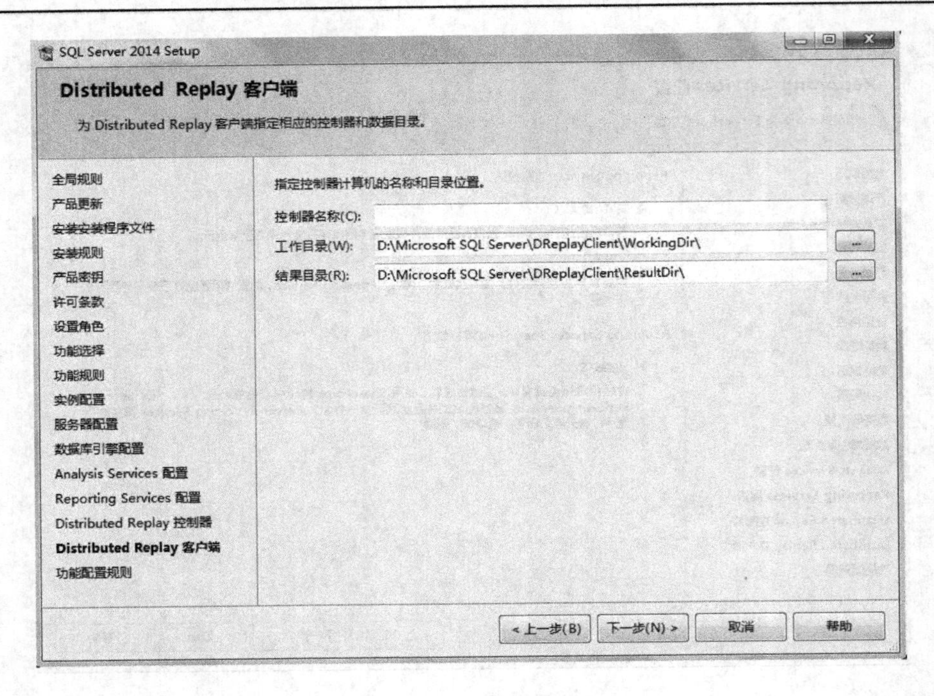

图 1.17 安装步骤 13

（16）“准备安装”页将显示安装期间指定的安装选项的树状视图。在此页上，安装程序指示是启用，还是禁用产品更新功能，以及最终的更新版本。如图 1.18 所示。

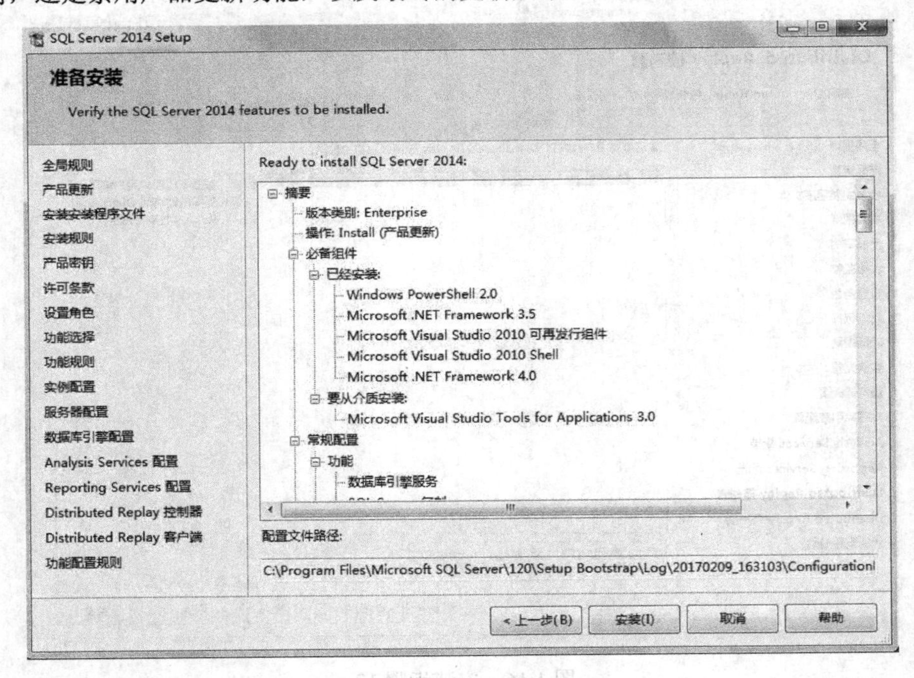

图 1.18 安装步骤 14

（17）在安装过程中，“安装进度”页会提供相应的状态，可以在安装过程中监视安装进度。如图 1.19 所示。

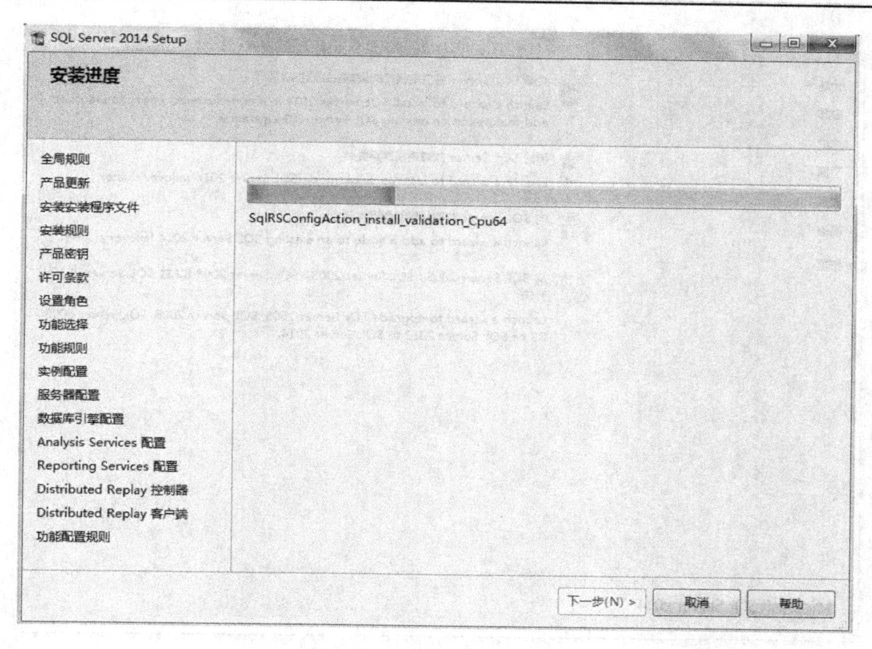

图 1.19　安装步骤 15

（18）安装完成后，“完成”页会提供指向安装摘要日志文件，以及其他重要说明的链接。若要完成 SQL Server 安装过程，请单击“关闭”。如图 1.20 所示。

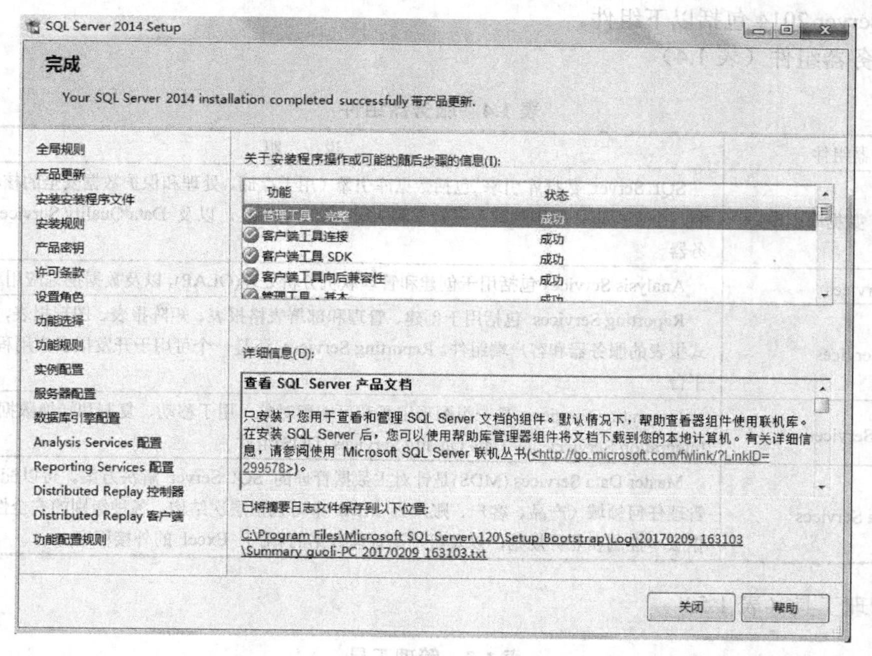

图 1.20　安装步骤 16

3．升级安装

若要对现有的 SQL Server 进行升级安装，请单击左侧导航区域中的“安装”，然后单击“从 SQL Server 2005、SQL Server 2008、SQL Server 2008 R2 或 SQL Server 2012 升级”。如图 1.21 所示。

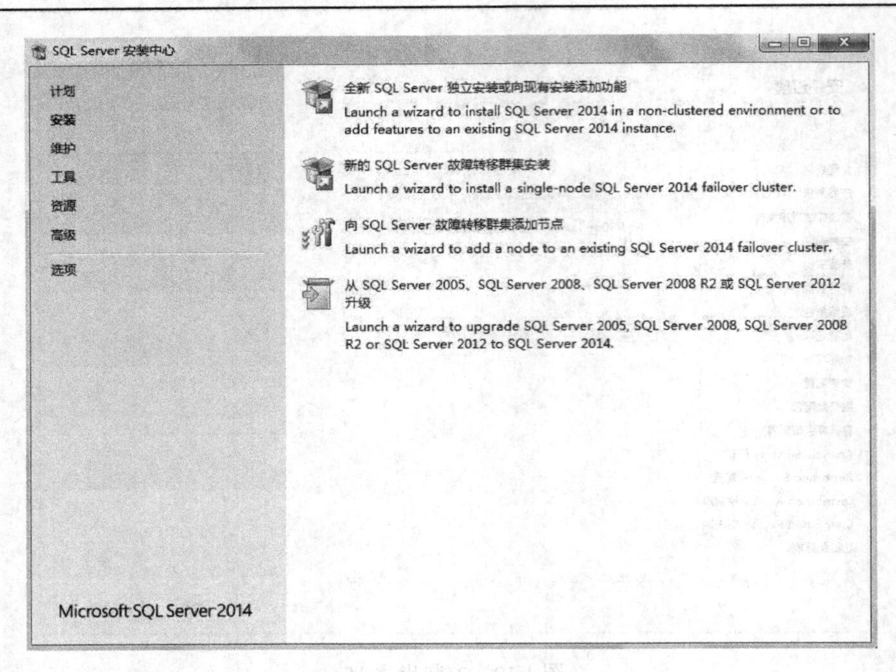

图 1.21 安装步骤 17

1.4.4 SQL Server 2014 常用的工具

SQL Server 2014 包括以下组件。

1．服务器组件（表 1.4）

表 1.4 服务器组件

服务器组件	说　明
SQL Server 数据库引擎	SQL Server 数据库引擎 包括数据库引擎（用于存储、处理和保护数据安全的核心服务）、复制、全文搜索、用于管理关系数据和 XML 数据的工具，以及 Data Quality Services (DQS) 服务器
Analysis Services	Analysis Services 包括用于创建和管理联机分析处理(OLAP)，以及数据挖掘应用程序的工具。
Reporting Services	Reporting Services 包括用于创建、管理和部署表格报表、矩阵报表、图形报表，以及自由格式报表的服务器和客户端组件。Reporting Services 还是一个可用于开发报表应用程序的可扩展平台
Integration Services	Integration Services 是一组图形工具和可编程对象，用于移动、复制和转换数据。它还包括 Integration Services 的 Data Quality Services (DQS)组件
Master Data Services	Master Data Services (MDS)是针对主数据管理的 SQL Server 解决方案。可以配置 MDS 来管理任何领域（产品、客户、账户）；MDS 中可包括层次结构、各种级别的安全性、事务、数据版本控制和业务规则，以及可用于管理数据的 用于 Excel 的外接程序

2．管理工具（表 1.5）

表 1.5 管理工具

管 理 工 具	说　明
SQL Server Management Studio	SQL Server Management Studio 是用于访问、配置、管理和开发 SQL Server 组件的集成环境。Management Studio 使各种技术水平的开发人员和管理员都能使用 SQL Server
SQL Server 配置管理器	SQL Server 配置管理器为 SQL Server 服务、服务器协议、客户端协议和客户端别名提供基本配置管理

续表

管理工具	说明
SQL Server 事件探查器	SQL Server 事件探查器提供了一个图形用户界面，用于监视数据库引擎实例或 Analysis Services 实例
数据库引擎优化顾问	数据库引擎优化顾问可以协助创建索引、索引视图和分区的最佳组合
SQL Server Data Tools	SQL Server Data Tools 提供 IDE，以便为以下商业智能组件生成解决方案：Analysis Services、Reporting Services 和 Integration Services SQL Server Data Tools 还包含"数据库项目"，为数据库开发人员提供集成环境，以便在 Visual Studio 内为任何 SQL Server 平台（包括本地和外部）执行其所有数据库设计工作。数据库开发人员可以使用 Visual Studio 中功能增强的服务器资源管理器，轻松创建或编辑数据库对象和数据或执行查询
连接组件	安装用于客户端和服务器之间通信的组件，以及用于 DB-Library、ODBC 和 OLE DB 的网络库

3．文档（表 1.6）

表 1.6　文档

文档	说明
SQL Server 联机丛书	SQL Server 的核心文档

本章小结

1．基本概念和定义：数据是数据库中存储的基本对象，是客观世界反映出信息的一种表现形式；数据库，简而言之就是存放数据的仓库；数据库管理系统（DBMS）是一种非常复杂的、综合性的、对数据进行管理的大型系统软件；数据库系统是指使用数据库技术设计的计算机系统。

2．数据管理技术发展的过程，经历了人工管理阶段、文件系统管理阶段、数据库管理阶段。

3．目前常用的数据库管理系统包括：Oracle、Sybase、Informix、SQL Server、Microsoft Access 等，各产品以自己特有的功能在数据库市场上占有一席之地。

4．SQL Server 2014 版本提供了企业驾驭海量资料的关键技术，即 in-memory 增强技术，内建的 In-Memory 技术能够整合云端各种资料结构，其快速运算效能及高度资料压缩技术，可以帮助客户加速业务和向全新的应用环境进行切换。

习题 1

1-1　数据库管理技术经历了哪三个阶段？各阶段的特点是什么？

1-2　什么是数据库系统？

1-3　常用的数据库管理系统有哪些？

1-4　SQL Server 2014 有哪些特点？

1-5　SQL Server 2014 有哪些主要组件？

实训 1　数据库管理系统安装与配置

1．目标

完成本实验后，将掌握以下内容。

（1）熟悉安装 SQL Server 2014 的准备工作。

（2）从光盘安装 SQL Server 2014。

2．场景描述

有一台计算机，满足安装 SQL Server 2014 的条件，现需完整地全新安装 SQL Server 2014。实验预计完成时间：45 分钟。

3．实验步骤

完成本实训之前，首先要明确 SQL Server 2014 的软、硬件需求，然后在符合安装环境的计算机上完成该版本的安装。具体安装步骤见 1.4.3 节所述。

第 2 章　数据库系统的结构

【内容提要】本章主要讲解数据和数据模型、数据的概念模型、数据的逻辑模型、数据库系统结构和数据库系统的常见类型。数据的逻辑模型有层次数据模型、网状数据模型、关系数据模型和面向对象数据模型。数据库系统结构分为外模式、概念模式和内模式。数据库系统按照站点位置分类，可分为集中式数据库系统、并行数据库系统、客户/服务器数据库系统和分布式数据库系统。

2.1　数据和数据模型

2.1.1　数据

数据是信息的载体，信息是在科学实验、检验、统计等过程中获得的和用于科学研究、技术设计、查证、决策等的数值。这些数值可以是文本、图形、图像、音频、视频等数据种类，都是描述事物的记录。例如，张三的计算机基础课程的成绩是 93 分，93 就是一个数据，除此以外，还有一个学生叫张三、计算机基础课程的成绩这些信息。

2.1.2　数据模型

在数据库中，用数据模型来抽象、表示和处理现实世界中的数据和信息。数据模型是数据库系统的核心和基础，现有的数据库系统都是基于某种数据模型而建立起来的。

数据模型的三要素是数据结构、数据操作和数据完整性约束。

（1）数据结构是储存在数据库中对象类型的集合，其作用是描述数据库组成对象，以及对象之间的联系。它主要描述系统的静态特征，包括数据的类型、内容、性质及数据之间的联系等。

（2）数据操作是指数据库中各种对象实例允许执行操作的集合，包括操作及其相关的操作规则。它主要描述系统的动态特征，包括数据的插入、修改、删除和查询等。

（3）数据完整性约束是在给定的数据模型中，数据和联系所遵循的一组通用的完整性规则。它用来限定符合数据模型的数据库和其状态的变化，以保证数据的正确性和一致性。

在数据库中，数据的物理结构又称为数据的存储结构，就是数据元素在计算机存储器中的表示及其配置，数据的逻辑结构则指数据元素之间的逻辑关系，它是数据在用户或程序员面前的表现形式，数据的存储结构不一定与逻辑结构一致。数据模型的研究包括以下三个方面。

（1）概念数据模型，也称为信息模型，主要用来描述世界的概念化结构，它使数据库的设计人员在设计的初始阶段，集中分析数据与数据之间的联系，不考虑计算机系统和数据库管理系统。概念数据模型必须换成逻辑数据模型，才能在数据库管理系统中实现。

（2）逻辑数据模型，这是用户在数据库中看到的数据模型，由具体的数据库系统所支持的数据模型。它研究的是用数据模型来抽象、表示和处理现实世界中的数据和信息。它主要有网状数据模型、层次数据模型和关系数据模型三种类型。逻辑数据模型既面向用户，又面向系统，主要用于数据库管理系统的实现。

（3）物理数据模型，它描述数据在存储介质上的组织结构的数据模型，不但与具体数据库管理系统有关，还与操作系统和硬件有关。每一种逻辑数据模型在实现时都有与之相对应的物理模型。为了保证其独立性与可移植性，数据库设计者只需要设计索引、聚集等结构，其余的大部分物理数据模型的实现都由系统自动完成。

2.2 数据的概念模型

2.2.1 概述

数据的概念模型，是对信息世界的管理对象、属性及联系等信息的描述形式。概念模型不依赖计算机和数据库管理系统，它是现实世界真实、全面的反映。

概念模型涉及的概念有对象、实例、属性、主码、次码、域等。

（1）对象（Object），也称实体型。在现实世界中，具有相同性质、遵循相同规则的一类事物的抽象称为对象。对象是实体集数据化的结果。例如，学生、教师，课程等都是对象。

（2）实例（Instance），是指对象中的每一个具体的事务。例如，学生张三、李四、王灿等都是学生对象的实例。

（3）属性（Attribute），是实体的某一方面特征的抽象表示。例如，学生的姓名、性别、班级、年龄等都是学生实例的属性。属性值都属性的具体取值。例如，学生的姓名为“黄明”,“黄明”就是属性值。

（4）主码（Primary Key），也称主关键字，能够唯一标识一个实体。例如，在学生的属性集中，确定了属性学号作为主码，学号就可以唯一标识一个学生。码可以是属性或属性组，如果码是属性组，就不能包含多余的属性。实体的码可以有多个，例如，学生的属性集中有多个码，如学号和姓名，如果姓名不重复，属性姓名也可以为主码，那么学号就是候选码 如果学号是主码，姓名就是候选码。

（5）次码（Secondary Key），指实体中不能唯一标识实体的属性。例如学生的班级、年龄、性别等属性都是次码。主码与次码的区别在于，一个主码值对应一个实例，一个次码值对应多个实例。

（6）域（Domain），指属性的取值范围。例如，学生的性别为男或女，其数据域为（男，女）学生的年龄为14～35岁范围内的正整数，其数据域为（14，35）。

2.2.2 实体-联系模型

概念模型最常见的表示方法，就是P.P.S Chen于1976年提出的实体联系方法（Entity-Relationship Approach），又称为实体-联系模型，简称E-R模型。

E-R模型是实体联系建模技术，建模的目标是将面向系统的信息需求建成准确模型，将该模型作为开发新系统和增强现有系统的框架。这种建模技术将实体关系建模技术与CASE（计算机辅助软件工程）工具结合起来，常见的CASE工具有PD（Power Designer）、Rational Rose等。实体联系模型的组成包括实体、联系、角色、联系的属性等。

实体联系模型中的概念如下。

（1）实体。实体是客观存在并可以相互区别的事务。例如，一个职工，一个学生，一门课程等。

（2）联系。联系是现实世界事物之间存在的必然联系，一般存在两种联系，一种是实体内部的联系，即组成实体的属性之间的联系；另一种是实体之间的联系。

① 实体集内部的联系：在一个实体集的实体内部存在一对多或多对多的联系。例如，班级是一个实体集，班级中有班长，班长本身也是班级的学生，班长与学生是一对多的关系。

② 两个实体之间的联系

a．一对一联系（1∶1）。设有两个实体集 A 和 B，如果实体集 A 与实体集 B 之间具有一对一联系，则实体集 A 中的每一个实体，在实体集 B 中至多有一个实体与之联系；反之，对于实体集 B 的每一个实体，实体集 A 也至多有一个实体与之联系。例如，一个学校只有一个校长，一个校长只能在一个学校里任职，学校跟校长是一对一联系，如图 2.1（a）所示。

b．一对多联系（1∶n）。设有两个实体集 A 和 B，如果实体集 A 与实体集 B 之间具有一对多联系，则实体集 A 的每一个实体，实体集 B 中有一个或多个实体与之联系，而对于实体集 B 的每一个实体，实体集 A 中至多有一个实体与之联系。多实体集之间也有一对多的联系，例如，一个学校有多名专职教师，每个专职教师只能在一个学校任专职教师，则学校与专职教师之间是一对多联系，如图 2.1（b）所示。

c．多对多联系(m∶n)。设有两个实体集 A 和 B，如果实体集 A 与实体集 B 之间具有多对多联系，则对于实体集 A 的每个实体，实体集 B 中有一个或多个实体与之联系；反之，实体集 B 中的每一个实体，实体集 A 中也有一个或多个实体与之联系。例如，学校的一个教师可以教授多门课程，每门课程也由多名教师授课，则教师与课程之间是多对多联系，如图 2.1（c）所示。

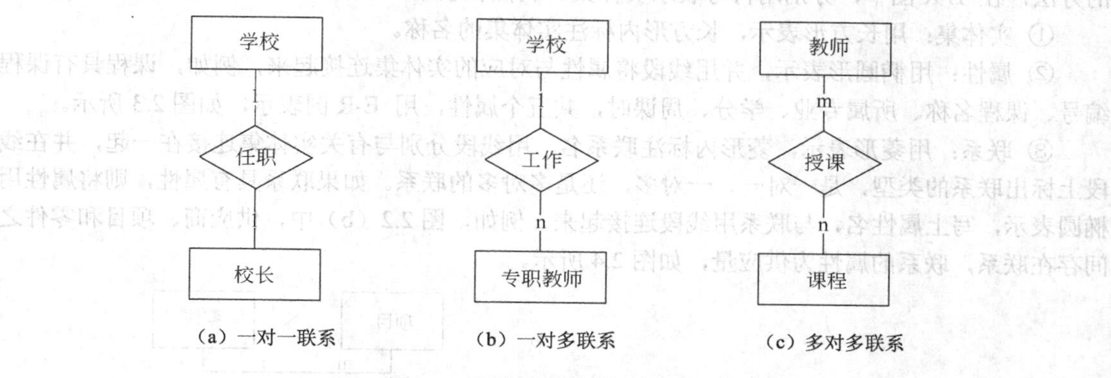

图 2.1　两个实体集联系的案例

③ 多实体集之间的联系：多实体之间存在一对一联系。假设实体 E1 与 E2 和 E3 之间是一对多的联系，E2 与 E1 和 E3 之间是一对多的联系，E1 与 E2 是一对多的联系，且 E2 与 E1 之间是一对多的联系，要求这些都成立，E1、E2、E3 之间是一对一的联系，三个实体集两两之间都是一对一的联系。

多实体集之间存在一对多联系。假设实体集 E1，E2，…，En，如果它们之间存在着一对多的联系，实体集中的一个实体 Ei，最多只与其他实体集中的一个实体 Ej 相联系，则称 Ej 与 Ei 之间的联系是一对多的。例如，假设一门课程需要多个教师授课，一个教师只讲授一门课，一门课程有多本参考书，一本参考书只供一门课程使用，则课程与教师和参考书之间是一对多的联系，如图 2.2（a）所示。

多实体集之间存在多对多联系。在两个以上的多实体集之间，当一个实体集与其他实体集之间存在多对多联系，而其他实体集之间没有联系时，这种联系称为多实体集间的多对多联系。例如，一个供应商可以提供多种零件，一个项目可以使用多个供应商生产的零件，每种零件可以由不同供应商提供，则供应商、零件、项目是多对多的联系，如图 2.2（b）所示。

（3）角色。一个实体在一个联系中起的作用称为角色（Role）。当一个联系需要详细分析时，特别是联系中的实体集并不是很清晰的时候，需要划分角色，便于分析。例如图 2.2（a）联系集授课，教师中有班主任兼任课教师，也有任课教师，则授课联系的所有联系描述为（班主任，任课教师）。

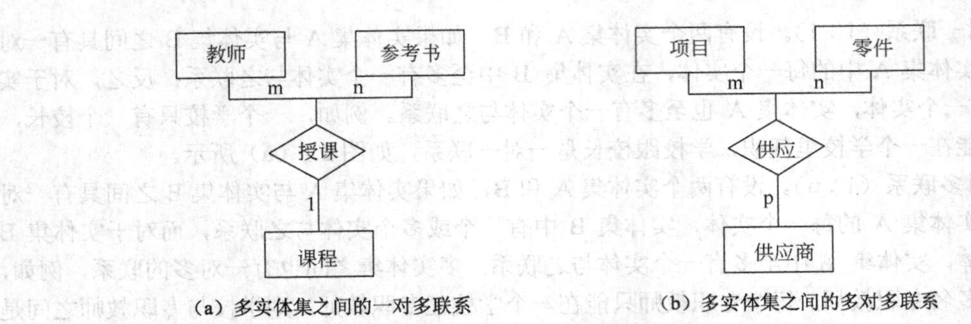

（a）多实体集之间的一对多联系　　（b）多实体集之间的多对多联系

图 2.2　多实体集联系的案例

（4）联系的属性。联系也具有属性。例如，图 2.2（b）中的联系供应，包括供应商、零件和项目，用供应商、零件、项目来描述，项目需要的零件由供应商提供。

概念模型的表示方法就是实体联系模型，即 E-R 图。E-R 图提供了表示实体集、属性和联系的方法，在 E-R 图中，分别用符号表示实体集、属性和联系。

① 实体集：用长方形表示，长方形内标注实体集的名称。

② 属性：用椭圆形表示，并用线段将属性与对应的实体集连接起来，例如，课程具有课程编号、课程名称、所属专业、学分、周课时，共五个属性，用 E-R 图表示，如图 2.3 所示。

③ 联系：用菱形表示，菱形内标注联系名，用线段分别与有关实体集连接在一起，并在线段上标出联系的类型，是一对一、一对多，还是多对多的联系。如果联系具有属性，则将属性用椭圆表示，写上属性名，与联系用线段连接起来。例如，图 2.2（b）中，供应商、项目和零件之间存在联系，联系的属性为供应量，如图 2.4 所示。

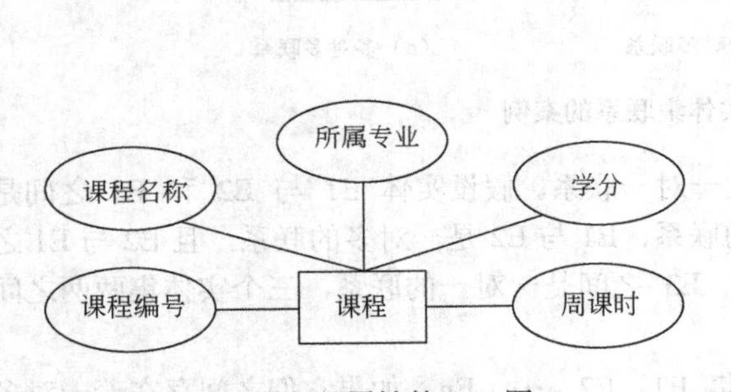

图 2.3　课程及属性的 E-R 图

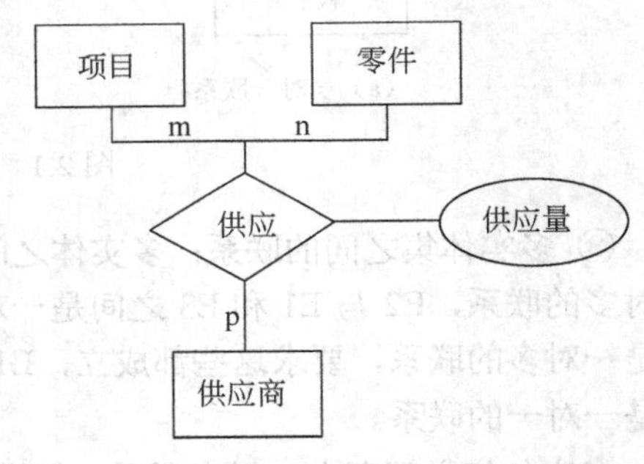

图 2.4　供应商、项目和零件之间的联系及属性

2.3 数据的逻辑模型

数据的逻辑模型主要包括层次数据模型、网状数据模型、关系数据模型和面向对象数据模型。它是按照计算机系统的特点对数据建模，用于数据库管理系统的实现。

2.3.1 层次数据模型

层次数据模型用图来表示，是一棵倒立的树。 在数据库中，满足以下两个条件的数据模型称为数据模型，有且仅有一个节点没有双亲结点，该结点称为根结点，除根结点外，其他结点有且仅有一个双亲结点。结点层次从根开始，根为第一层，根的子结点为第二层，根为其子结点的父结点，同一父结点的子结点称为兄弟结点，没有子结点的结点称为叶子结点。

在层次模型中，实体集使用记录来表示。 记录型中包括若干个字段，字段用来描述实体的属性，记录值表示实体，记录之间的联系使用基本层次联系表示。层次模型中的每个记录都可以定义一个排序字段，其主要作用是确定记录的顺序。如果排序字段的值是唯一的，则它能唯一地标识一个记录值。

通常用结点表示记录，记录之间的联系用结点之间的连线表示，这种联系是一对多的实体联系，如图 2.5 所示。

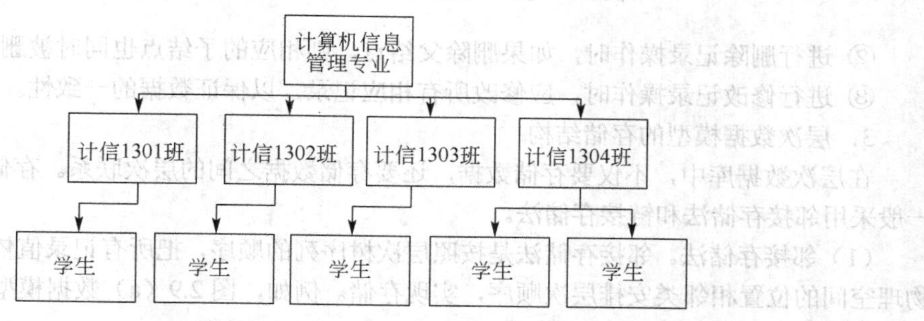

图 2.5 学生、班级和专业的数据模型

图 2.5 中给出了学生、班级和专业的层次模型。具体的数据模型应有三个记录：计算机信息管 理专业、计信班级和学生；计算机信息管理专业有两个数据项：专业编号和专业名称；计信班级有两个数据项，班级编号和班级名称；学生至少有三个数据项：学号、姓名和性别。 专业与班级，班级与 学生都是一对多的联系。

1．层次模型中多对多联系的表示

层次数据模型如果有多对多的联系，则需要分解，将多对多的联系分解成一对多的联系，使用多个一对多的联系来表示一个多对多的联系。分解的方法有冗余结点法和虚拟结点法。

图 2.6 所示是学生选课 E-R 图，含有多对多的联系。一个学生可以选修多门课程，一门课程可以被多个学生选修。

学号 姓名 性别
m
选课
n
课程号 课程号 学分

图 2.6 学生选课 E-R 图

（1）冗余结点法。冗余结点分解法是增加冗余的结点，将多对多的联系转换成一对多的联系。对于图 2.6 所示的学生选课多对多联系的实例，要设计两组学生和课程记录：一组表示一个学生选修多门课程，另一组表示一门课程被多个学生选修，使用冗余结点分解法分解后的学生选课 E-R 图如图 2.7 所示。

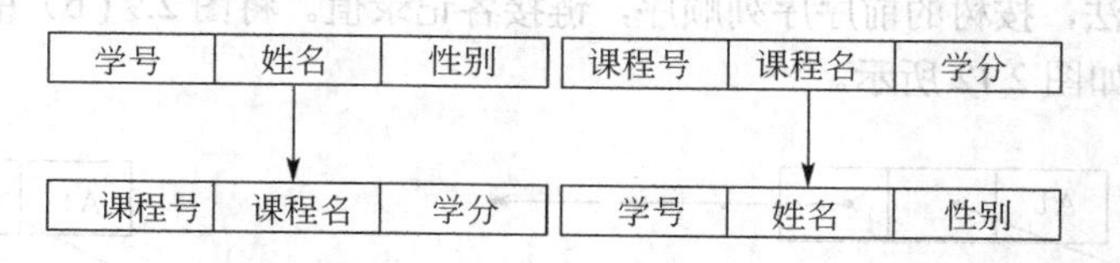

图 2.7 使用冗余结点法分解后的学生选课 E-R 图

（2）虚拟结点法。虚拟结点就是一个指引元，该指引元指向所代替的结点。虚拟结点分解法通过使用虚拟结点，将实体集的多对多联系分解成多个层次模型，然后用多个层次模型表示一对多的联系。对于图 2.7，将冗余结点转换为虚拟结点，可得到具有虚拟结点的基本层次联系，如图 2.8 所示。

2．层次数据模型的数据操作和完整性约束

层次数据模型的主要操作有数据的查询、插入、删除和修改。层次数据模型必须满足以下完整性约束条件。

① 在进行插入记录值操作时，如果没有指明父结点记录，则不能插入子结点记录。

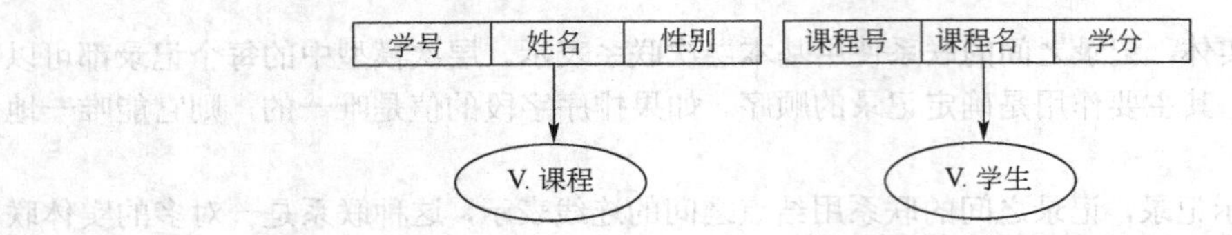

图 2.8 使用虚拟结点法分解后的学生选课 E-R 图

② 进行删除记录操作时，如果删除父结点，则相应的子结点也同时被删除。

③ 进行修改记录操作时，应修改所有相应记录，以保证数据的一致性。

3. 层次数据模型的存储结构

在层次数据库中，不仅要存储数据，还要存储数据之间的层次联系。存储层次数据模型时，一般采用邻接存储法和链接存储法。

（1）邻接存储法。邻接存储法是按照层次树序列的顺序，把所有记录值依次邻接存放，通过物理空间的位置相邻类安排层次顺序，实现存储。例如，图 2.9（a）数据模型，对应的存储实例如图 2.9（b）所示。

将图 2.9 中的层次数据模型用邻接法存放，其存储结构如图 2.10 所示。

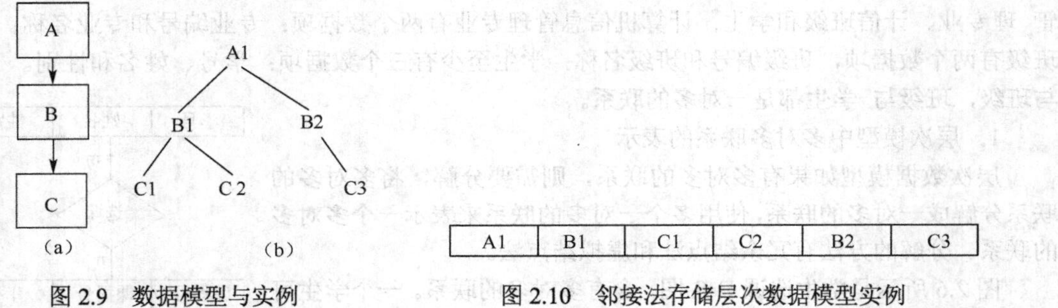

图 2.9 数据模型与实例　　图 2.10 邻接法存储层次数据模型实例

（2）链接存储法。链接存储法用指引元来反映数据之间的层次联系，主要有子女-兄弟链接法和层次序列链接法两种方法。子女-兄弟链接法要求每个记录设两个指引元，一个指向最左边的子女记录，另一个指向最近的兄弟记录。将图 2.9（b）中的实例用子女-兄弟链接法表示，如图 2.11 所示。

层次序列链接法，按树的前序序列顺序，链接各记录值。将图 2.9（b）中的实例用层次序列链接法表示，结果如图 2.12 所示。

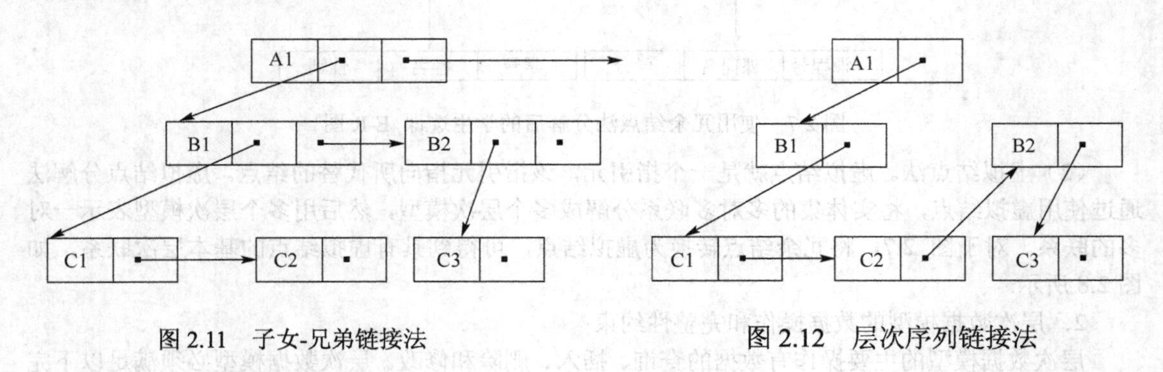

图 2.11 子女-兄弟链接法　　图 2.12 层次序列链接法

2.3.2 网状数据模型

网状数据模型是一个网络。 在数据库中，满足以下两个条件的数据模型称为网状数据模型，分别是运行一个以上的结点（无父结点），一个结点可以有多于一个父结点。

1．网状数据模型的数据表示方法

采用记录和记录值表示实体集和实体，每个结点表示一个记录，每个记录包含若干个字段，联系用结点间的有向线段表示，每个记录之间可以存在多种联系，一个记录运行有多个双亲记录，所以网状数据模型中的联系必须命名。

例如，图 2.13 中（a）、（b）和（c），都是网状模型的实例。

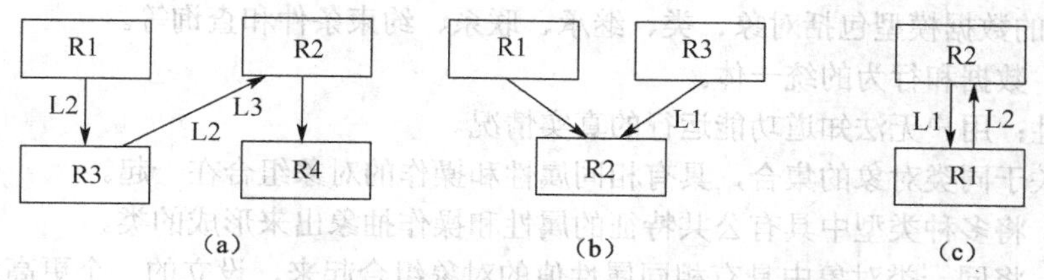

图 2.13　网状模型的实例

2．网状数据模型的完整性约束条件

网状数据模型记录间的联系比较复杂，但网状数据库系统对数据操纵加了一些限制，提供了一定的完整性约束，即：

① 保持记录码的概念，即唯一标识记录的数据项的集合；

② 保证一个联系中双亲记录和子女记录之间是一对多的联系；

③ 可以支持双亲记录和子女记录之间的某些约束条件。

3．网状数据模型的存储结构

如何实现记录之间的联系是网状数据模型存储结构中的关键。网状数据模型常用的存储方法是链接法，包括单向链接、双向链接、环状链接和向首链接等，还有一些特殊的存储方法，如指引元阵列法、二进制阵列法和索引法等。

2.3.3　关系数据模型

关系数据模型是关系数据库系统组织数据的方式，现在流行的数据库系统，大多数都是基于关系数据模型的关系数据库系统。关系数据模型建立在严格的数学概念的基础上。在关系数据模型中，数据的逻辑是一张二维表格，由行和列组成。

关系数据模型包括关系、元组、属性、主码、域、分量、关系模式等。一个关系对应一张二维表，表的一行称为一个元组。表的一列称为一个属性，能唯一地确定一个元组的属性称为主码，属性的取值范围称为域。元组中的一个属性值称为分量。关系的型称为关系模式。

关系模型中的实体集和实体间的联系都用关系来表示。如在关系模型中，学生、课程、学生与课程之间的联系表示为：

学生（学号，姓名，性别）；

课程（课程号，课程名称，学分）；

选修（学号，课程号，成绩）。

1．关系操作和关系的完整性约束条件

关系操作主要包括数据的查询、插入、删除和修改。关系中数据操作就是集合的操作，无论是操作的原始数据、中间数据，还是结果数据都是若干元组的集合，而不是单个记录的操作。关系操作采用关系操作语言，在关系操作语言中，指出“干什么”或“找什么”，就可达到预期的效果。关系操作语言是高度非过程化的语言，数据存储路径隐藏起来了，用户操作就更加简单、高效。

2．关系数据模型的存储结构

关系数据模型以文件形式存储。一些小型的关系数据库管理系统，直接以操作系统文件的方式实现关系存储，一个关系对应一个数据文件，有的大型的数据库管理系统，允许用户自己设计文件结构、文件格式和数据存取机制，进行关系存储，保证数据的物理独立性和逻辑独立性，更加有效地保证数据的安全性和完整性。

2.3.4 面向对象数据模型

面向对象的数据模型包括对象、类、继承、联系、约束条件和查询等。

① 对象：数据和行为的统一体。

② 封装性：用户无法知道功能运行的真实情况。

③ 类：关于同类对象的集合，具有相同属性和操作的对象组合在一起。

④ 超类：将多种类型中具有公共特征的属性和操作抽象出来形成的类。

⑤ 联合：将同一类对象中具有相同属性值的对象组合起来，设立的一个更高水平的对象，以表示那些相同的属性值。

⑥ 聚集：将不同特征的简单对象组合成一个复杂的对象。

一个对象的任何定义都是它的逻辑表示，用来存储和管理对象实例。 类的继承性提供了代码的重用和可用性。

联系可以是单向的、对称的、多值的，对象之间、属性之间和操作方法之间的联系，存在可标识的、有名称的对应关系。对象的约束条件用来帮助维护数据的完整性、正确性和有效性。 面向对象数据模型的查询，需要在数据库内部增加一些结构来提高查询效率。

综上所述，层次数据模型、网状数据模型、关系数据模型和面向对象数据模型的主要优缺点如下。

层次数据模型的主要优点：层次数据模型比较简单，系统性能优于关系数据模型和网状数据模型，能提供良好的完整性支持。层次数据模型的主要缺点：在表示非层次性的联系时，只能通过冗余数据或创建非自然的数据组织类来解决；对插入和删除操作的限制较多；查询子女结点时，必须通过双亲结点；由于结构严密，层次命令趋于程序化。

网状数据模型的主要优点有：能够直接描述现实世界，一个结点可以有多个双亲，具有良好的性能，存取速率较高。网状数据模型的主要缺点：结构比较复杂，DDL和DML语言复杂，用户不易使用，由于记录之间联系是通过存取路径实现的，应用程序在访问数据时必须选择适当的存取路径。

关系数据模型的主要优点有：建立在严格的数学基础上，结构简单，容易理解，其数据描述具有较强的一致性和独立性。关系数据模型的主要缺点：查询效率不高，不适于管理复杂的对象，模型的可扩充性较差，模拟和操纵复杂对象的能力较弱。

面向对象数据模型的主要优点有：便于管理、处理、分析和查询，适合存储各种不同类型的数据，例如，图片、声音、视频、文本和数字等，面向对象程序设计与数据库技术相结合，提供了一个集成应用开发系统。面向对象数据模型的主要缺点：没有准确的定义，维护困难，适用于特定的应用，例如工程、电子商务、医疗等。

2.4 数据库系统结构

数据库系统由计算机硬件、数据库、数据库管理系统、应用程序系统和数据库管理员组成。数据库系统的结构可以从不同层次、不同角度来划分。从数据库终端用户的角度来看，数据库系统结构分为集中式结构、分布式结构、客户-服务器结构、浏览器-应用服务器-数据库服务器多层结构等，这些都是数据库系统外部的体系结构。从数据库系统管理的角度来看，数据库系统结构分为三级模式结构，即外模式、概念模式和内模式，如图 2.14 所示。

2.4.1　外模式

外模式，也称子模式或用户模式，是数据库用户能够看到和使用的局部数据的逻辑结构和特征的描述，是数据库用户的数据视图，是与某一应用有关的数据的逻辑表示。外模式是各个用户的数据视图，如果不同用户对应用的需求不同，数据方式不同，对数据保密要求等都存在差异，则外模式 的描述是不同的。一个数据库可以有多个外模式，同样一个外模式也可以被一个用户的多个应用系统使用，但一个应用程序只能有一个外模式。

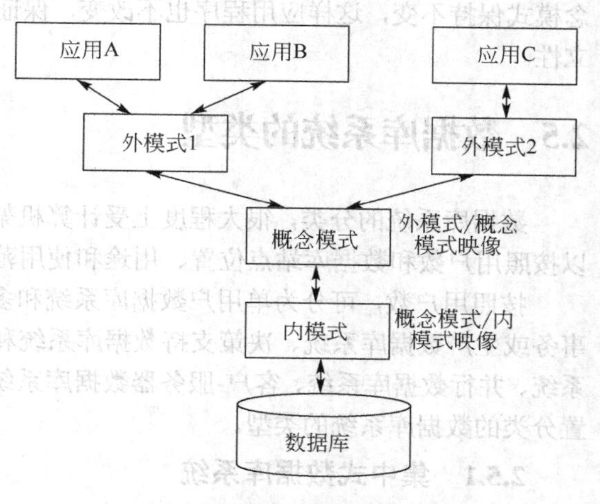

图 2.14　数据系统的三级模式结构

外模式是保证数据库安全性的有力措施。每个用户都能看见和访问对应的外模式中的数据，数据库中的其余数据是不可见的。在数据库管理系统中，采用外模式 DDL 来严格定义外模式。

2.4.2　概念模式

概念模式，又称逻辑模式，简称模式，是数据库中全体数据的逻辑结构和特征的描述，仅涉及型的描述，不涉及值的描述。型是指一类数据的结构和属性的说明，值是型的具体赋值。概念模型实际上是数据库在逻辑上的视图，是数据库模式结构的中间层，一个数据库只有一个概念模式。概念模式要定义数据的逻辑结构，如数据记录由哪些数据项组成，数据项的名字、类型、取值范围等，还要定义数据之间的联系，以及与数据有关的安全性、完整性要求。

概念模式是所有用户的公共数据视图，既不涉及数据的物理存储细节和硬件环境，也与具体应用程序、所使用的应用开发工具及高级程序设计语言无关。数据库管理系统提供了模式 DDL 来严格定义模式。

2.4.3　内模式

内模式，也称存储模式，一个数据只有一个内模式。内模式是数据物理结构和存储方式的描述，是数据在数据库内部的表示方式。如，记录的存储方式是顺序存储、B 树存储或 Hash 方法存储，索引按什么方式组织，数据的存储记录结果特点等。数据库管理系统，提供了内模式 DDL 来严格定义内模式。

2.4.4　二级映射

数据库系统的三级模式是对数据的三个抽象级别，把数据的具体组织留给数据库管理系统管理，逻辑地、抽象地处理数据，而不担心数据在计算机中的具体表示和存储方式。为了能在内部实现这三个抽象层次的联系和转换，数据库管理系统在这三级模式之间提供了两层映像，即外模式-概念模式映像，概念模式-内模式映像，如图 2.14 所示。

（1）外模式-概念模式映像。对应于同一个概念模式，可以有多个外模式。它规定了某一个外模式与概念模式之间的对应关系，这些映像通常包含在各自的外模式中，当概念模式发生改变时，该映像要相应地改变（由 DBA 负责），以保证外模式不变。应用程序是依据数据的外模式编写的，故应用程序不必修改，保证了数据与程序的逻辑独立性，简称数据的逻辑独立性。

（2）概念模式-内模式映像。定义了数据逻辑结构和存储结构之间的对应关系，说明逻辑记录和字段在内部是如何表示的。当数据库的存储结构发生改变时，可相应地修改映像，从而使概念模式保持不变，这样应用程序也不改变，保证了数据与程序的物理独立性，简称数据的物理独立性。

2.5　数据库系统的类型

数据库系统的分类，很大程度上受计算机架构中的并行、联网或分布的影响。数据库系统可以按照用户数和数据库站点位置、用途和使用范围来分类。

按照用户数，可分为单用户数据库系统和多用户数据库系统。按照用途和使用范围，可分为事务或生产数据库系统、决策支持数据库系统和数据仓库。按照站点位置，可分为集中式数据库系统、并行数据库系统、客户-服务器数据库系统和分布式数据库系统。本节主要讨论按照站点位置分类的数据库系统的类型。

2.5.1　集中式数据库系统

集中式数据库系统是由一个处理器、与之关联的数据存储设备，以及其他外围设备组成，它被物理定义到单个位置。系统提供数据处理能力，用户可以在相同站点上操作，也可以在地理位置隔开的其他站点，通过远程终端来操作。系统和数据管理被某个站点或中心站点集中控制。

集中式数据库系统的优点是：大多数功能都能实现，如修改、备份、查询、控制访问等，不用考虑数据库大小，以及数据库所在的计算机是否在中心位置，如小企业可以在个人计算机上设立一个集中式数据库系统，大型企业可以用大型机来控制整个数据库。集中式数据库系统的缺点是：当中心站点计算机或数据库系统不能运行时，在恢复之前，所有用户都不能使用系统，从终端到中心站点的通信开销较昂贵。并行或分布式系统能克服这些缺点。

2.5.2　并行数据库系统

并行数据库系统架构由多个中央处理器和并行的数据存储设备组成，提高了处理能力和输入/输出的速度。并行数据库系统用于必须对非常大的数据库进行查询的应用，或者每秒必须处理大量事务的应用。并行数据库系统架构实现的方法为：一是在共享数据存储磁盘里，让所有的处理器共享一个公共磁盘；二是在共享内存架构里，所有的处理器共享公共的内存；三是在独立资源架构里，处理器既不共享内存，也不共享公共磁盘，而是具有自己的独立资源；四是层次架构，即早期的三种架构的混合。

并行数据库系统的优点是：对查询大型数据库或每秒钟必须处理大量事务的应用非常有效；吞吐量非常大，响应时间非常快。并行数据库系统的缺点是：初始化单个进程的启动代价大；启动时间可能掩盖实际的处理时间，影响速度；在并行数据库系统中执行的进程，经常要访问共享资源，新的进程和现有进程在竞争共享资源时会相互干扰，使速度下降。

2.5.3　客户-服务器数据库系统

客户-服务器数据库系统架构，由客户端应用程序、数据库系统服务器和通信网络接口构成。客户端一般指个人电脑或工作站，服务器是指大型工作站、小型计算机系统或大型计算机系统。服务器计算机与客户计算机连成一个网络，应用程序和工具作为数据库系统的客户，向服务器发出请求；数据库系统一次处理这些请求，将结果返回给客户端。客户-服务器架构用于处理图形用户界面，并进行计算，以及执行终端用户请求。服务器处理对许多客户而言是公共的任务，如数据库的访问和修改。

客户端应用程序可能是工具、用户写的程序或厂商写的程序，为数据访问发出 SQL 语句；数据库系统服务器存放相关软件，执行 SQL 语句并返回结果；通过通信网络接口，客户端应用程序连接到服务器，发送 SQL 语句，并在服务器处理完 SQL 语句后返回结果或错误信息。在客户-服务器数据库系统架构里，数据库系统的主要服务在服务器上完成。

客户-服务器数据库系统的优点是：可以用配置低的平台，支持以前只能在小型或大型计算机上运行的应用程序；客户端提供图形用户界面，更人性化；让客户容易进行产品化工作，更好地使用现有数据；响应时间快，吞吐量大；服务器能按照客户需求建立；多个不同的客户可以共享一个数据库。客户-服务器数据库系统的缺点是：工作量大，编程代码多；缺乏对数据库系统、客户、操作系统，以及网络环境的诊断，还缺乏性能监控、跟踪和安全控制的管理工具。

2.5.4　分布式数据库系统

分布式数据库系统使用多个计算机系统，用户能够访问远程系统的数据，更好地实现数据共享。在分布式数据库系统里，数据可以在多个不同的数据库中进行传送，有不同的数据库管理软件进行管理，运行在不同的计算机上，支持多种不同的操作系统。这些计算机分布在不同的地理位置，并通过多种通信网络连接在一起。比如，可以将一部分数据存放在一台计算机上，另一部分数据存 放在其他地理位置的计算机上，每台计算机都有数据和自己的应用程序，一台计算机上的用户可以访问其他计算机上的数据，每台计算机既是服务器，又是客户端。

分布式数据库系统的优点是：高效、高性能；响应时间快，吞吐量大；按照客户需求建立；客户端可以是个人工作站，也可以按终端客户需求建立，提供人性化的用户界面；不同的客户可以共享一个数据库；新增站点对正在进行的操作影响很小；分布式数据库系统提供本地自治。分布式数据库系统的缺点是：故障的恢复比集中式系统更复杂。

本章小结

1．数据是信息的载体。信息是在科学实验、检验、统计等过程中获得的，以及用于科学研究、技术设计、查证、决策等的数值。

2．在数据库中，用数据模型来抽象、表示和处理现实世界中的数据和信息。数据模型是数据库系统的核心和基础，现有的数据库系统都是基于某种数据模型而建立起来的。数据模型的三要素是数据结构、数据操作和数据完整性约束。

3．数据的概念模型，是对信息世界的管理对象、属性及联系等信息的描述形式。概念模型不依赖计算机和数据库管理系统，它是现实世界的真实全面的反映。

4．概念模型最常见的表示方法，就是 P.P.S Chen 于 1976 年提出的实体联系方法（Entity-Rela-tionship Approach），又称为实体-联系模型，简称 E-R 模型。

5．数据的逻辑模型主要包括层次数据模型、网状数据模型、关系数据模型和面向对象数据模型。它是按照计算机系统的特点对数据建模，用于数据库管理系统的实现。

6．数据库系统由计算机硬件、数据库、数据库管理系统、应用程序系统和数据库管理员组成。数据库系统的结构可以从不同层次、不同角度来划分。从数据库终端用户的角度来看，数据库系统结构分为集中式结构、分布式结构、客户-服务器结构、浏览器-应用服务器-数据库服务器多层结构等，这些都是数据库系统外部的体系结构。从数据库系统管理的角度来看，数据库系统结构分为三级模式结构，即外模式、概念模式和内模式。

习题 2

2-1 简述数据模型的三要素。

2-2 简述数据库系统的类型。

2-3 简述 E-R 图的组成和符号。

2-4 数据的逻辑模型主要包括哪几种？

2-5 假设一个学生可选多门课程，而一门课程又有多个学生选修，一个教师可讲多门课程，一门课程至多只有一个教师讲授，试画出 E-R 图。其中，实体及属性包括学生：学号、专业、姓名，教师：教师号、姓名、职称，课程：课程号、课程名、学分。

实训 2 建立宏文软件股份有限公司数据库的概念模型

1. 目标

完成本实验后，应掌握以下内容：

设计 E-R 图。

2. 场景描述

宏文软件股份有限公司是从事软件开发的中小型公司，公司目前共有员工 100 人，公司数据库 HongWenSoft 中包括如下实体：

员工：员工编号、姓名、性别、年龄、所属部门；

部门：部门编号、部门名称、人数；

顾客：客户编号、姓名、性别、联系方式、地址；

产品：产品编号、名称、数量、供应商。

上述实体中存在如下联系：

① 一个员工属于一个部门，一个部门有多名员工；

② 一个产品可以由多名顾客购买，一个顾客可以购买多种产品；

③ 一名员工服务多位顾客，一位顾客只能由一名员工提供服务。

试分别画出员工部门、顾客产品两个局部信息结构的 E-R 图，再将它们合并成一个全局 E-R 图。

实验预计完成时间：45 分钟。

第3章　关系型数据库基础

【内容提要】本章介绍关系型数据库的基础知识。关系完整性将使数据库的数据具有正确性和相容性。关系规范化方法，可用关系模式消除不合适的依赖，使每个关系中只有一个实体的数据。本章还介绍关系模式的候选码，判断关系模式是第几范式，如何将关系规范成为第二范式。

3.1　关系模型概述

关系模型最早于1970年由美国 IBM 公司 San Jose 研究室的研究员 E.F.Codd 首次提出，为数据库技术发展奠定了理论基础，开创了数据库的关系方法和关系数据理论的研究。由于E.F.Codd的突出研究贡献，他于1981年获得ACM图灵奖。20世纪80 年代以后，计算机厂商推出的数据库管理系统都支持关系模型，非关系系统的产品也添加了关系接口。在数据库领域中，以关系方法为基础的研究和学习是主流方法。

3.1.1　关系模型

关系模型，也称为数据模型，使用关系的二维表格来表示数据。 二维表的行称为记录或元组，列以属性开头，每个属性都有记录的一个分类与之对应。

3.1.2　关系模型组成

关系模型包括关系数据结构，数据间的关系操作的集合，以及数据完整性约束两部分。

（1）关系数据结构。关系模型中的数据结构单一，用来模拟现实世界的实体，以及实体间的各种联系均用关系表示。从用户的角度来看，关系模型中数据的逻辑结构就是一张二维数据表。

（2）关系操作。关系模型中数据间关系的操作包括选择（SELECT）、投影（PROJECT）、连接（JOIN）、除（DIVIDE）、并（UNION）、交（INTERSECTION）、差（DIFFERENCE）等查询（QUERY）操作和增加（INSERT）、删除（DELETE）、修改（UPDATE）操作两大部分。关系操作其实就是集合的操作，操作的对象和结构都是集合，操作方式被称为一次一集合（set-st-s-time）。非关系模型数据的操作与关系模型数据的操作不同，其操作方式为一次一记录（record-at-a-time）。早期的关系操作能力，通常用关系代数或关系演算的逻辑方式表示。关系代数是将查询要求用关系运算来表示。关系演算是将查询要求用谓语来表示，按照谓语变元的基本对象是域变量还是记录变量，分为元组关系演算和域关系演算。

关系代数、记录关系演变、域关系演变对表达数据间关系的操作能力是一样。这些关系演变都是抽象的查询语句，与在DBMS中实现的实际语言并不完全一样。实际的查询语句除具有关系代数或关系演算功能外，还提供了很多函数，如集函数、关系赋值、算术运算等。

（3）数据完整性约束。关系模型中数据完整性约束包括三类：实体完整性、参照完整性和用户自定义的完整性。其中，实体完整性和参照完整性是对具体领域的语义约束，也是关系模型必须满足的完整性约束条件。

3.1.3　关系术语

以学生信息表建立二维表对应的关系模型如图3.1所示。

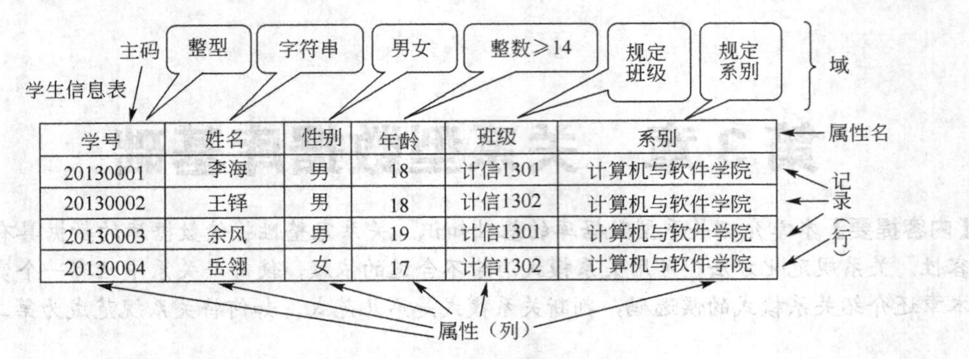

图 3.1 学生信息表的关系模型

关系模型的术语介绍如下。

① 关系：用一张二维表格表示，包括记录（行）、属（列）和关系。表包括行和列。

② 属性：二维表中的每一列就是一个属性，每个属性的首行称为属性，一个表中不能包括两个同名属性，可以有多个属性列。

③ 域：每个属性的值都有一定的变化范围，这个变化范围称为属性的变域或简称域，属性的实际取值来源就是域。

④ 记录：二维表中每一行数据称为一个记录或元组。一个记录对应概念模型中的一个实体的所有属性值的总和。若干个记录构成一个具体的关系，一个关系中不允许有两个完全相同的记录。

3.2 关系代数

关系操作的方法有两种：一种基于代数的定义，称为关系代数；另一种基于逻辑的定义，称为关系演算。由于使用方便性不同，关系演算又分为元组关系演算和域关系演算。关系代数、元组关系演算和域关系演算，在表达方法上是等价的。本节主要介绍关系代数。关系代数是一种抽象的查询语言，用对关系的运算来表达查询，运算的对象是关系，运算的结果也是关系。按照运算符的不同，主要分为传统的关系运算和专门的关系运算两类。

3.2.1 传统的关系运算

在传统的关系运算中，参与运算的是集合，得到的结果也是集合，也称为传统的集合运算。传统的关系运算包括并、交、差、广义笛卡尔积四种运算。

（1）并。两个相同结构关系的并，是由两个关系的属性组成的集合，其前提是属性都取自同一个域。设关系 R 和关系 S 具有相同的属性，且属性都取自同一个域，则关系 R 和关系 S 的并，由属于 R 和属于 S 的属性组成。记作 R∪S。

（2）差。两个相同结构关系中的记录，要么属于第一个关系，要么属于第二个关系。设关系 R 和关系 S 都具有相同的属性，且两个属性取自同一个域，则关系 R 和关系 S 的差，由属于 R 而不属于 S 的所有属性组成。记作 R-S。

（3）交。两个相同结构的关系中公共记录的集合。设关系 R 和关系 S 具有相同的属性，且属性都取自同一个域，则关系 R 和关系 S 的交，由既属于 R 又属于 S 的属性组成。记作 R∩S。

（4）广义笛卡尔积。两个不同结构 m 列和 n 列的关系的广义笛卡尔积，是一个 m+n 列的属性的集合。设关系 R 和关系 S 具有不同列 m 和 n，记录的前 m 列是关系 R 的一个记录，后 n 列是关系 S 的一个记录。若 R 有 k1 个记录，S 有 k2 个记录，则关系 R 和关系 S 的广义笛卡尔积有 k1×k2 个记录。记作 R×S。

【例 3-1】 已知下列关系 R、S 具有相同结构的属性，并且属性都取自同一个域，如图 3.2 所示，求出其并、差、交和广义笛卡尔积。

关系 R

A	B	C
a1	b2	c3
a1	b1	c1
a3	b3	c2

关系 S

A	B	C
a1	b2	c3
a1	b1	c2
a3	b3	c2

图 3.2 关系 R 和关系 S

关系 R 和关系 S 的并、差、交的结果如图 3.3 所示，其广义笛卡尔积如图 3.4 所示。

RUS

A	B	C
a1	b2	c3
a1	b1	c1
a3	b3	c2
a1	b2	c2

R∩S

A	B	C
a1	b2	c3
a3	b3	c2

R-S

A	B	C
a1	b2	c2

图 3.3 关系 R 和关系 S 的并、差、交

R×S

A	B	C	A	B	C
a1	b2	c3	a1	b2	c3
a1	b2	c3	a1	b2	c2
a1	b2	c3	a3	b3	c2
a1	b1	c1	a1	b2	c3
a1	b1	c1	a1	b2	c2
a1	b1	c1	a3	b3	c2
a3	b3	c2	a1	b2	c3
a3	b3	c2	a1	b2	c2
a3	b3	c2	a3	b3	c2

图 3.4 关系 R 和关系 S 的广义笛卡尔积

3.2.2 专门的关系运算

专门的关系运算包括选择、投影、连接和除等。

（1）选择。选择是从一个关系中选出满足给定条件的记录的操作。 设在关系 R 中选择满足条件的属性，记作 σF(R)。

其中，σ 是选择运算符 F 表示选择条件，是一个逻辑表达式，取逻辑真或逻辑假，满足条件，即选中。逻辑表达式 F 的基本形式可以包含>、⩾、<、⩽、＝或≠等运算符。

【例 3-2】 例如，有 Student 关系如表 3.1 所示。

表 3.1 Student 关系

Sno	Sname	Sage	Sdept
2005001	李勇	20	计算机系
2005002	刘晨	19	信息系
2005003	王敏	18	数学系
2005004	张立	19	信息系

查询年龄小于 20 岁的学生：

$$\sigma Sage<20\ (Student)$$

因为 Sage 是 Student 的第 3 列属性，所以还可以表示为：

$$\sigma 3<20\ (Student)$$

（2）投影。投影是从一个关系中选出若干指定字段值的操作。设在关系 R 上的投影是从 R 中选择出由若干属性列组成的新的关系，记作$\prod A(R)$。其中，A 为关系 R 的属性列表，各个属性之间用逗号分隔开。投影运算时从列的角度进行运算，相当于对关系进行垂直分解。投影运算结果可能比原有关系属性少，可能改变了原关系的属性顺序，或改变了原有关系的属性名等，而且还要去掉重复记录。

【例 3-3】 从 Students 关系表中查询学生所在系部和姓名。

采用投影关系运算表达式为

$$\prod department，sname(Students)$$

（3）连接。连接是把两个关系的记录按照一定条件横向结合，生成一个新关系。最常用的连接运算是自然连接，通过两个关系中的公共字段，把该字段值相等的记录连接起来。连接是根据给定条件，从两个已知关系 R 和关系 S 的笛卡尔积 R×S 中，选取满足比较关系 F 的记录，记作$(R)\bowtie(S)$。

连接运算符有两种：一种是等值连接，另一种是自然连接。

等值连接是比较运算符为“＝”的连接运算。从关系 R 与关系 S 的笛卡尔积中，选取满足等值条件的记录。

自然连接也是等值连接，从两个关系的笛卡尔积中选取公共属性满足等值条件的记录，但新关系中不包含重复的属性。自然连接还需要取消重复列，是从行和列的角度进行运算。

【例 3-4】 例如，关系 R 和关系 S 如下：

R

A	**B**	**C**
a1	b1	5
a1	b2	6
a2	b3	8
a2	b4	12

S

B	**E**
b1	3
b2	7
b3	10
b3	2
b5	2

连接运算的结果如下：

① $R\underset{C<E}{\bowtie}S$

A	R.B	C	S.B	E
a1	b1	5	b2	7
a1	b1	5	b3	10
a1	b2	6	b2	7
a1	b2	6	b3	10
a2	b3	8	b3	10

② $R\underset{R.B=S.B}{\bowtie}S$

A	R.B	C	S.B	E
a1	b1	5	b1	3
a1	b2	6	b2	7
a2	b3	8	b3	10
a2	b3	8	b3	2

③ $R\bowtie S$

A	B	C	E
a1	b1	5	3
a1	b2	6	7
a2	b3	8	10
a2	b3	8	2

④ 除。在关系代数中，除法运算可以理解为笛卡尔积的逆运算。设有关系 R（X，Y）和 S（Y），其中 X、Y 可以是单个属性或属性集，它们的除运算结果记作 R ÷ S。R÷S 运算规则：如果 ∏（R）中能找到某一行 u，使得这一行和关系 S 的笛卡尔积包含在 R 中，则 R÷S 中有 u。

【例 3-5】 有如下关系的 R 和 S，求 R÷S。

R

A	B	C
a1	b1	c2
a2	b3	c7
a3	b4	c6
a1	b2	c3
a4	b6	c6
a2	b2	c3
a1	b2	c1

S

B	C	D
b1	c2	d1
b2	c1	d1
b2	c3	d2

解：（1）在关系 R 中，A 可以取四个值｛a1,a2,a3,a4｝。

（2）求各取值的像集：

a1 的像集为｛(b1,c2), (b2,c3) ,(b2,c1)｝；

a2 的像集为｛(b3,c7) ,(b2,c3)｝；

a3 的像集为｛(b4,c6)｝；

a4 的像集为｛(b6,c6)｝。

（3）求 S 在（B，C）上的投影。

S 在（B，C）上的投影为｛(b1,c2),(b2,c1),(b2,c3)｝。

只有 a1 的像集包含了 S 在（B，C）属性上的投影，所以 R÷S=｛a1｝。

R÷S

A
a1

3.3 关系的完整性

关系完整性是为了保证数据库中数据的正确性和相容性，它是对关系模型提出的某种约束条件或规则。完整性通常包括实体完整性、参照完整性和用户定义完整性。

3.3.1 关系完整性概述

数据库使用时，数据是从外界输入的，而在数据的输入过程中，由于种种原因，会发生输入无效或错误信息等异常情况，或者存储有不正确的数据值，都会影响数据库的使用。在设计关系数据模型时对数据进行约束，后期对数据操作时就能保证数据完整性。

为保证关系完整性，在实施数据库完整性设计时，应把握以下原则。

① 根据数据库完整性约束的类型，确定其实现的系统层次和方式。一般情况下，静态约束尽量包含在数据库模式中，动态约束由应用程序实现。

② 实体完整性约束、参照完整性约束，是关系数据库最重要的完整性约束，在不影响系统关键性能的前提下尽量应用。用少量的时间和空间换取系统的易用性是值得的。

③ 触发器功能要慎用，触发器的性能开销大，多级触发不好控制，容易发生错误。

④ 在需求分析阶段就必须制定完整性约束的命名规范，尽量将有意义的英文单词、缩写词、表 名、列名和下划线组合在一起，方便识别和记忆。

⑤ 根据业务规则对数据库完整性进行细致测试，尽快排除隐含在完整性约束之间的冲突以及对性能的影响。

⑥ 数据库设计人员是专职的，能负责数据库的分析、设计、测试、实施和早期维护，能对软件实现的数据库完整性约束进行审核。

⑦ 选择合适的 CASE 工具来降低数据库设计阶段的工作量。好的 CASE 工具能支持数据库的整个生命周期，能大大提高数据库设计人员的工作效率，也容易与用户沟通。

3.3.2 实体完整性

实体完整性是指关系的主关键字不能重复，也不能取空值。现实世界中的实体是可以相互区分和识别的，应具有唯一性标识。在关系模式中，以主关键字作为唯一标识，而主关键字的属性不能为空值，否则，关系模式中存在着不可标识的实体，与现实世界的实际情况相矛盾，这样的实体就不是一个完整的实体。

实体完整性规定：表的每一行在表中是唯一的实体，不能出现重复的行。表中定义的 UNIQUE PRIMARYKEY 和 IDENTITY 约束就是实体完整性的体现。

在实际数据存储中，用主关键字来唯一标识每一条记录，在具体的数据库管理系统中，实体完整性规则是：任意关系主关键字的属性不能为空。大部分数据库管理系统支持完整性约束，但是只有用户在创建关系模式时说明了主关键字，系统才会进行完整性检验，它不是强制检验的。

3.3.3 参照完整性

现实世界中的事物和概念都存在某种联系，关系数据模型就是通过关系来描述实体与实体之间的联系，所以关系与关系之间不是孤立的，是按照某种规律进行联系的。参照完整性约束，就是不同关系之间或同一关系内不同记录必须满足的约束。

参照完整性是指两个表的主关键字和外关键字的数据库应一一对应。参照完整性能确保有主关键字的表中对应其他表的外关键字是存在的，也保证了表之间的数据的一致性，防止数据库丢失，或无意义的数据保存在数据库中。

参照完整性是建立在外关键字和主关键字之间，或者外关键字和唯一性关键字之间的关系上的。参照完整性规定：禁止向表中插入包含主表中不存在的关键字的数据行；禁止改变主表中外关键字的值，导致从表中的数据孤立；禁止删除从表中的有对应记录的主表记录。

【例 3-6】 在学生选课关系中，学号只能取学生表中的唯一学号，课程号取自课程关系表中的唯一课程号。

分析：学号和课程号不能为空值，学号是学生表中的主关键字，课程号是课程表中的主关键字，是学生选课表中的外关键字。学生选课表中的学号和课程号必须分别与学生表和课程表对应，不能超出它们的范围，也不能出现学生表和课程表中不存在的学号和课程号。

在数据表中更新、插入或删除表中的数据库的完整性，都称为参照完整性。在现实中，实体之间存在一定联系，在关系模型中，实体与实体之间的联系是用关系描述的。参照完整性体现在表与表之间的联系，外键的取值必须是另一个主表中主关键字的有效值。

3.3.4 用户自定义完整性

用户自定义的完整性是对数据表中的字段属性的约束，用户自定义完整性规则也称为域完整性规则。用户自定义完整性体现是对表中字段的值域、字段的类型、字段的有效规则、记录有效性等的约束，由创建表时定义的字段的属性决定。

用户自定义完整性规则：不同的关系数据库系统，由于应用环境不同，约束条件不同，数据必须满足关系数据库的约束条件。例如，成绩表中的成绩通常规定0～100分之间。

在数据库中，需要定义实体完整性、参照完整性和用户自定义完整性，系统才能检验这些完整性约束条件。实体完整性和参照完整适用于任何关系型数据库系统，主要是对关系的主关键字和外关键字取值给出约束条件。用户自定义完整性是根据应用环境的要求和实际需要，对某一具体应用所涉及的数据提出约束条件。这种情况下，约束一般不由应用程序提供，而应由关系模型提供定义并检验。

3.4 关系的规范化

关系的规范化是用来改造关系模式的，通过消除关系模式中不合适的函数依赖，以解决插入异常、删除异常、更新异常和数据冗余等问题。

3.4.1 关系规范化概述

一个关系数据库模式由一组关系模式组成，一个关系模式由一组属性名组成。设计关系数据库，要解决如何把已知相互关联的一组属性名分组，并建立每一组属性名之间的关系。属性的分组不是唯一的，不同的分组对应不同的数据库应用系统。为了使数据库设计合理、简单实用，形成了关系数据库的设计理论关系规范化理论。

关系规范化要解决以下问题：

① 数据插入异常，在不规范的数据表中插入数据，主关键字已设置为不能为空，但有用的数据无法插入；

② 数据删除异常，在不规范的数据表中删除某条记录，某条记录中一部分有用的数据删除不了；

③ 数据更新异常，在不规范的数据表中更新记录，主关键字已设置，更新后的记录与已有重复；

④ 数据冗余，相同数据在数据库中多次重复保存，不仅浪费空间，也可能出现数据不一致性。

通过关系规范化方法，将不规范的关系分解成多个关系，使每个关系中只包含一个实体的数据。

3.4.2 函数依赖关系

（1）函数依赖的概念。关系规范化是要解决实体内部各个属性之间的联系。 实体内部属性之间的联系分为一对一关系（1:1）、一对多关系（1:n）和多对多（m:n）关系。

【例 3-7】 学生（学号，姓名，性别，班级，专业，担任班级职务）。

分析：学生关系中学号和姓名是一对一关系，班级和学号是一对多关系，班级和担任班级职务是多对多关系。

这三种关系是属性值之间相互依赖和相互制约的反映，被称为属性间的数据依赖。 数据依赖分为三种函数依赖（Functional Dependency，FD）、多值依赖（ Multivalued Dependen-cy，MVD）、连接依赖（Join Dependency，JD）。这里重点讲解函数依赖。

函数依赖是属性之间的一种联系。在关系 R 中，X、Y 为 R 的两个属性或属性组，如果对于 R 中的所有关系都存在对于 X 的每一个具体值，Y 都只有一个具体值与之对应，则称属性 Y 函数依赖于属性 X。也可以说属性 X 决定属性 Y，记作 X→Y。其中 X 是决定因素，Y 是被决定因素。

属性之间有一对一、一对多、多对多关系，并不是每种关系中都在函数依赖。关系 R 中有属性 X 和 Y，存在函数依赖的情况有以下几种：

① 如果 X、Y 是一对一关系，则存在函数依赖 X←→Y；

② 如果 X、Y 是一对多关系，则存在函数依赖 X→Y 或 Y→X（多方为决定因素）；

③ 如果 X、Y 是多对多关系，则不存在函数依赖。

注意，属性间的函数依赖，是指关系 R 的一切关系子集，都要满足定义中的限定条件，而不是关系 R 的某个或某些关系子集满足定义中的限定条件。只要有一个关系子集不满足定义中的条件，则函数依赖就不成立。关系子集是指 R 的某一部分记录的集合。

（2）函数依赖分类。某个属性集 A 决定另一个属性集 B 时，称为属性集 B 依赖于属性集 A。比如，学生表中，一个学号能决定一个学生的姓名，姓名属性依赖于学号，在现实情况中，只要知道一个学生的学号，就能知道学生的姓名，姓名依赖于学号，这就是函数依赖。函数依赖又分为平凡函数依赖和非平凡函数依赖，从性质上分为完全函数依赖、部分函数依赖和传递函数依赖。设关系 R（U）是一个属性集 U 上的关系模式，X、Y 和 Z 是 U 的子集，各种函数依赖分类如下。

① 平凡函数依赖，当关系 R 中属性集合 Y 是属性集合 X 的子集时，存在函数依赖 X→Y，即一组属性函数决定了它的所有子集，这种函数依赖称为平凡函数依赖。

② 非平凡函数依赖，当关系 R 中属性集合 Y 不是属性集合 X 的子集时，但存在函数依赖 X→Y，则称 X→Y 是非平凡函数依赖。

③ 完全函数依赖，设 X、Y 是关系 R 的两个属性集合，对于 X 的任何一个真子集 X1，都

存在 X1→Y，这种函数依赖称为 Y 完全函数依赖于 X。

④ 部分函数依赖，关系 R 中，属性集合 X 和 Y，都存在 X→Y，若 X1 是 X 的真子集，并存在 X1→Y，则 Y 部分函数依赖于 X。

⑤ 传递函数依赖，关系 R 中，不同的三个属性集合 X、Y 和 Z，都存在 X→Y(Y1→X)，Y→Z，则称 Z 传递函数依赖于 X。

【例 3-8】 对于关系 SC(sno，cno，grade)，试分析函数依赖情况。

分析：

非平凡函数依赖：(sno，cno）→grade

平凡函数依赖：(sno，cno）→sno，(sno，cno）→ cno

【例 3-9】 关系 Students(sno，sname，course，grade)，试分析函数依赖情况。

分析：

完全依赖函数：sno→sname，(sno，course）→grade

部分函数依赖：(sno，course） →sname

【例 3-10】 关系 S1(sno，sdep，sdephead)，试分析函数依赖情况。

分析：sno→sdep，sdep→sdephead，并且 sno 不依赖于 sdep，所以 sno→sdephead 为传递函数依赖。

3.4.3 范式与规范化

当一个关系中的所有分类都是不可再分的数据项时，该关系是规范化的。不可再分的数据项，即不存在组合数据项和多值数据项。在一个关系模式中，要先找出关系模式中的码，然后再分解关系模式，不同级别的分解模式构成了不同的范式。一个低一级范式的关系模式，通过模式分解可以转换为若干个高一级范式的关系模式的集合，这个过程就叫规范化。 二维表按其规范化程度，从低到高可分为 5 级范式（NormalForm） ，分别称为 1NF、2NF、3NF(BCNF)、4NF、5NF。

1．关系模式中的码

在关系 R（U）中，X 和 Y 是 U 的子集，若 X→Y，并且为完全非平凡函数依赖，同时 Y 是单属性，则称 X→Y 为 R 的最小函数依赖集。由 R 中所有最小函数依赖构成的 R 的最小函数集中不包含冗余的传递函数依赖。

设 K 为 R<U，F>中的属性或属性组合。若 K 能够函数决定 U 中的每个属性，并且 K 的任何真子集都不能函数依赖决定 U 的每个属性，则称 K 为 R 的候选码（CandidateKey)。K 是决定 R 全部属性值的最小属性组，F 是 U 上的函数依赖集。

若候选码多于一个，则选定其中的一个作为主码（PrimaryKey)。

候选码为整个属性组的，称为全码（All-key)。

在 R（U，F）中，包含在任何一个候选码中的属性 ，称为主属性（Primeattribute)；不包含在任何码中的属性称为非主属性（Nonprimeattribute）或非码属性（Non -keyattribute)。

【例 3-11】 关系模式 SC（sno，cno，grade)，指出关系模式中的码。

候选码：（sno，cno)。主码：（sno，cno)。主属性：son，cno。非主属性：grade。

【例 3-12】 关系模式 R（P，W，A)，其中 P 是演奏者，W 是作品，A 是听众。指出关系模式中的码。

分析：一个演奏者可以演奏多个作品，某个作品也可以被多个演奏者演奏，听众可以欣赏不同演奏者的不同作品。

候选码：（P，W，A)。全码：（P，W，A)。

关系模式 R 中的属性或属性组 X 并非 R 的码，但 X 是另一个关系模式的码，则称 X 是 R 的外部码（Foreign key），简称外码。

【例 3-13】 关系模式 SC（sno，cno，grade）和关系模式 Students（sno，sname，sage，sdept）sno 不是关系模式 SC 中的码。但它是关系模式 Students 中的码，则称 sno 是关系模式 SC 的外码。

综上所述，主码和外码一起建立了关系与关系之间的联系。

2．范式

范式是符合某一级别的关系模式的集合。关系数据库中的关系要满足一定的条件，满足不同程序要求的条件称为不同的范式。范式的种类有：第一范式（1NF）、第二范式 （2NF）、第三范式（3NF）、BC 范式（BCNF）、第四范式（4NF）、第五范式（5NF）。

第一范式满足最低要求的条件，第五范式满足最高要求的条件。各种范式之间存在的联系为：1NF<=2NF<=3NF<=BCNF<=4NF<=5NF 一个低一级范式的关系模式，通过模式分解，可以转换为若干个高一级范式的关系模式的集合，这个过程叫规范化。

第一范式的条件：必须不包含重复组的关系。不满足 1NF 的关系是非规范化的关系。

【例 3-14】 关系模式，系部职称人数情况见表 3.2。

表 3.2　系部职称人数情况

系　名	高级职称人数	
	教　授	副 教 授
计算机与软件学院	5	8
汽车工程制造系	6	7
电子与通信工程系	4	9

将高级职称人数分解成教授和副教授，见表 3.3。

表 3.3　高级职称人数分解

系　名	教　授	副 教 授
计算机与软件学院	5	8
汽车工程制造系	6	7
电子与通信工程系	4	9

非规范化关系转换为规范化的第一范式方法很简单，将表分别从横向、纵向展开即可。

第二范式的条件：关系模式必须满足第一范式，并且所有非主属性都完全依赖于主码。如果 R（U，F）满足第一范式，并且所有非主属性都完全依赖于 R 的一个候选码，则 R（U，F）∈2NF。

【例 3-15】 关系模式职工（ 职工号，姓名，职称，项目号，项目名称，项目角色），判断职工关系模式是否符合第二范式，如果不是，如何分解为第二范式。

分析：（职工号，项目号）该关系的码，而职工号→姓名，职工号→职称，项目号→项目名称，项目号→项目角色，所以（职工号，项目号）p→职称，（职工号，项目号）p→项目名。职工关系模式不符合第二范式。这个关系中存在操作异常，有插入异常、删除异常和修改异常。比如修改数据时，如果项目名称发生变化，参与该项目的职工的信息需要修改，加大了工作量，还可能有信息遗漏，从而破坏了数据的一致性。

分解为第二范式的步骤：首先，将组成主码的属性集合的每一个子集作为主码，构成一个新表 3，再将依赖于新表主码的属性放到该表中。

职工（职工号，姓名，职称，项目号，项目名称，项目角色） 关系模式可以分解成二个关系：

① 职工（职工号，姓名，职称）；

② 参与项目（职工号，项目号，项目角色）；

③ 项目（项目号，项目名称）。

分解后的二个关系都符合 2NF。

符合第二范式的关系模式可能还存在数据冗余、更新异常等问题。

第三范式的条件：关系模式满足第二范式，且每个非主属性都不传递依赖于任何候选码。如果 R(U，F)满足第二范式，并且所有非主属性都不传递依赖于主码，则 R(U，F)∈3NF。

【例 3-16】 关系模式学生住宿（学号，系部，宿舍），判断学生住宿关系模式是否符合第二范式。如果不符合，如何分解为第二范式。

分析：学号→系部，系部→宿舍，学号→宿舍，所以学生住宿关系模式不符合第二范式。

分解过程：对于不是候选码的每个决定因子，从表中删除依赖于它的所有属性，学生住宿关系模式删除宿舍，形成新表：学生系部（ 学号，系部）。

新建一个表，新表中包含原表中所有依赖于该决定因子的属性，将决定因子作为新表的主码，新表：系部住宿（系部，宿舍）。

注意：通常在数据库设计中，一般要求达到 3NF。

BC 范式（BCNF）是在第二范式的基础上改进的，消除了关系模式中所有属性对候选码的部分和传递依赖。如果一个关系达到了第二范式，并且只有一个候选码，或者每个候选码都是单属性，则该关系符合 BC 范式。

设关系模式 R（U，F）∈1NF，若 F 的任一函数依赖 Y 不依赖于 X，且 YX 时，X 必包含码，则称 R∈CNF。

如果 R∈BCNF，则所有非主属性对每个码都是完全函数依赖，所有的主属性对每个不包含它的码，也是完全函数依赖，没有任何属性完全函数依赖于非码的任何一组属性。

【例 3-17】 关系模式课程（课程号，课程名，学分），该关系模式属于第几范式？

分析：课程∈3NF，且课程∈BCNF。

【例 3-18】 关系模式授课（学生，教师，课程），该关系模式属于第几范式？

分析：函数依赖（学生，课程）→教师（学生，教师）→课程，教师→课程，其中（学生，课程）和（学生，教师）都是候选码，则授课∈3NF，满足条件没有任何非主属性对码传递依赖或部分依赖，授课不符合 BCNF，教师是决定因素，教师不包含码。

将授课分解为两个关系模式：

师生（学生，教师）∈BCNF，课程（教师，课程）∈BCNF。

分解后的两个关系模式都不存在任何属性对码的部分函数依赖和传递函数依赖。

第四范式（4NF）。

多值依赖的定义：设 R（U）是属性集 U 上的一个关系模式，X，Y，Z 是 U 的子集，且 Z＝U–X–Y。如果对 R（U）的任一关系 r，给定一对（x，z）值，都有一组 y 值与之对应，这组 y 值仅仅取决于 x 值而与 z 值无关，则称 Y 多值依赖于 X，或 X 多值决定 Y，记作 X→→Y。

第四范式的条件：不允许有非平凡函数依赖和非函数依赖的多值依赖，允许的非平凡多值依赖是函数依赖。

由于本书篇幅有限，第四范式和第五范式不详细讲解。

3．关系模式分解准则

规范化的方法是进行模式分解，分解后产生的模式应与原模式等价，模式分解必须遵守一定的准则，不能表面上消除了操作异常现象，却留下其他问题。

关系模式分解要满足以下分解准则。

① 模式分解具有无损连接，分解后的关系通过自然连接，可以恢复成原来的关系，即不多出信息，也不丢失信息。

② 模式分解能够保持函数依赖，分解过程中函数依赖不能丢失特性，不能破坏原有语义。

本章小结

1．关系模型，也称为数据模型，使用关系的二维表格来表示数据。二维表的行称为记录或元组，列以属性开头，每个属性都有记录的一个分类与之对应。

2．关系模型中的数据结构单一，用来模拟现实世界的实体，以及实体间的各种联系均用关系表示。从用户的角度来看，关系模型中数据的逻辑结构就是一张二维数据表。

3．关系模型中数据间关系的操作，包括选择（SELECT）、投影（PROJECT）、连接（JOIN）、除（DIVIDE）、并（UNION）、交（INTERSECTION）、差（DIFFERENCE）等查询（QUERY）操作和增加（INSERT）、删除（DELETE）、修改（UPDATE）操作两大部分。

4．关系模型中数据完整性约束包括三类：实体完整性、参照完整性和用户自定义的完整性。

5．关系操作的方法有两种：一种基于代数的定义，称为关系代数；另一种基于逻辑的定义，称为关系演算。 由于使用方便性不同，关系演算又分为元组关系演算和域关系演算。关系代数、元组关系：演算和域关系演算在表达方法上是等价的。

6．在传统的关系运算中，参与运算的是集合，得到的结果也是集合，也称为传统的集合运算。传统的关系运算包括并、交、差、广义笛卡尔积四种运算。

7．专门的关系运算包括选择、投影、连接和除等。

8．关系完整性是为了保证数据库中数据的正确性和相容性，是对关系模型提出的某种约束条件或规则。完整性通常包括实体完整性、参照完整性和用户定义完整性。

9．关系的规范化是用来改造关系模式的，通过消除关系模式中不合适的函数依赖，可以解决插入异常、删除异常、更新异常和数据冗余等问题。

习题 3

3-1　简述关系运算符有哪些？

3-2　简述关系代数的基本操作有哪些？

3-3　简述函数依赖的分类。

3-4　简述关系完整性的作用和设计原则。

3-5　简述关系规范化的作用和方法。

实训 3　关系代数

1．目标

完成本实验后，将掌握以下内容：

（1）传统的集合运算。

（2）专门的关系运算。

2．准备工作

在进行本实验前，必须学习完成本章的全部内容。

实验预估时间：20 分钟。

练习1　传统的集合运算

已知关系R1、R2、R3、R4如下图所示，求出下列运算的结果：R1–R2、R1∪R2、R1∩R2、R3×R4。

R1

P	Q	A	B
3	b	C	d
8	z	E	f
3	b	E	f
8	z	D	e
6	g	E	f

R2

P	Q	A	B
3	b	c	f
8	z	d	e
6	g	d	d
6	b	c	f

R3

A	B	C
c	d	m
c	d	n
d	f	n

R4

A	B
c	d
e	f

练习2　专门的关系运算

若有关系数据库如下：

employee（employee_name，city）

works（employee_name，company_name，salary）

company（company_name，city）

manages（employee_name，managers_name）

对于下述查询，请给出一个关系代数表达式和一个SQL查询语句表达式。

（1）找出First Bank的所有员工姓名。

（2）找出First Bank所有员工的姓名和居住城市。

（3）找出所有居住地与工作的公司在同一城市的员工姓名。

第 4 章　SQL 语言和 T-SQL 编程基础

【内容提要】本章主要介绍了 SQL 语言的基本情况，SQL Server 2014 的数据类型，T-SQL 的基础语法和 T-SQL 编程的基础知识等。通过本章学习，读者应该掌握以下内容：SQL Server 2014 的数据类型、T-SQL 的基本语言元素、T-SQL 的流程控制语句、SQL Server 2014 的系统函数。

4.1　SQL 语言概述

4.1.1　SQL 语言的发展

SQL，即 Structured Query Language 结构化查询语言，是一种维护和使用关系型数据库的计算机语言，用于存取数据以及查询、更新和管理关系数据库系统。简单地说，SQL 就是能让用户和关系型数据库进行交互的一种语言。

SQL 语言有很长的发展历史，许多组织对 SQL 语言的发展做出了贡献。经各公司的不断修改、扩充和完善，SQL 语言发展成为关系数据库的标准语言。1986 年 10 月美国国家标准局（American National Standard Institute,简称 ANSI）的数据库委员会 x3H2，批准了 SQL 作为关系数据库语言的美国标准。同年公布了 SQL 标准文本（简称 SQL-86）。1987 年国际标准化组织（International Organization for Standardization，也称 ISO）也通过了这一标准，此后 ANSI 不断修改和完善 SQL 标准，并于 1989 年公布了 SQL89 标准，1992 年又公布了 SQL92 标准。最近的标准是 SQL-99，也称 SQL3。

自 SQL 成为国际标准语言以后，各个数据库厂家纷纷推出各自的 SQL 软件或与 SQL 的接口软件。这就使大多数数据库均用 SQL 作为共同的数据存取语言和标准接口，使不同数据库系统之间的互操作有了共同的基础。这个意义十分重大。因此，有人把确立 SQL 为关系数据库语言标准及其后的发展称为是一场革命。

SQL 成为国际标准，对数据库以外的领域也产生了很大影响，有不少软件产品将 SQL 语言的数据查询功能与图形功能、软件工程工具、软件开发工具、人工智能程序结合起来。SQL 已成为数据库领域中一个主流语言。

4.1.2　SQL 语言的特点

SQL 之所以能够成为国际上的数据库主流语言，和它具有的特点是密不可分的。SQL 除了具有一般关系数据库语言的特点外，还具有如下特点。

（1）以同一种语法结构提供两种使用方式。SQL 既是自主式语言、又是嵌入式语言。自主 SQL 能够独立用于联机交互的使用方式，用户可以直接输入 SQL 命令对数据库进行操作；嵌入式语言，SQL 语句能够嵌入到高级语言（如 C, COBOL, FORTRAN, PL/1）程序中。两种方式下，SQL 语言的语法结构基本上是一致的。

（2）语言简洁、易学易用。SQL 语言设计巧妙，语言十分简捷，核心动词只有 9 个，见表 4.1，且语言接近英语口语表达。便于理解，易学易用。

表 4.1　SQL 语句核心动词

SQL 功能	动　词
数据查询	SELECT
数据定义	CREATE,DROP,ALTER
数据操纵	INSERT,UPDATE,DELETE
数据控制	GRANT,REVOKE

（3）支持三级数据模式结构。SQL 语言支持关系数据库三级模式结构，其中外模式对应于视图（View）和部分基本表（Base Table），模式对应于基本表，内模式对应于数据库的存储文件和索引。如图 4.1 所示：

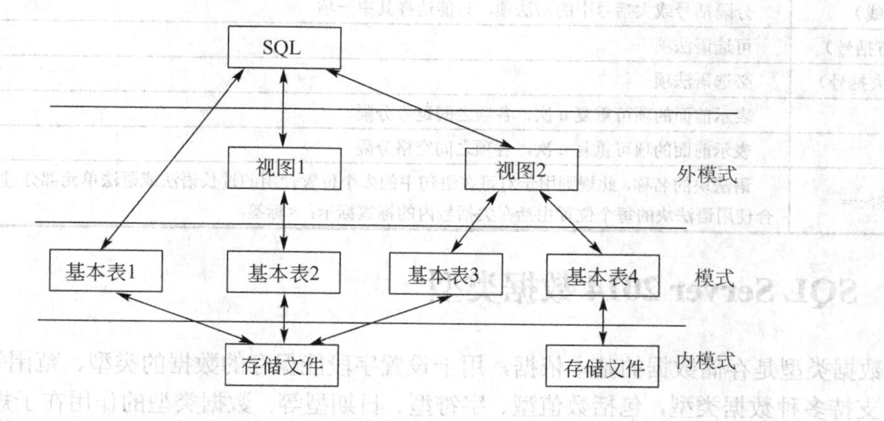

图 4.1　三级数据结构模式

4.1.3　SQL 语言的组成和功能

SQL 语言主要由如下几个部分组成。

第一部分叫做数据查询语言（Data Query Language，DQL），SQL 语言的这个模块使用户可以查询数据库中的数据。

第二部分叫做数据操纵语言（Data Manipulation Language，DML），SQL 语言的这个模块使用户可以修改、增加或删除数据库中的数据。

第三部分叫做数据定义语言（Data Definition Language，DDL），DDL 使得用户能够创建和修改数据库本身，比如 DDL 提供了 ALTER 语句，它使得用户可以修改数据库中的表的设计。

第四部分是数据控制语言（Data Control Language，DCL），DCL 用于维护数据库的安全。

4.1.4　T-SQL 语言

T-SQL，即 Transact-SQL，是 Microsoft 公司在其关系型数据库管理系统 SQL Server 中对标准 SQL 的实现，是 Microsoft 公司对标准 SQL 的扩展和增强版。在 SQL Server 中，所有与服务器实例的通信，都是通过发送 T-SQL 语句到服务器来实现的。

根据其完成的具体功能，T-SQL 语言可以分为如下几大类：

① 数据操作语句：SELECT，INSERT，UPDATE，DELETE；

② 数据定义语句：CREATE TABLE，DROP TABLE，ALTER TABLE，CREATE VIEW，DROP VIEW，CREATE INDEX，DROP INDEX 等；

③ 数据控制语句：GRANT，DENY，REVOKE；

④ 附加的语言元素：BEGIN TRANSACTION/COMMIT，ROLLBACK，SET TRANSACTION，

DECLARE OPEN，FETCH，CLOSE，EXECUTE。

T-SQL 对于 SQL Server 而言十分重要，SQL Server 使用图形用户界面（SQL Server 2014 Managment Studio）能够完成的功能，都可以利用 T-SQL 语言来实现。

在使用 T-SQL 语言时，应遵循 T-SQL 语言的语法规则，这些规则如表 4.2 所示。

表 4.2 T-SQL 语法规则

规 则	规 则 应 用
大写	T-SQL 关键字
斜体	T-SQL 语法中用户提供的参数
粗体	数据库名、表明、列名、索引名、存储过程、实用工具、数据类型名以及必须按所显示的原样输入的文本
|（竖线）	分隔括号或大括号中的语法项，只能选择其中一项
[]（方括号）	可选语法项
{}（大括号）	必选语法项
[,...n]	表示前面的项可重复 n 次，各项之间逗号分隔
[...n]	表示前面的项可重复 n 次，各项之间空格分隔
<标签>::=	语法块的名称，此规则用于对可在语句中的多个位置使用的过长语法或语法单元部分进行分组和标记，适合使用语法块的每个位置由括在尖括号内的标签标示：<标签>

4.2 SQL Server 2014 数据类型

数据类型是存储数据的基本依据，用于设置字段能保存的数据的类型、范围等。SQL Server 2014 支持多种数据类型，包括数值型、字符型、日期型等。数据类型的作用在于规划每个字段所存储的数据内容类别和数据存储量的大小，合理地为字段分配数据类型，可以达到优化数据表和节省空间的效果。

下面介绍 SQL Server 2014 中的基本数据类型。

1．整数类型

整数类型是 SQL Server 2014 中最常用的数据类型之一，主要用于存储整数值，如“年龄”、“数量”等信息。数值类型的数据可以直接进行算术运算。具体来说，整数类型包含以下 4 种。

（1）INT（INTEGER）。INT（INTEGER）是基本整型，存储空间为 4 个字节，即 32 个二进制位，其中一个二进制位用于表示正负符号，31 个二进制位用于存储数据，能存储-2^{31}～$2^{31}-1$内的所有整数。

（2）SMALLINT。SMALLINT 的存储空间为 2 个字节，其中一个二进制位用于表示正负符号，15 个二进制位用于存储数据，能存储-2^{15}～$2^{15}-1$ 内的所有整数。

（3）TINYINT。TINYINT 用 1 个字节存储正整数，其储值范围是 0～255。

（4）BIGINT。BIGINT 是所有整数类型中存储空间最大的，达到 8 个字节，可以存储的是-2^{63}～$2^{63}-1$ 内的所有整数。

2．浮点类型

浮点数据类型用于存储十进制的小数。浮点类型的数值在 SQL Server 2014 中使用上舍入（或称作只入不舍）的方法进行存储，当前仅当要舍入的是一个非零整数时，对其保留数字部分的最低有效位上的数值加 1，并进行必要的进位。

SQL Server 2014 的浮点类型包含如下 3 种。

（1）REAL。REAL 类型的存储空间为 4 个字节，可精确到第七位小数，其可存储值的范围是-3.4×10^{38}～3.4×10^{38}。

（2）FLOAT。FLOAT 类型是一种近似数值类型，供浮点数使用，近似数值类型在其范围内不是所有数都能精确表示，其可存储值的范围是$-1.79\times10^{308}\sim1.79\times10^{308}$。

（3）DECIMAL。DECIMAL 数据类型提供浮点数所需要的实际存储空间，能用来存储从$-10^{38}\sim10^{38}-1$ 的固定精度和范围的数值型数据，使用这种数据类型时，必须指定范围和精度。范围是所能存储的数值的总位数（小数点左右两边数字的总位数），精度是小数点右边的小数部分的位数，如 DECIMAL（12 3）表示该数值总共 12 位，其中整数部分 9 位，小数部分 3 位。

3．字符类型

字符类型可用于存储英文、汉字、符号等，数字也可以作为字符类型来存储。SQL Server 2014 的字符类型包含如下 4 种。

（1）CHAR。CHAR 类型用来存储指定长度的定长非同一编码型的数据。当定义某一列为此类型时，必须指定列长。当用户明确知道要存储的数据的长度时，此数据类型就较为适用。如字段用于存储邮政编码，需要用到 6 位字符，则可以指定长度为 6。CHAR 类型默认存储一个字符，最多存储 8000 个字符。

（2）VARCHAR。VARCHAR 类型同 CHAR 类型一样，用于存储非统一编码型字符数据，与 CHAR 不一样的是，此数据类型为变长的，当定义某一列为此数据类型时，指定的是列的最大长度，实际占用的空间由数据的实际长度确定。

（3）NCHAR。NCHAR 用来存储定长统一编码字符型数据，统一编码用双字节来存储每个字符，而不是单字节，使用的字节空间上增加了一倍，此数据类型能存储 4000 个字符。

（4）NVARCHAR。NVARCHAR 类型用来存储变长的统一编码字符型数据，此数据类型能存储 4000 个字符，使用的字节空间增加了一倍。

4．日期和时间类型

（1）DATE。DATE 类型用于存储日期数据，占用 3 个字节的存储空间，数据格式为“YYYY-MM-DD”。YYYY 表示日期的年份信息，MM 表示日期的月份信息，DD 表示月中的某一天。此类型可表示 0001-01-01~9999-12-31(公元元年 1 月 1 日到公元 9999 年 12 月 31 日)间的日期值。

（2）TIME。TIME 类型用于存储一天当中的某个时间，占用 5 个字节的存储空间，数据格式为“hh:mm:ss[.nnnnnnn]”。hh 表示小时的两位数字，mm 表示分，ss 表示秒，nnnnnnn 表示秒的小数部分，范围是 0~9999999。此类型可表示 00：00：00.0000000～23:59:59.9999999 之间的时间值。

（3）DATETIME。DATETIME 类型用来表示时间和日期数据，占用 8 个字节的空间，此数据类型可存储从 1753 年 1 月 1 日到 9999 年 12 月 3 日之间所有的日期和时间数据，精确到三百分之一秒。

（4）DATETIME2。DATETIME2 是 DATETIME 的扩展类型，相较于 DATETIME，DATETIME2 所支持的日期从 0001 年 01 月 01 日到 9999 年 12 月 31 日，它的时间精度为 100ns，占用 6-8 字节的存储空间。

（5）SMALLDATETIME。SMALLDATETIME 类型与 DATETIME 类型相似，只是其支持的日期范围更小，从 1900 年 01 月 01 日到 2079 年 06 月 06 日，占用 4 个字节的存储空间。

5．文本和图形数据类型

（1）TEXT。TEXT 类型用于存储大容量的文本数据，其理论容量为 $2^{31}-1$ 个字节。

（2）NTEXT。NTEXT 类型与 TEXT 类型类似，不同的是 NTEXT 类型采用 UNICODE 标准字符集，其理论容量为 $2^{30}-1$ 个字符。

（3）IMAGE。IMAGE 类型用于存储长度可变的二进制数据，其理论容量为 2^{31}-1 个字节，用于存储照片、图像等。

6．货币数据类型

（1）MONEY。MONEY 类型用于存储货币值，占用 8 个字节的存储空间，货币类型的存储范围为–922337203685 477.5808 至+922337203685 477.5807。

（2）SMALLMONEY。SMALLMONEY 类型与 MONEY 类型的作用一致，只是取值范围更小，其存储范围为–214748.3648 至+214748.3647，占用 4 个字节的存储空间。

7．位数据类型

bit 称为位数据类型，只取 0 或 1 为值，长度 1 字节。bit 值经常当作逻辑值，用于判断 TRUE(1)或 FALSE (0)。

8．二进制数据类型

（1）BINARY。BINARY(n)表示长度为 n 个字节的固定长度二进制数据，其中 n 是从 1~8000 的值。存储大小为 n 个字节。在输入 binary 值时，必须在数据前面带“0x”作为标识，如 0xAA5 代表 AA5。

（2）VARBINARY。VARBINARY 类型用来存储长度可达 8000 字节的变长的二进制数据，实际存储的长度不超过定义的最大长度即可。

9．其他数据类型

（1）ROWVERSION。在 SQL Server 2014 中，每一次对数据表的更改都会更新一个内部的序列数，这个序列数就保存在 ROWVERSION 字段中，所有 ROWVERSION 列的值在数据表中是唯一的，且每张表只能有一个包含 ROWVERSION 字段的列。使用 ROWVERSION 作为数据类型的列，其字段本身的内容是无自身含义的，这个列主要是作为数据是否被修改过，更新是否成功的作用列。

（2）TIMESTAMP。TIMESTAMP 时间戳类型与 ROWVERSION 有一定的相似处，每次插入或更新包含 TIMESTAMP 的记录时，TIMESTAMP 的值就会更新，一张表只能有一个 TIMESTAMP 列。在创建表时只需提供数据类型即可，不必为 TIMESTAMP 所在的列提供列名。但 ROWVERSION 不具备这种特性，如果将表的某一列指定为 ROWVERSION 类型是需要声明列名的。

（3）UNIQUEIDENTIFIER。全局唯一标识符 GUID，一般用作主键的数据类型，是根据网络适配器地址和主机 CPU 时钟产生的唯一号码，其中，每个都是 0~9 或 a~f 范围内的十六进制数字，理论上每次生成的 GUID 都是全球独一无二的，通常在并发性较强的环境下考虑使用。

（4）CURSOR。游标数据类型，此类型数据用来存放数据库中选中所包含的行和列，只是一个物理地址的引用，并不包含索引，用于建立数据集。

（5）SQL_VARIANT。用于存储 SQL Server 2014 支持的各种数据类型（不包括 TEXT、NTEXT、IMAGE、TIMESTAMP、用户自定义类型等）的值。

4.3 T-SQL 语言的组成

4.3.1 数据定义语言

数据定义语言（Data Definition Language，DDL）用于执行数据库的任务，对数据库以及数据库中的各种对象进行创建、删除、修改等操作。DDL 包含的主要语句及功能如表 4.3 所示。

表 4.3　数据定义语言 DDL

语　句	功　能	说　明
CREATE	创建数据库或数据库对象	不同数据库对象，CREATE 语句的语法形式不同
ALTER	修改数据库或数据库对象	不同数据库对象，ALTER 语句的语法形式不同
DROP	删除数据库或数据库对象	不同数据库对象，DROP 语句的语法形式不同

4.3.2　数据操纵语言

数据操纵语言（Data Manipulation Language，DML）用于操纵数据库中各种对象、检索和修改数据。DML 包含的主要语句及功能如表 4.4 所示。

表 4.4　数据操纵语言 DML

语　句	功　能	说　明
SELECT	从表或视图检索数据	使用最频繁的 SQL 语句之一
INSERT	将数据插入到表或视图中	插入一行或多行数据
UPDATE	修改表或视图中的数据	修改一行数据，或修改一组或全部数据
DELETE	从表或视图删除数据	根据条件删除指定的数据

4.3.3　数据控制语言

数据控制语言（Data Control Language，DCL）用于安全管理，确定哪些用户可以查看或修改数据库中的数据。

DCL 包含的主要语句及功能如表 4.5 所示。

表 4.5　数据控制语言 DCL

语　句	功　能	说　明
GRANT	授予权限	可把语句许可或对象许可的权限授予其他用户和角色
REVOKE	收回权限	与 GRANT 的功能相反，但不影响该用户或角色从其他角色中作为成员承许可权限
DENY	收回权限，并禁止从其他角色继承许可权限	功能与 REVOKE 相似，不同之处：除收回权限外，还禁止从其他角色继承许可权限

4.4　T-SQL 常用语言元素

T-SQL 是一种过程型语言，其除了与数据库建立连接、处理数据外，还具有过程型语言的元素组成：数据类型、标识符、变量、运算符、表达式、流程控制语句、注释、函数等。下面介绍 T-SQL 中的一下常用语言元素。

4.4.1　标识符

为提供完善的数据库管理机制，SQL Server 设计了严格的数据库对象命名规则，在创建或引用数据库和数据库各种对象，如表、视图、索引、约束时，必须遵守 SQL Server 的命名规范，否则可能发生一些难以预测和检测的错误。

SQL Server 的所有对象，包括服务器、数据库及各种数据库对象，如表、视图、索引、约束、存储过程、触发器等都可以有一个标识符。对象的标识符一般在创建对象时定义，作为引用对象的工具使用。

标识符的定义规则如下。

（1）标识符的首字符必须是以下两种情况之一。

① 所有在 Unicode2.0 标准中规定的字符，包括 26 个英文字母，以及其他一些语言字符，如汉字。例如，可以给表命名为“图书”。

② “_”、“@”或“#”。

（2）标识符首字符之后的其他字符可以是以下三种情况。

① 所有在 Unicode2.0 标准中规定的字符，包括 26 个英文字母，以及其他一些语言字符，如汉字。

② “_”、“@”或“#”。

③ 0～9 的数字。

（3）标识符不允许是 T-SQL 的保留字，T-SQL 不区分大小写，因此无论是保留字的大写还是小写形式都不允许用作标识符。

（4）标识符内部不允许有空格或特殊字符。某些以特殊符号开头的标识符，在 SQL Server 中具有特定的含义，如“@”开头的标识符，表示这是一个局部变量或是一个函数的参数；以“#”开头的标识符，表示这是一个临时变量或存储过程；T-SQL 的全局变量名以“@@”开头，为避免同这些全局变量混淆，建议不要使用“@@”作为标识符的开始。

（5）标识符最多容纳 128 个字符，对于本地的临时表最多可以有 116 个字符。

SQL Server 定义了两种类型的标识符：规则标识符和界定标识符。

① 规则标识符：规则标识符严格遵守标识符有关的规定，所以在 T-SQL 中凡是规则标识符都不必使用界定符，对于不符合标识符格式的标识符要使用界定符[]或单引号”。

② 界定标识符：界定标识符是那些使用了如[]和”等界定符号来进行位置限定的标识符。

4.4.2 注释

注释是对 T-SQL 代码的解释说明性文字，注释是不会被服务器执行的，注释的作用是增强代码的可读性和清晰度，在进行团队开发时，使用注释能加强团队成员之间的沟通，提高协同工作的效率。T-SQL 中的注释可分为如下两种。

（1）单行注释。单行注释以两个连字符“--”开始，作用范围是从注释符号开始到一行的结束。例如：

```
--查找表中的所有记录
SELECT * FROM Book
```

上述代码的第 2 行将被执行，而第 1 行是注释，用于解释紧随其后的第 2 行语句的作用，注释不会被执行。

（2）多行注释。多行注释作用于某一代码块，此种注释使用/*表示注释开始，使用*/表示注释结束，/*和*/之间的内容（可以多行）都是注释的内容，不会被执行。

例如：

```
/*
这是一个 SELECT 查询语句
查找表的所有记录
*/
SELECT * FROM Book
```

上述代码的第 1 至第 4 行是多行注释，第 5 行是可以执行的 SELECT 查询语句。

4.4.3　变量

T-SQL 包含两种形式的变量：系统提供的全局变量和用户自定义的局部变量。自定义变量时变量名必须是合法的标识符。

局部变量是一个拥有特定数据类型的对象，用于保存特定数据类型的单个数据值。局部变量的作用域仅限于程序内部，在 T-SQL 语言中，局部变量必须先定义，然后才能使用。

1．局部变量声明

T-SQL 语言中，可使用 DECLARE 语句声明变量。声明变量时要为变量指定名称即变量名，变量名要以@符号开始；要指定该变量数据类型和长度；默认情况下该变量的初始值为 NULL；可以在一个 DECLARE 语句中同时声明多个变量，每个变量之间用逗号分隔。

DECLARE 语句声明变量的语法格式如下：

```
DECLARE {@local_variable data_type}[,...n]
```

其中：

① @local_variable 表示局部变量的变量名；

② data_type 表示该局部变量的数据类型及大小。

所有局部变量在声明后初始值均为 NULL，可以使用 SELECT 或 SET 语句为变量设定新值。

【例 4-1】 定义表示姓名、性别、年龄和住址的局部变量。

```
DECLARE @name varchar(20),@sex varchar(2),@age int,@address varchar(50)
```

2．为局部变量赋值

局部变量定义后初始值为 NULL，可使用 SET 语句或 SELECT 语句来为变量赋值。赋值的语法格式如下：

```
SET @ local_variable=expression
SELECT {@ local_variable=expression}[,...n]
```

expression 表示要赋给变量的值，若 expression 不返回值，则变量值设为 NULL；一个 SELECT 语句可以为多个局部变量赋值。

【例 4-2】 为例 4-1 中定义的局部变量赋值。

```
SET @name='张三'
SELECT @age=18,@sex='男',@address='中国'
```

3．显示变量值

可使用 PRINT 语句或 SELECT 语句来显示或查看变量的值，语法格式如下：

```
PRINT @ local_variable
SELECT {@ local_variable}[,...n]
```

【例 4-3】 将例 4-2 中赋值后的变量值显示出来。

```
PRINT @name
PRINT @age
PRINT @sex
PRINT @address
```

执行结果如图 4.2 所示。

或使用 SELECT 语句查看变量值，SELECT 语句及执行结果如图 4.3 所示。

全局变量是由系统预先声明的，是 SQL Server 系统内部使用的变量，通常用于存储 SQL Server 的配置和统计数据。全局变量是由系统定义和维护的变量，用户不能建立全局变量，也不能使用 SET 语句修改全局变量的值。用户可以在程序中使用全局变量，测试系统的设定值或是

T-SQL命令执行之后的状态值。局部变量的变量名不能与全局变量名相同。

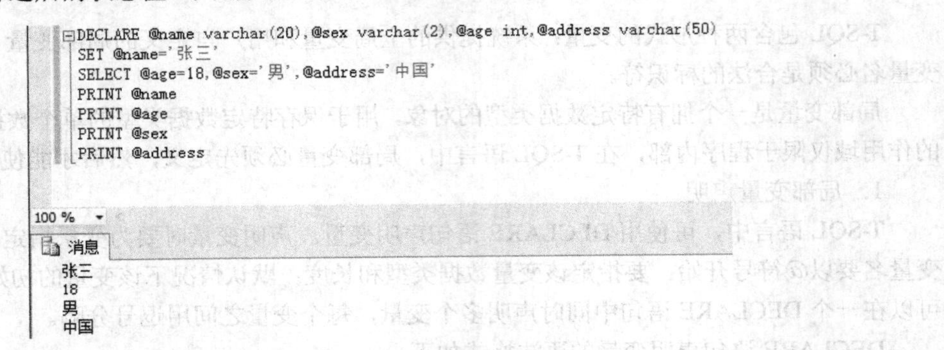
```
DECLARE @name varchar(20),@sex varchar(2),@age int,@address varchar(50)
SET @name='张三'
SELECT @age=18,@sex='男',@address='中国'
PRINT @name
PRINT @age
PRINT @sex
PRINT @address
```


图4.2 【例4-3】执行结果（1）

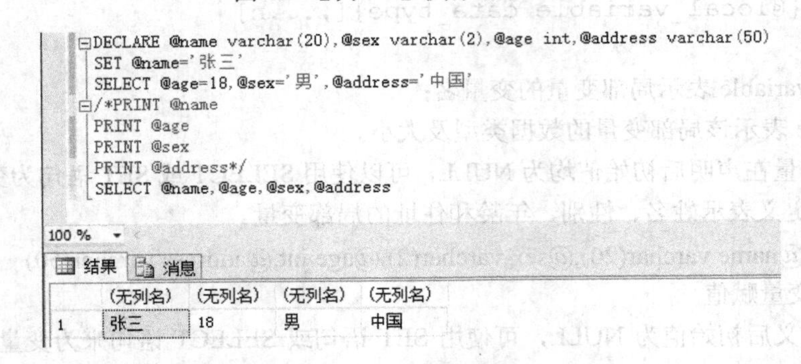
```
DECLARE @name varchar(20),@sex varchar(2),@age int,@address varchar(50)
SET @name='张三'
SELECT @age=18,@sex='男',@address='中国'
/*PRINT @name
PRINT @age
PRINT @sex
PRINT @address*/
SELECT @name,@age,@sex,@address
```


	(无列名)	(无列名)	(无列名)	(无列名)
1	张三	18	男	中国

图4.3 【例4-3】执行结果（2）

全局变量名以@@符号开始，可使用SELECT @@variable来查看全局变量的值。

SQL Server的常用全局变量有：

@@VERSION：返回SQL Server当前安装的版本、安装日期和处理器类型等信息；

@@ LANGUAGE：返回当前SQL Server服务器的语言；

@@SERVERNAME：返回运行SQL Server的本地服务器的名称；

@@CONNECTIONS：返回自最近一次启动SQL Server以来连接或试图连接的次数；

@@ROWCOUNT：返回上一次语句执行影响的数据行的行数；

@@ERROR：返回最后执行SQL语句的错误代码；

@@IDENTITY：返回插入到表的IDENTITY列的最后一个值。

【例4-4】 查看当前SQL Server的版本信息。

执行结果为：SELECT @@VERSION AS 'SQL Server版本信息'，如图4.4所示。

```
SELECT @@VERSION AS 'SQL Server版本信息'
```


	SQL Server版本信息
1	Microsoft SQL Server 2014 - 12.0.2000.8 (X64) ...

图4.4 【例4-4】执行结果

其中，AS 'SQL Server版本信息'，表示为结果字段取别名为“SQL Server版本信息”，否则字段名显示为“(无列名)”。

4.4.4　运算符

运算符是一些符号，可以用于执行算术运算、比较运算、赋值、字符串连接等。下面分别介绍一些常用的运算符。

1．算术运算符

算术运算符用于在两个表达式上执行数学运

算，这两个表达式可以是任何数值数据类型的值。算术运算符如表 4.6 所示。

表 4.6　算术运算符

运　算　符	说　　明
+	加法运算
-	减法运算
*	乘法运算
/	除法运算，返回除法运算的商
%	求余运算，返回除法运算的整数余数，例如 10%3 的结果为 1

+（加法）、-（减法）运算符也可用于对 DATETIME 和 SMALLDATETIME 类型的数据执行算术运算。

2．赋值运算符

赋值运算符的符号是“=”，赋值运算符可用于给变量赋予值。

例如：

```
DECLARE @count int
SET @count=10+1
```

声明局部变量@count，将其设置为表达式 10+1 的值即 11。

3．比较运算符

比较运算符用于比较两个表达式的大小关系，如表 4.7 所示，表达式可以是字符、数字或日期数据，比较的结果是布尔值（TRUE 或 FALSE）。

表 4.7　比较运算符

运　算　符	说　　明
=	等于
<>	不等于
>	大于
>=	大于等于
<	小于
<=	小于等于

在 T-SQL 的数据查询语句中，常使用含比较运算符的表达式，用于筛选出符合搜索条件的行。

【例 4-5】 找出示例数据库 Library 的 Book 表中，单价超过 30 元（含 30 元）的书。

```
USE Library
SELECT * FROM Book WHERE Price>=30
```

执行结果如图 4.5 所示：

```
USE Library
SELECT * FROM Book WHERE Price>=30
```

100 %

结果 | 消息

	BID	Bname	Author	PubComp	PubDate	Price	ISBN
1	F1193-04	ERP系统的集成应用	金蝶软件	清华大学...	2005-08-...	35.00	7-302-10992-3
2	F270-11	ERP从内部集成开始	陈启申	电子工业...	2004-04-...	45.00	7-5053-9734-6
3	TP5790-03	SQL Server 2005...	董明	人民邮电...	2006-12-...	49.00	7-115-15439-2

图 4.5 【例 4-5】执行结果

4．逻辑运算符

逻辑运算符可将两个或更多个的表达式连接起来测试，以获得其真实情况，返回布尔类型的值（TRUE 或 FALSE）。

常用的逻辑运算符有以下几种。

（1）AND（逻辑与）。AND 表示其两边的表达式值都是 TRUE 时，才返回 TRUE，两边的表达式只要有任何一个表达式的值是 FALSE，那么 AND 运算返回 FALSE 值。

（2）OR（逻辑或）。OR 表示其两边的表达式只要有任何一个值为 TRUE，OR 运算的结果为 TRUE，两边表达式的值都是 FALSE 时，OR 运算的结果才是 FALSE。

（3）NOT（逻辑非）。NOT 就是“非”的意思，表示对参与运算的表达式的值取反，是一个一元运算符。如果表达式值为 TRUE，经过 NOT 运算后将返回 FALSE；反之若表达式的值为 FALSE，经过 NOT 运算后结果为 TRUE。

【例 4-6】 找出示例数据库 Library 的 Book 表中，2005 年之后出版的单价超过 30 元（含 30 元）的书。

```
USE Library
SELECT * FROM Book WHERE Price>=30 AND PubDate>'2005-01-01'
```

执行结果如图 4.6 所示：

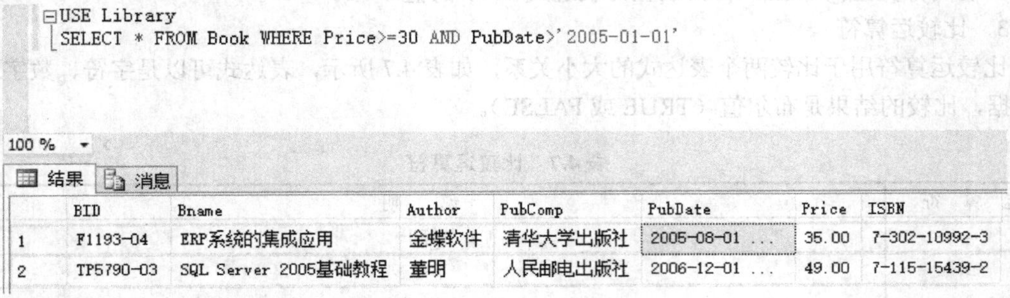

```
USE Library
SELECT * FROM Book WHERE Price>=30 AND PubDate>'2005-01-01'
```

100 %

结果 消息

	BID	Bname	Author	PubComp	PubDate	Price	ISBN
1	F1193-04	ERP系统的集成应用	金蝶软件	清华大学出版社	2005-08-01 ...	35.00	7-302-10992-3
2	TP5790-03	SQL Server 2005基础教程	董明	人民邮电出版社	2006-12-01 ...	49.00	7-115-15439-2

图 4.6 【例 4-6】执行结果

5．字符串连接运算符

符号“+”除了可以用作数值类型数据的算术加法运算符之外，还可以用作字符串的串连接运算符，可以将两个或更多个字符串合并成一个字符串。

字符串常量是括在单引号（' '）内的包含字符、数字，以及特殊字符（如!、@、#等）的字符序列。

例如：

```
DECLARE @name  varchar(20)
SET @name='张三'
PRINT '姓名：' + @name
```

其执行输出信息为：

姓名：张三

6．LIKE 运算符和通配符

在数据库中查询数据时，有时不能指定一个精确的查询条件，此时可以使用通配符来代替一个或多个字符，使用通配符时，与 LIKE 运算符一起使用。

T-SQL 中常用的通配符如表 4.8 所示。

表 4.8　通配符

通　配　符	说　明	示　例
%	匹配包含 0 个或多个字符的任意字符串	‘%SQL%’：匹配含“SQL”的任意字符串
_（下划线）	匹配任意单个字符	‘李_’：匹配以“李”开头的两个字符
[字符集合]	匹配指定字符集合中的任何一个字符	[a-z]：匹配 a～z 之间任意一个字符
[^]	匹配不在括号内的任何字符	[^a-z]：匹配不含 a～z 的任意一个字符

【例 4-7】 找出示例数据库 Library 的 Reader 表中所有姓“张”的读者。

```
USE Library
SELECT * FROM Reader WHERE Rname LIKE '张%'
```

执行结果如图 4.7 所示。

4.4.5　表达式

表达式是指用运算符和圆括号，将常量、变量和函数等运算成分连接起来的有意义的式子，单个的常量、变量和函数也可以看作是一个表达式。

表达式可以根据连接表达式的运算符类型来进行分类，比如算术表达式、比较表达式、逻辑表达式、混合表达式等。

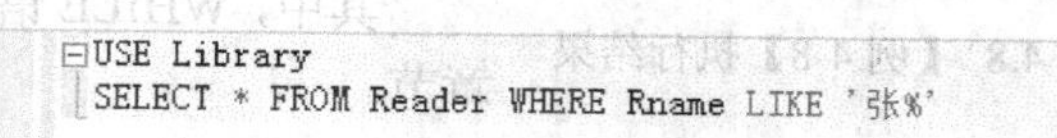

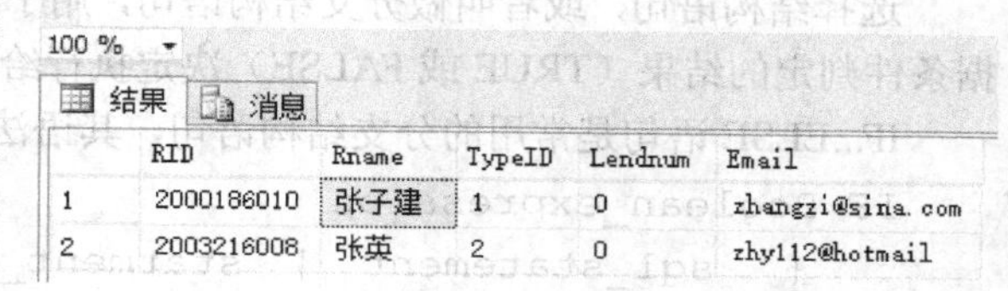

	RID	Rname	TypeID	Lendnum	Email
1	2000186010	张子建	1	0	zhangzi@sina.com
2	2003216008	张英	2	0	zhy112@hotmail

图 4.7　【例 4-7】执行结果

也可以按照表达式的作用进行分类，其中常用的是条件表达式。数据库管理着数以千计的数据，如果根据实际需要在数据库里找出一个或多个数据，就需要一个或多个条件。如【例 4-6】中的 Price>=30 AND PubDate>'2005-01-01'和【例 4-7】中的 Rname LIKE '张%'都是条件表达式。

4.5　T-SQL 流程控制语句

T-SQL 的流程控制语句与程序设计语言的流程控制语句类似，可以通过流程控制语句改变代码的执行顺序，默认情况下代码是顺序地从上往下执行的。

4.5.1　BEGIN...END 语句

BEGIN...END 语句用于设定一个语句块，即由多条 T-SQL 语句组成的代码段，从而可以执行一组 T-SQL 语句。BEGIN...END 语句块通常包含在其他控制流程中，用来完成不同流程中有差异的代码功能，比如可以与 IF...ELSE 语句配合使用，实现不同分支情况下执行不同的代码段，如果没有语句块，则每个分支中只能包含一条语句。

BEGIN...END 语句块运行嵌套，即在 BEGIN...END 内部可定义另一个 BEGIN...END 语句块。

BEGIN...END 语法形式如下：

```
BEGIN
    {
    sql_statement  |  statment_block
    }
END
```

其中，sql_statement | statment_block 是任何有效的 T-SQL 语句或语句块。

【例 4-8】 使用 BEGIN...END 语句，定义局部变量@count，当@count 的值小于等于 5 时，重复执行两个操作：输出其值和令其值自增 1。

```
DECLARE @count int
SET @count=1
WHILE @count<=5
 BEGIN
   PRINT @count
   SET @count = @count + 1
 END
```

执行结果如图 4.8 所示。

```
DECLARE @count int
SET @count=1
WHILE @count<=5
BEGIN
    PRINT @count
    SET @count = @count + 1
END
100 %
消息
1
2
3
4
5
```

图 4.8 【例 4-8】执行结果

其中，WHILE 语句是用于实现循环结构的语句，读者可参见后续章节。

4.5.2 选择结构语句

选择结构语句，或者叫做分支结构语句，用于在执行一定的代码之前，先进行条件判定，根据条件判定的结果（TRUE 或 FALSE）决定执行给定的两种操作之一。

IF...ELSE 语句是常用的分支结构语句，其语法格式如下：

```
IF Boolean_expression
   {  sql_statement  |  statment_block  }
[ ELSE
   {  sql_statement  |  statment_block  } ]
```

其中，Boolean_expression 是一个返回布尔值的表达式，当表达式计算的结果为真（TRUE）时，表示条件成立，将执行 IF 分支的代码段；当表达式计算的结果为假（FALSE）时，表示条件不成立，将执行 ELSE 分支的代码段；ELSE 子句可以缺省，当它缺省时，代表条件为假，则不执行任何代码。

若不使用代码块，IF 分支或 ELSE 分支只能执行一条命令。

【例 4-9】 使用 IF...ELSE 语句，比较两个局部变量@a 和@b 的大小，按从小到大顺序输出它们的值。

```
DECLARE @a int,@b int
SELECT @a=7,@b=3
IF @a>@b
     PRINT CONVERT(varchar(3),@b) + ' , ' + CONVERT(varchar(3),@a)
ELSE
     PRINT CONVERT(varchar(3),@a) + ' , ' + CONVERT(varchar(3),@b)
```

执行结果如图 4.9 所示。

```
DECLARE @a int,@b int
SELECT @a=7,@b=3
IF @a>@b
    PRINT CONVERT(varchar(3),@b) + ' , ' + CONVERT(varchar(3),@a)
ELSE
    PRINT CONVERT(varchar(3),@a) + ' , ' + CONVERT(varchar(3),@b)
100 %
消息
3 , 7
```

图 4.9 【例 4-9】执行结果

其中，CONVERT(varchar(3),@b)实现将整型的变量@b，转化为字符串，以便于输出显示。CONVERT()函数的相关内容读者可参见后续章节。

除 IF...ELSE 语句外，CASE 语句也用于实现分支结构，CASE 语句是多条件的分支语句。CASE 语句也是根据表达式结果的真假来决定执行的代码。

CASE 语句有两种语句格式。

CASE 语句格式一：

```
CASE input_expression
    WHEN when_expression1  THEN  result_expression1
    WHEN when_expression2  THEN  result_expression2
    [ ... n ]
    [  ELSE  else_result_expression   ]
END
```

在这种格式中，CASE 语句在执行时，将 CASE 后的 input_expression 表达式的值，与各个 WHEN 子句的表达式的值进行比较，如果相等，则执行该子句 THEN 后面的表达式，然后跳出 CASE 语句；否则返回 ELSE 后面的表达式，如果没有指定 ELSE 子句，则返回 NULL 值。

【例 4-10】 使用 CASE 语句，根据数值型的星期值显示文字形式的星期值。

```
DECLARE @week int,@s_week nvarchar(3)
SET @week=4
SET @s_week = (
    CASE @week
        WHEN 1 THEN '星期一'
        WHEN 2 THEN '星期二'
        WHEN 3 THEN '星期三'
        WHEN 4 THEN '星期四'
        WHEN 5 THEN '星期五'
        WHEN 6 THEN '星期六'
        WHEN 7 THEN '星期日'
    END
    )
PRINT @s_week
```

执行结果如图 4.10 所示。

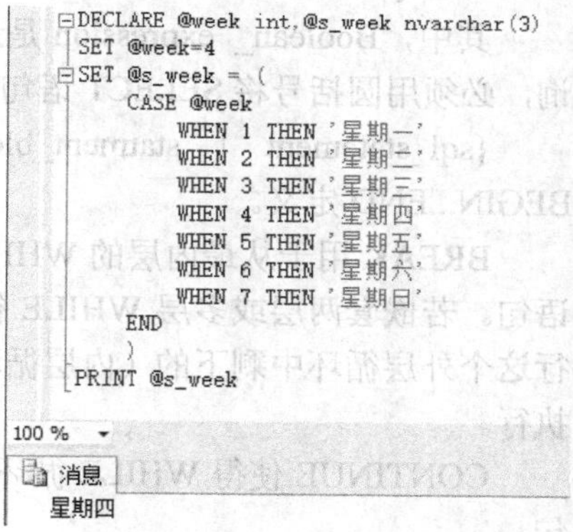

图 4.10 【例 4-10】执行结果

CASE 语句格式二：

```
CASE
    WHEN Boolean_expression1  THEN  result_expression1
    WHEN Boolean _expression2  THEN  result_expression2
    [ ... n ]
    [  ELSE  else_result_expression   ]
END
```

这种格式中，CASE 后没有表达式，多个 WHEN 子句中的表达式依次执行，若表达式结果为真，则执行对应的 THEN 关键字后的表达式，执行完毕后跳出 CASE 语句，即只执行第一个匹配的子句；若所有 WHEN 子句的表达式结果都为 FALSE，则执行 ELSE 子句。

【例 4-11】 使用 CASE 语句，根据分数显示相应的等级。

```
DECLARE @score int,@s_score nvarchar(3)
SET @score=92
SET @s_score=
( CASE
        WHEN @score>=90 THEN '优秀'
        WHEN @score>=80 THEN '良好'
        WHEN @score>=60 THEN '及格'
        ELSE '不及格'
     END
)
PRINT @s_score
```

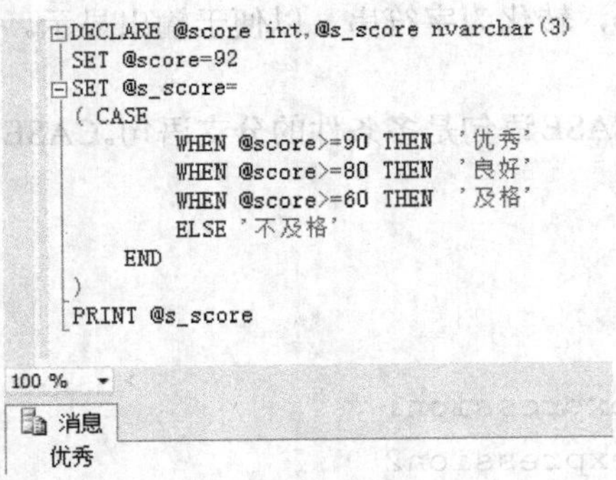

图 4.11 【例 4-11】执行结果

执行结果如图 4.11 所示。

4.5.3 循环结构语句

WHILE 语句是循环结构语句，可根据条件重复执行一条或多条 T-SQL 语句，只要条件表达式为真，就重复（即循环）执行一定的语句（循环体语句）。

WHILE 语句中可使用 CONTINUE 或 BREAK 语句跳出循环。

WHILE 语句的基本语法格式如下：

```
WHILE Boolean_ expression
{  sql_statement  |  statment_block  }
    [  BREAK  |  CONTINUE   ]
```

其中，Boolean_ expression 是返回 TRUE 或 FALSE 值的表达式，若表达式中含 SELECT 查询，必须用圆括号将 SELECT 语句括起来。

{sql_statement | statment_block}是 T-SQL 语句或用语句块定义的语句分组，语句块使用 BEGIN...END 定义。

BREAK 用于从最内层的 WHILE 循环中退出，将执行 END 关键字（循环结束的标记）后的语句。若嵌套两层或多层 WHILE 循环，内层的 BREAK 将导致其退出到下一个外层循环，先执行这个外层循环中剩下的（内层循环结束之后）的所有语句，然后再开始这个外层循环的下一轮执行。

CONTINUE 使得 WHILE 循环重新开始新一轮执行，忽略 CONTINUE 关键字后的循环体语句。

【例 4-12】 使用 WHILE 语句，显示 1～20 之间所有能被 3 整除的数。

```
DECLARE @n int
SET @n=0
WHILE @n<20
 BEGIN
    SET @n = @n+1
    IF @n%3!=0
    CONTINUE
    PRINT @n
 END
```

执行结果如图 4.12 所示。

【例 4-13】 使用 WHILE 语句，显示 1～20 之间第一个能被 3 整除的数。

```
DECLARE @n int
SET @n=0
WHILE @n<20
 BEGIN
   SET @n = @n + 1
   IF @n%3=0
       BEGIN
           PRINT @n
           BREAK
       END
 END
```

执行结果如图 4.13 所示。

```
DECLARE @n int
 SET @n=0
WHILE @n<20
 BEGIN
   SET @n = @n+1
   IF @n%3!=0
   CONTINUE
   PRINT @n
 END
100 %
消息
3
6
9
12
15
18
```

图 4.12 【例 4-12】执行结果

```
DECLARE @n int
SET @n=0
WHILE @n<20
 BEGIN
   SET @n = @n + 1
   IF @n%3=0
       BEGIN
           PRINT @n
           BREAK
       END
END
100 %
消息
3
```

图 4.13 【例 4-13】执行结果

4.5.4 GOTO 语句

GOTO 语句可使程序的执行顺序跳转到指定的标签处再继续往下执行。使用 GOTO 语句需要定义标签名称，如：

```
label:
```

再使用 GOTO 语句跳转到标签处的格式：

```
GOTO label
```

【例 4-14】 使用 GOTO 语句。

```
DECLARE @count int
SET @count=1
loop:
PRINT @count
SET @count = @count + 1
WHILE @count<=5
GOTO loop
```

执行结果如图 4.14 所示。

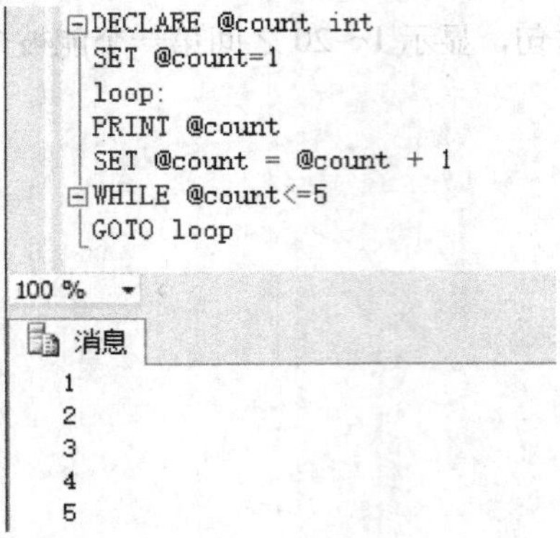

```
DECLARE @count int
SET @count=1
loop:
PRINT @count
SET @count = @count + 1
WHILE @count<=5
GOTO loop
```

100 %

消息

1
2
3
4
5

图 4.14 【例 4-14】执行结果

4.6 SQL Server 2014 的系统函数

SQL Server 2014 提供了众多功能强大、方便易用的函数，使得数据库应用程序设计更加方便。SQL Server 2014 提供的系统函数包含多种类型，主要有聚合函数、数学函数、字符串函数、日期时间函数、数据类型转换函数等。聚合函数常与 SELECT 查询语句一起使用，将在后续章节与 SELECT 查询语句一起介绍。

4.6.1 数学函数

数学函数主要用来处理数值类型数据，数学函数根据输入值执行相应功能并返回结果。SQL Server 2014 中常用的数学函数如表 4.9 所示。

表 4.9 常用数学函数

函　数	功　能
ABS(x)	返回 x 的绝对值
PI()	返回圆周率 π 的值
CEILINE(x)	返回不小于 x 的最小整数
FLOOR(x)	返回不大于 x 的最大整数
POWER(x,y)	返回 x 的 y 次乘方的结果
ROUND(x,y)	返回最接近于参数 x 的值，值保留到小数点后 y 位
SQUARE(x)	返回 x 的平方
SQRT(x)	返回 x 的平方根

1. 求绝对值函数 ABS

ABS 函数返回指定数值表达式的绝对值。

【例 4-15】 使用函数算出 1.2、–3 和 0 的绝对值。

```
SELECT ABS(1.2) AS '1.2 的绝对值',ABS(–3) AS '–3 的绝对值',
ABS(0) AS '0 的绝对值'
```

执行结果如图 4.15 所示。

2. 求圆周率函数 PI

PI 函数无参数，返回值为圆周率常量值。

【例 4-16】 使用函数算出半径为 5 的圆的周长和面积。

```
SELECT  PI()*2*5 AS '圆周长',PI()*5*5 AS '圆面积'
```

执行结果如图4.16所示。

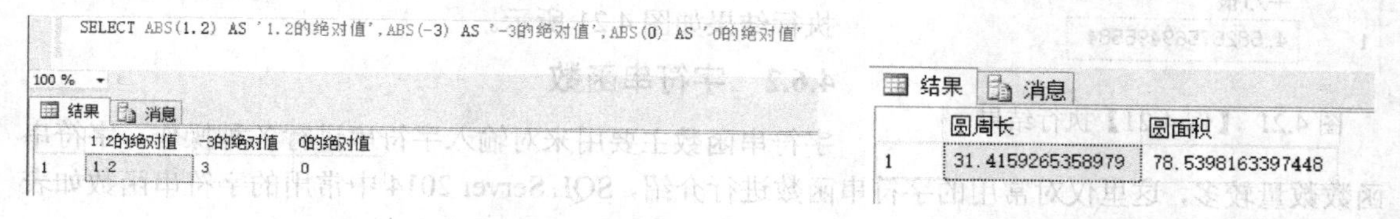

图4.15 【例4-15】执行结果　　　图4.16 【例4-16】执行结果

3．返回整数的函数CEILINE和FLOOR

CEILINE函数返回不小于指定参数的最小整数值。

FLOOR函数返回不大于指定参数的最大整数值。

【例4-17】 使用函数计算不小于4.13的最小整数和不大于4.13的最大整数。

```
SELECT  CEILING(4.13) AS '向上取整' , FLOOR(4.13) AS '向下取整'
```

执行结果如图4.17所示。

4．乘方函数POWER

POWER(x,y)函数返回指定参数x的y次幂的值。

【例4-18】 使用函数计算2的4次方和3的3次方的值。

```
SELECT  POWER(2,4),POWER(3,3)
```

执行结果如图4.18所示。

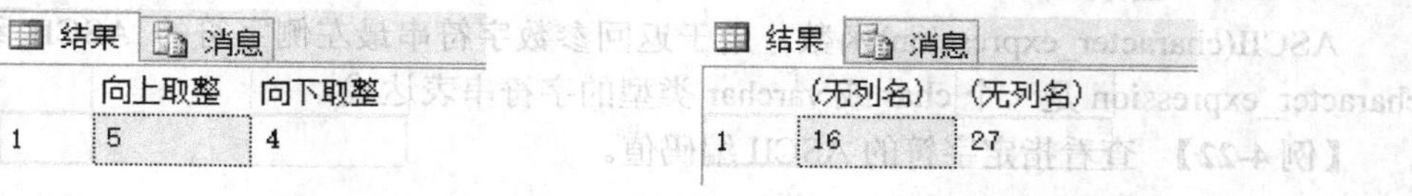

图4.17 【例4-17】执行结果　　　图4.18 【例4-18】执行结果

5．四舍五入函数ROUND

ROUND(x,y)函数返回最接近于参数x的值，其值保留到小数点后y位，若y为负值，则将精确度保留到小数点左边y位。

【例4-19】 使用函数对312.2617进行四舍五入运算，分别保留不同精确度。

```
SELECT  ROUND(312.2617,2),ROUND(312.2617,0),ROUND(312.2617,-2)
```

执行结果如图4.19所示。

6．求平方和平方根函数SQUARE和SQRT

SQUARE(x)函数返回指定参数x的平方值。

SQRT(x)函数返回指定参数x的平方根的值。

【例4-20】 求半径为5的圆的面积。

```
SELECT  PI()*SQUARE(5) AS '圆周长'
```

执行结果如图4.20所示。

图4.19 【例4-19】执行结果　　　图4.20 【例4-20】执行结果

图 4.21 【例 4-21】执行结果

【例 4-21】 求 21 的平方根。

```
SELECT  SQRT(21) AS '平方根'
```

执行结果如图 4.21 所示。

4.6.2　字符串函数

字符串函数主要用来对输入字符串进行各种操作。字符串函数数量较多，这里仅对常用的字符串函数进行介绍，SQL Server 2014 中常用的字符串函数如表 4.10 所示。

表 4.10　常用字符串函数

函　数	功　能
ASCII	返回字符串最左侧字符的 ASCII 编码值
CHAR	返回 ASCII 编码值对应的字符
LEFT	返回字符串左边开始的指定个数的字符
RIGHT	返回字符串右边开始的指定个数的字符
LEN	返回字符串的字符个数，不包含尾随空格
REPLACE	用另一个字符串替换指定的字符串
REVERSE	返回字符串的逆序
STR	将数值数据转换为字符数据
SUBSTRING	返回字符串指定的一部分

1．ASCII 函数

ASCII(character_expression)函数，用于返回参数字符串最左侧字符的 ASCII 编码值，参数 character_expression 是一个 char 或 varchar 类型的字符串表达式。

【例 4-22】 查看指定字符的 ASCII 编码值。

```
SELECT ASCII('T-SQL'),ASCII('A')
```

执行结果如图 4.22 所示。

2．CHAR 函数

CHAR(integer_expression)函数，将整数类型的 ASCII 编码值转换为对应的字符，参数 integer_expression 是 0~255 之间的整数，若参数值不在此范围内，将返回 NULL 值。

【例 4-23】 查看指定 ASCII 编码值对应的字符。

```
SELECT CHAR(97),CHAR(66)
```

执行结果如图 4.23 所示。

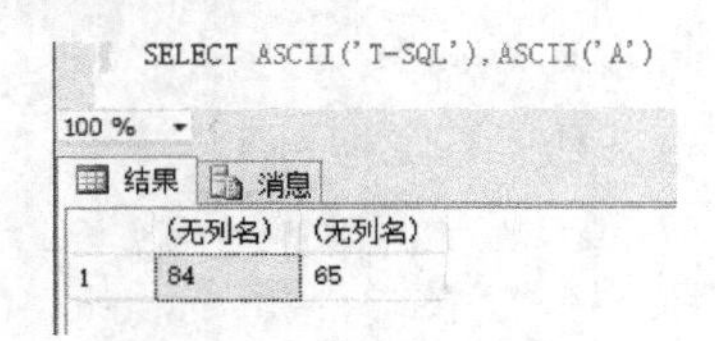

图 4.22 【例 4-22】执行结果

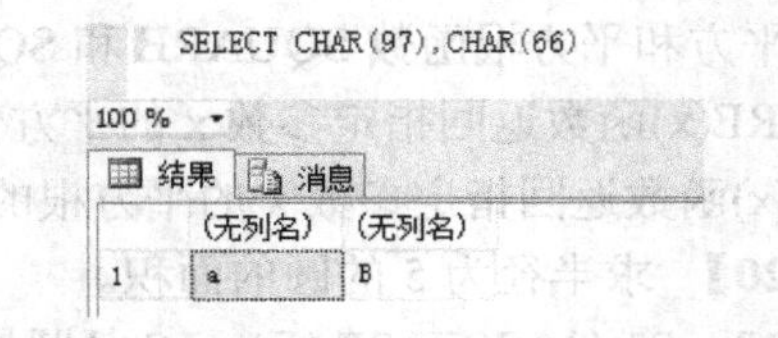

图 4.23 【例 4-23】执行结果

3．LEFT 函数

LEFT(character_expression, integer_expression)函数，返回字符串从左边开始的指定个数的字符，其中 character_expression 是字符串表达式，integer_expression 是正整数，用于指定要返回的字符数量。

【例 4-24】 返回字符串从左边开始的若干字符。

```
SELECT LEFT('SQL Server 数据库编程',10)
```

执行结果如图 4.24 所示。

4．RIGHT 函数

与 LEFT 函数相反，RIGHT(character_expression, integer_expression)函数，返回字符串从右边开始的指定个数的字符。

【例 4-25】 返回字符串最右边的若干字符。

```
SELECT RIGHT('SQL Server 数据库编程',5)
```

执行结果如图 4.25 所示。

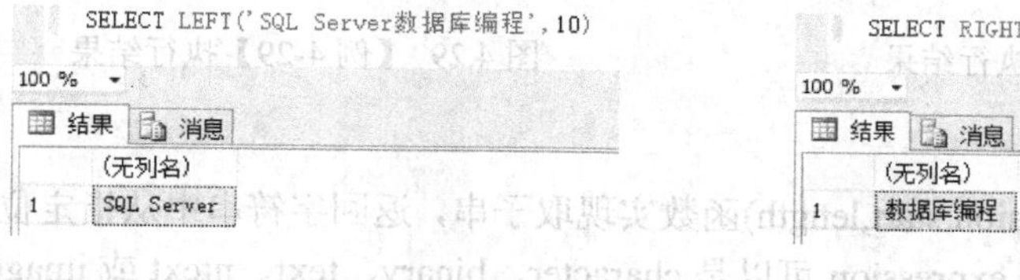

图 4.24 【例 4-24】执行结果

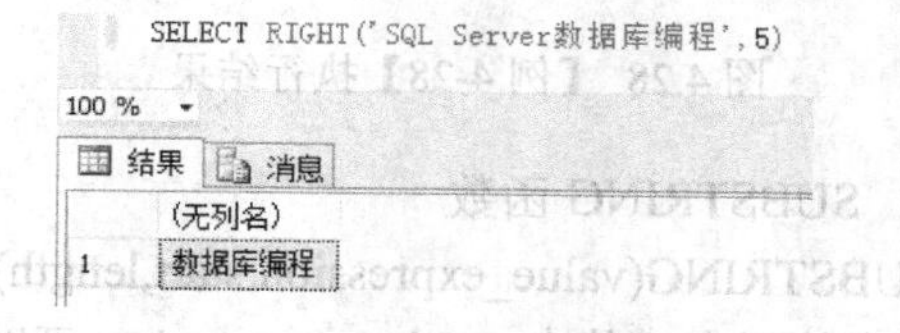

图 4.25 【例 4-25】执行结果

5．LEN 函数

LEN(string_expression)函数，返回字符串包含的字符个数，即计算字符串的长度，不包含尾随空格。

【例 4-26】 返回字符串的长度。

```
SELECT LEN('SQL Server 数据库编程')
```

执行结果如图 4.26 所示。

6．REPLACE 函数

REPLACE(string_expression,string_pattern,string_replacement)函数，实现用另一个字符串替换指定的字符串，string_expression 为要搜索的字符串，string_pattern 为要查找的子字符串，是被替换的部分，string_replacement 为替换字符串。

【例 4-27】 请将“SQL Server 数据库编程”中的“编程”替换为“应用开发”。

```
SELECT REPLACE('SQL Server 数据库编程','编程','应用开发')
```

执行结果如图 4.27 所示。

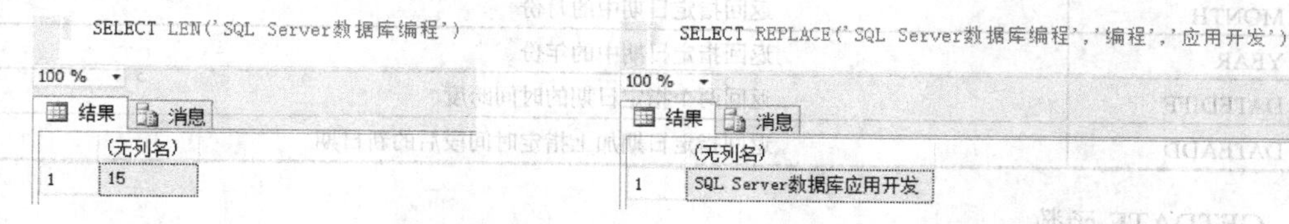

图 4.26 【例 4-26】执行结果　　图 4.27 【例 4-27】执行结果

7．REVERSE 函数

REVERSE(string_expression)函数实现字符串的反转，返回字符串的逆序结果。

【例 4-28】 请将“SQL Server 数据库编程”逆序输出。

```
SELECT REVERSE('SQL Server 数据库编程')
```

执行结果如图 4.28 所示。

8．STR 函数

STR(float_expression[,length[,decimal]])函数，实现将数值类型数据转换为字符数据。其中 float_expression 为带小数点的近似数，length 为总长度（包括小数点、符号、数字以及空格），默认值为 10，decimal 为小数点右边的小数位数。

【例 4-29】 将数值型数据转换为字符数据输出。

```
SELECT '转换后：' + STR(12.3456,6,2)
```

执行结果如图 4.29 所示。

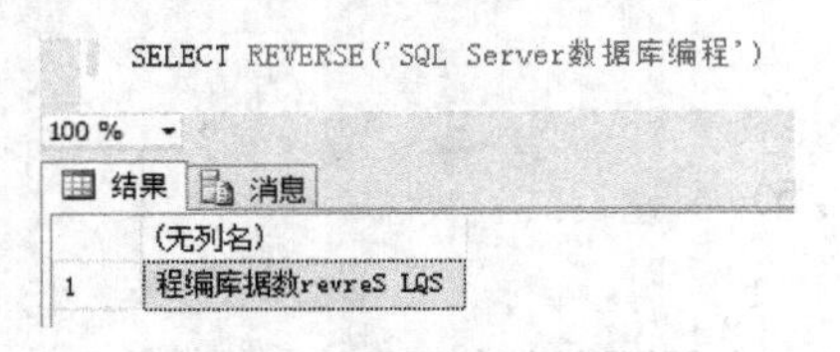

图 4.28 【例 4-28】执行结果

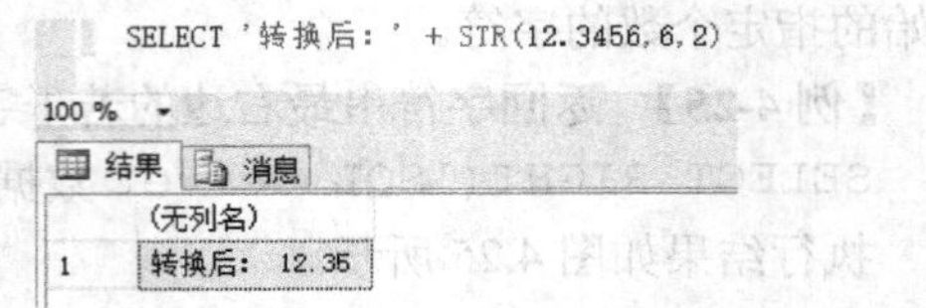

图 4.29 【例 4-29】执行结果

9. SUBSTRING 函数

SUBSTRING(value_expression,start,length)函数实现取子串，返回字符串中从指定位置开始的指定长度的子串。其中，value_expression 可以是 character、binary、text、ntext 或 image 表达式，start 指定返回字符的起始位置，length 指定要返回的字符数量，是正整数。

【例 4-30】 将数值型数据转换为字符数据输出。

```
SELECT SUBSTRING('SQL Server 数据库编程',
5,8)
```

执行结果如图 4.30 所示。

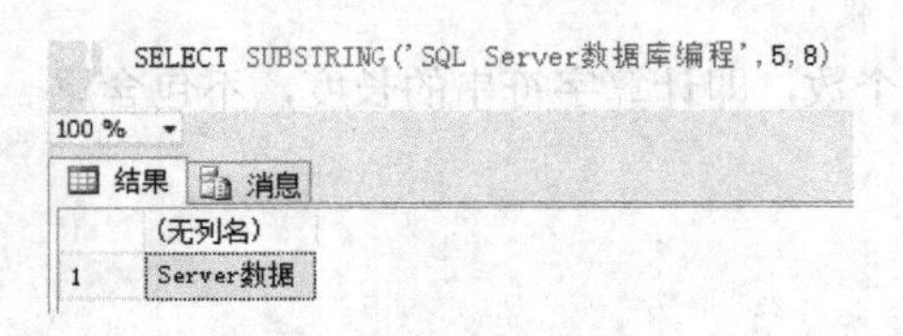

图 4.30 【例 4-30】执行结果

4.6.3 日期时间函数

日期时间函数主要用于处理日期和时间的数据，并返回字符串、数值或日期时间数据。SQL Server 2014 中常用的日期时间函数如表 4.11 所示。

表 4.11 常用日期时间函数

函　数	功　能
GETDATE	返回当前数据库系统的日期和时间
DAY	返回指定日期中的“日期”部分
MONTH	返回指定日期中的月份
YEAR	返回指定日期中的年份
DATEDIFF	返回两个指定日期的时间跨度
DATEADD	返回指定日期加上指定时间段后的新日期

1. GETDATE 函数

GETDATE()函数返回当前数据库系统的日期和时间，返回值类型为 DATETIME。

【例 4-31】 获取当前系统日期时间。

```
SELECT GETDATE()
```

2. DAY 函数

DAY(date)返回指定日期中的“日期”部分的值，结果为 INT 型数据，参数 date 可以是 TIME、DATE、SMALLDATETIME、DATETIME 等日期时间类型的数据。

【例 4-32】 获取当前系统时间和指定日期中的“日期”信息。

```
SELECT DAY(GETDATE()) AS '今天',DAY('2016-12-31')
```

执行结果如图 4.31 所示。

3. MONTH 函数

MONTH(date)返回指定日期中的月份，结果为 INT 型数据，参数 date 可以是 TIME、DATE、SMALLDATETIME、DATETIME 等日期时间类型的数据。

【例 4-33】 获取当前系统时间和指定日期中的月份信息。

```
SELECT MONTH(GETDATE()) AS '月份', MONTH ('2016-12-31')
```

4. YEAR 函数

YEAR (date)返回指定日期中的年份，结果为 INT 型数据，参数 date 可以是 TIME、DATE、SMALLDATETIME、DATETIME 等日期时间类型的数据。

【例 4-34】 获取当前系统时间和指定日期中的月份信息。

```
SELECT YEAR(GETDATE()) AS '年份', YEAR ('2016-12-31')
```

5. DATEDIFF 函数

DATEDIFF(datepart,startdate,enddate)函数返回两个指定日期的日期和时间跨度，结果为 INT 型数据。其中，参数 datepart 指定所跨的边界类型，这些边界类型可以是：year、quarter、month、dayofyear、day、week、hour、minute、second、millisecond、microsecond 和 nanosecond；参数 startdate、enddate 可以是 TIME、DATE、SMALLDATETIME、DATETIME 等日期时间类型的数据。

【例 4-35】 计算两个指定日期之间相差的天数。

```
SELECT DATEDIFF(day,'2016-12-31',GETDATE())
```

执行结果如图 4.32 所示。

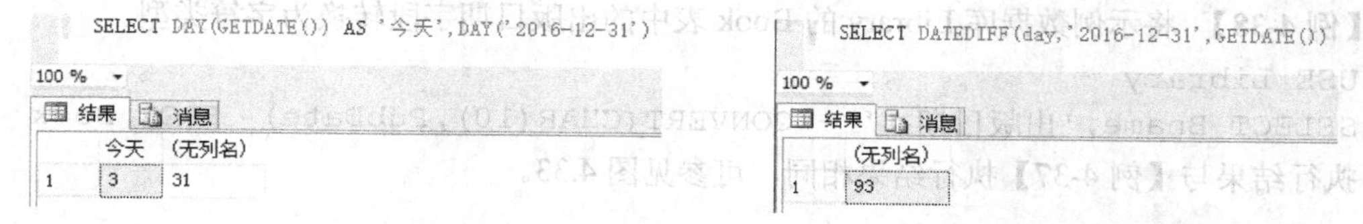

图 4.31 【例 4-32】执行结果

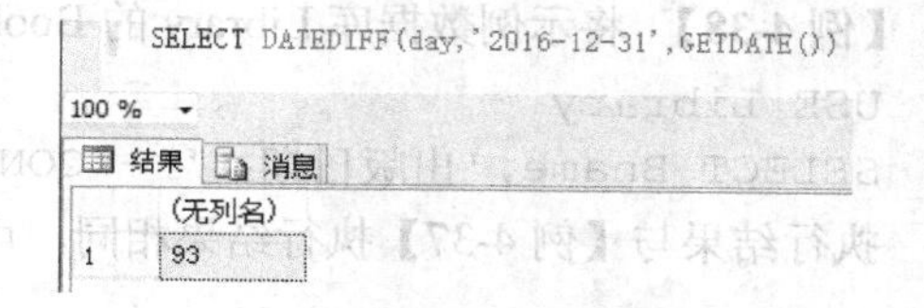

图 4.32 【例 4-35】执行结果

6. DATEADD 函数

DATEADD(datepart,number,date)函数，返回给指定日期加上时间间隔后的新日期，结果为 DATE 类型数据。其中参数 datepart 与 DATEDIFF 函数中相同，number 指定要相加的值，date 为待添加时间间隔的日期。

【例 4-36】 计算当前时间 7 天之后的日期。

```
SELECT DATEADD(day,7,GETDATE())
```

4.6.4 数据类型转换函数

数据类型转换函数是指在处理不同数据类型的值时，进行类型转换的函数。一般情况下，SQL Server 2014 会自动进行隐式类型转换，对于数据类型相近的数值是有效的，比如 INT 型和 FLOAT 型，但当数据类型无法自动转换时，就需要显式地通过 SQL Server 提供的转换函数来实现了。

T-SQL 提供了两个显式地进行类型转换的函数：CAST 函数和 CONVERT 函数。

1. CAST 函数

CAST (expression AS data_type[(length)])函数，将表达式由一种数据类型转换为另一种数据类型。其中，参数 expression 为任何有效的表达式，data_type 为转换的目标数据类型，可选参数 length 指定目标数据类型的长度，默认值为 30。

【例 4-37】 将示例数据库 Library 的 Book 表中的出版日期字段转换为字符类型。

```
USE Library
```

```
SELECT Bname,'出版日期：' + CAST(PubDate AS CHAR(10))  FROM Book
```

执行结果如图 4.33 所示。

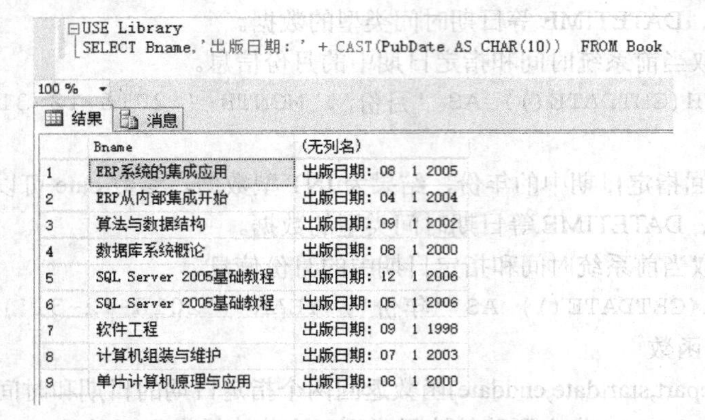

	Bname	(无列名)
1	ERP系统的集成应用	出版日期：08 1 2005
2	ERP从内部集成开始	出版日期：04 1 2004
3	算法与数据结构	出版日期：09 1 2002
4	数据库系统概论	出版日期：08 1 2000
5	SQL Server 2005基础教程	出版日期：12 1 2006
6	SQL Server 2005基础教程	出版日期：05 1 2006
7	软件工程	出版日期：09 1 1998
8	计算机组装与维护	出版日期：07 1 2003
9	单片计算机原理与应用	出版日期：08 1 2000

图 4.33 【例 4-37】执行结果

2. CONVERT 函数

CONVERT (data_type[(length)],expression)函数与 CAST 函数功能类似，将表达式由一种数据类型转换为另一种数据类型。其中，参数 expression 为任何有效的表达式，data_type 为转换的目标数据类型，可选参数 length 指定目标数据类型的长度，默认值为 30。

【例 4-38】 将示例数据库 Library 的 Book 表中的出版日期字段转换为字符类型。

```
USE Library
SELECT Bname,'出版日期：' + CONVERT(CHAR(10),PubDate)  FROM Book
```

执行结果与【例 4-37】执行结果相同，可参见图 4.33。

本章小结

SQL Server 2014 支持多种数据类型，包括数值型、字符型、日期型等。数据类型的作用，在于规划每个字段所存储的数据内容类别和数据存储量的大小，合理地为字段分配数据类型，可以达到优化数据表和节省空间的效果。

T-SQL 是一种过程型语言，其除了与数据库建立连接、处理数据外，还具有过程型语言的元素组成：数据类型、标识符、变量、运算符、表达式、流程控制语句、注释、函数等。

T-SQL 的流程控制语句与程序设计语言的流程控制语句类似，可以通过流程控制语句改变代码的执行顺序，使用流程控制语句，可以编写 T-SQL 程序来实现需要的功能。

SQL Server 2014 提供了众多功能强大、方便易用的函数，使得进行数据库编程更加方便。SQL Server 2014 提供的系统函数包含多种类型，主要有聚合函数、数学函数、字符串函数、日期时间函数、数据类型转换函数等。

习题 4

4-1 简述局部变量和全局变量之间的区别。

4-2 简述 SQL Server 2014 的数据类型。

4-3 简述 SQL Server 2014 的运算符。

4-4 简述语句块的作用，以及如何定义语句块。

实训 4　T-SQL 语言编程

1. 目标

完成本实验后，将掌握以下内容。

（1）掌握 T-SQL 语言编程知识。

（2）根据需要灵活运用流程控制语句和系统函数。

2. 准备工作

在进行本实验前，必须学习完成本章的全部内容。

实验预估时间：45 分钟。

练习 1　计算 1～100 的累加和，并输出。

练习 2　计算 20!，并输出。

练习 3　找出 1～100 所有能被 7 整除的数。

练习 4　找出 100～200 之间的所有素数。

第5章　数据库与基本表的创建和管理

【内容提要】本章讲解了在企业管理器，以及查询分析器中，完成数据库的创建、配置、删除的方法及注意事项，同时介绍了数据库文件的相关概念。本章还讲解基本表的组成，以及表间关系的实现，描述了创建表的方法及技术。

创建数据库是一个指定数据库名称、所有者、大小，以及用于存储该数据库的文件的过程。数据表是组成数据库的数据库对象之一，每个表代表表某类有意义的对象。与日常生活中使用的表格类似，数据库表也是由行和列组成的。通常在设计完数据库后，就可以开始创建存储数据的数据表。表存储在数据文件中，任何有相应权限的用户都可以对其进行操作。

5.1　数据库的创建与管理

创建数据库是数据库操作和管理的基础，在 SQL Server 2014 中，通过 SQL Server 2014 Management Studio，可以很方便地构建和设计维护数据库。

5.1.1　SQL Server 数据库的构成

每个 SQL Server 数据库在物理上都由至少一个数据文件和至少一个日志文件组成。出于分配和管理目的，可以将数据库文件分成不同的文件组。

1．数据文件

分为主要数据文件和次要数据文件两种形式，每个数据库都有且只有一个主要数据文件。主要数据文件的默认文件扩展名是.mdf，它将数据存储在表和索引中，包含数据库的启动信息，还包含一些系统表，这些表记载数据库对象及其他文件的位置信息。次要数据文件包含除主要数据文件外的所有数据文件。有些数据库可能没有次要数据文件，而有些数据库则有多个次要数据文件。次要数据文件的默认文件扩展名是.ndf。

2．日志文件

SQL Server 具有事务功能，以保证数据库操作的一致性和完整性。所谓事务就是一个单元的工作，该单元的工作要么全部完成，要么全部不完成。日志文件用来记录数据库中已发生的所有修改和执行每次修改的事务。SQL Server 是遵守先写日志再执行数据库修改的数据库系统，因此，如果出现数据库系统崩溃，数据库管理员(DBA)可以通过日志文件，完成数据库的修复与重建。每个数据库必须至少有一个日志文件，但可以不止一个。日志文件的默认文件扩展名是.1df。建立数据库时，SQL　Server 会自动建立数据库的日志文件。

3．文件组

一些系统可以通过控制在特定磁盘驱动器上放置的数据和索引来提高自身的性能。文件组可以对此进程提供帮助。系统管理员可以为每个磁盘驱动器创建文件组，然后将特定的表、索引，或表中的 text、ntext 或 image 数据指派给特定的文件组。

每个数据库中都有一个文件组作为默认文件组运行。当 SQL Server 在创建时没有为其指定文件组的表或索引分配页时，将从默认文件组中进行分配。一次只能有一个文件组作为默认文件组。

5.1.2　创建数据库

1．通过图形界面创建数据库

下面以创建本书的示例数据库为例，具体的操作步骤如下所示。

(1) 从【开始】菜单中，选择【程序】|Microsoft SQL Server 2014| SQL Server 2014 Management Studio”路径下，就可以打开 SQL Server 2014 Management Studio 的界面，并使用 Windows 或 SQL Server 身份验证建立连接，如图 5.1 所示。

图 5.1　连接服务器身份验证

(2) 单击【连接】按钮，出现主界面，在【对象资源管理器】窗格中展开服务器，然后选择【数据库】节点。

(3) 在【数据库】节点上右击，从弹出的快捷菜单中选择【新建数据库】命令，如图 5.2 所示。

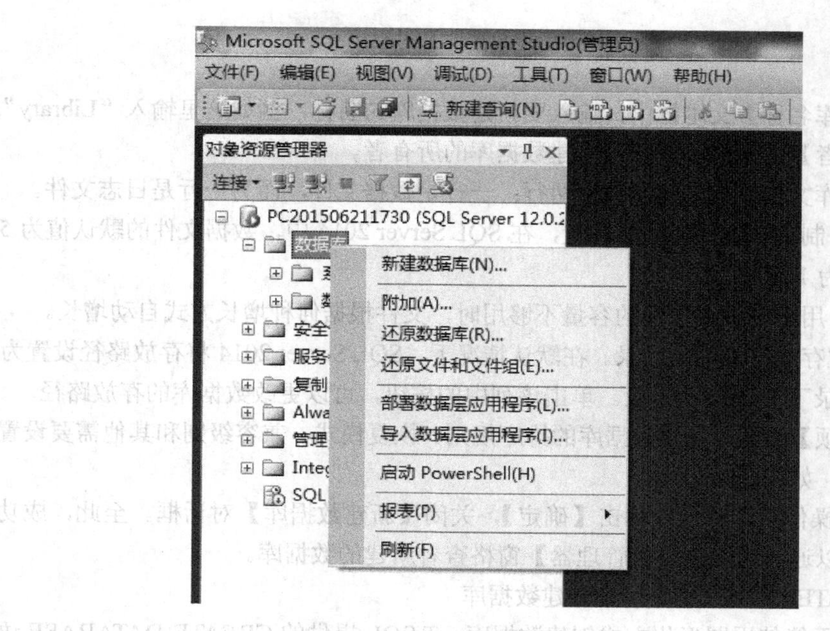

图 5.2　对象资源管理器

(4) 执行上述操作后，会弹出【新建数据库】对话框，如图 5.3 所示。

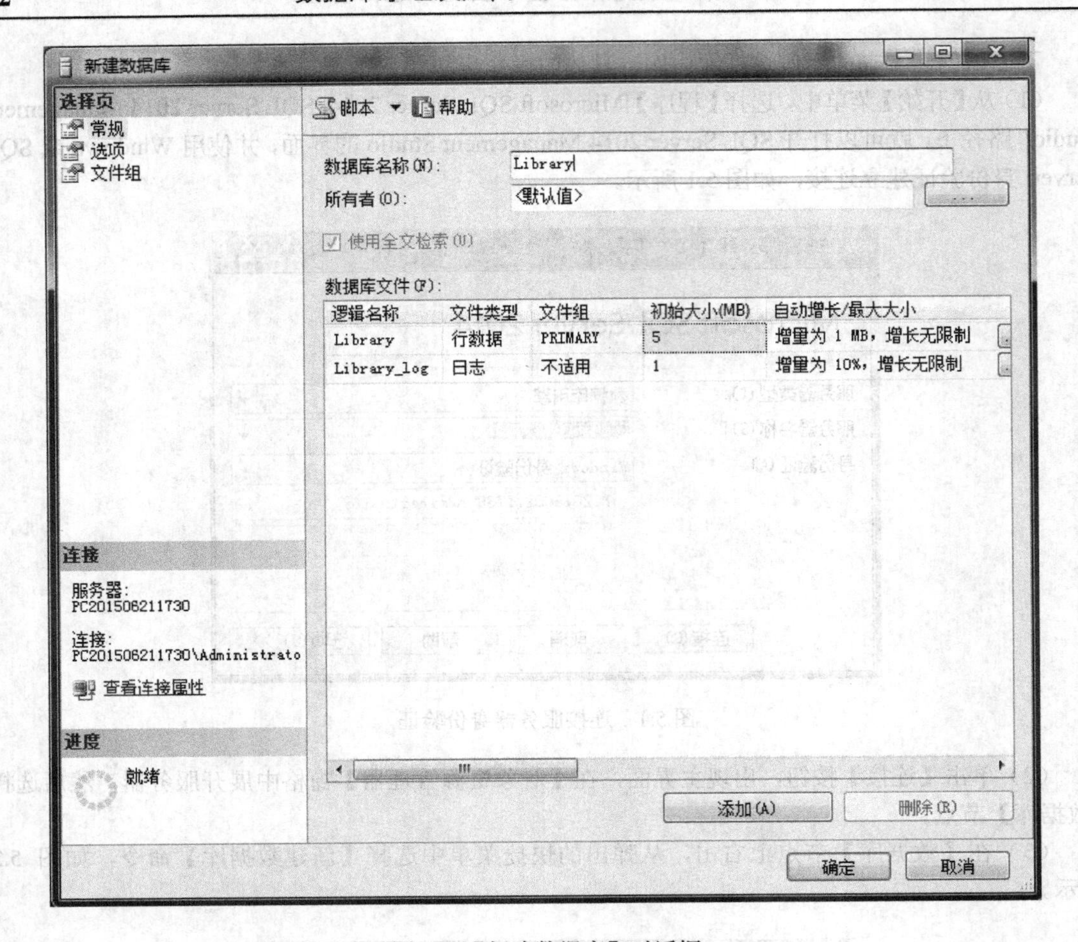

图 5.3 【新建数据库】对话框

（5）在【数据库名称】文本框中，输入要新建数据库的名称，例如这里输入“Library”。

（6）在【所有者】文本框中，输入新建数据库的所有者。

（7）在【数据库文件】列表中，包括两行：一行是数据文件，而另一行是日志文件。

① 初始大小：制定该文件的初始容量，在 SQL Server 2014 中，数据文件的默认值为 5MB，日志文件的默认值为 1MB。

② 自动增长：用于设置在文件的容量不够用时，文件根据何种增长方式自动增长。

③ 路径：指定存放该文件的目录。在默认情况下，SQL Server 2014 将存放路径设置为 SQL Server 2014 安装目录下的 data 子目录。单击该列中的按钮，可以更改数据库的存放路径。

（8）单击【选项】按钮，设置数据库的排序规则、恢复模式、兼容级别和其他需要设置的内容，一般用默认值，如图 5.6 所示。

（9）完成以上操作后，就可以单击【确定】，关闭【新建数据库】对话框。至此，成功创建了一个数据库，可以通过【对象资源管理器】窗格查看新建的数据库。

2．使用 CREATE DATABASE 语句创建数据库

有些情况下，不能使用图形化方式创建数据库。T-SQL 提供的 CREATE DATABASE 语句，同样可以完成新建数据库操作。使用 CREATE DATABASE 语句创建数据库最简单的方式如下：

```
CREATE DATABASE databaseName
```

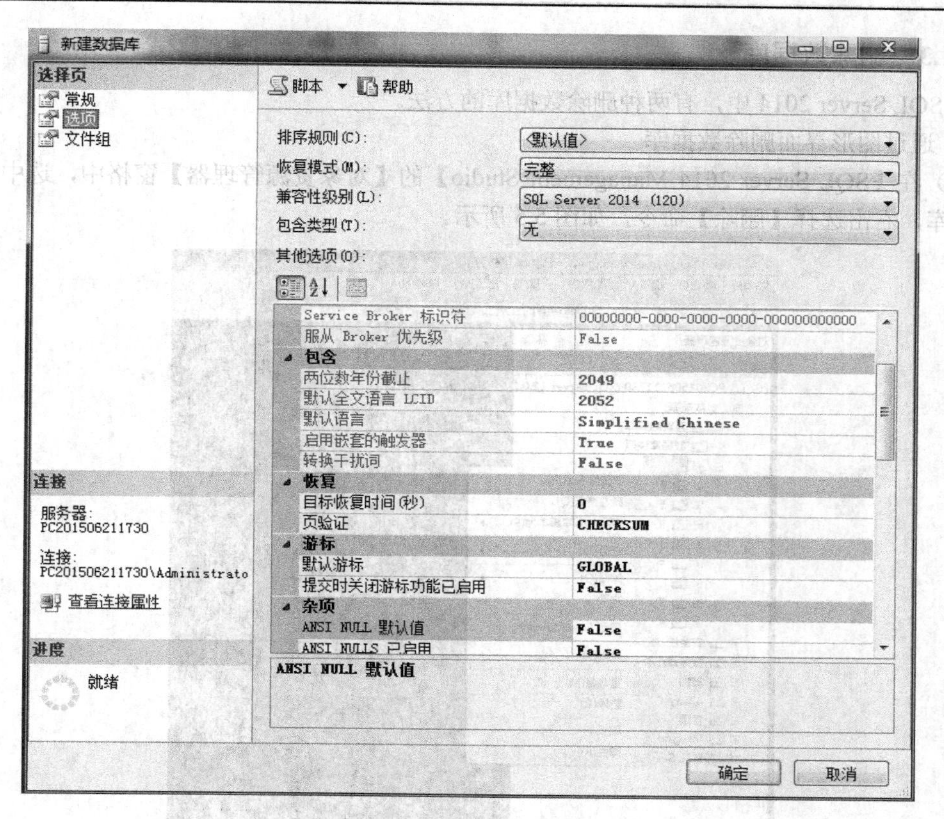

图 5.4 新建数据库【选项】页

只需指定 databaseName 参数，即数据库的名称，其他的都采用系统默认值。下面是创建【Library】数据库的详细语法:

```
CREATE DATABASE  Library
ON
(
NAME= Library,
FILENAME='E:\ Library.mdf',
SIZE=5MB,
MAXSIZE=50MB,
FILEGROWTH=10%
)
LOG ON
(
NAME=DsCrmDB_LOG,
FILENAME=' E:\ Library_LOG.ldf',
SIZE=1MB,
MAXSIZE=10MB,
FILEGROWTH=10%
)
 GO
```

5.1.3 删除数据库

在 SQL Server 2014 中，有两种删除数据库的方法。

1．通过图形界面删除数据库

（1）在【SQL Server 2014 Management Studio】的【对象资源管理器】窗格中，选中要删除的数据库，右击选择【删除】命令，如图 5.5 所示。

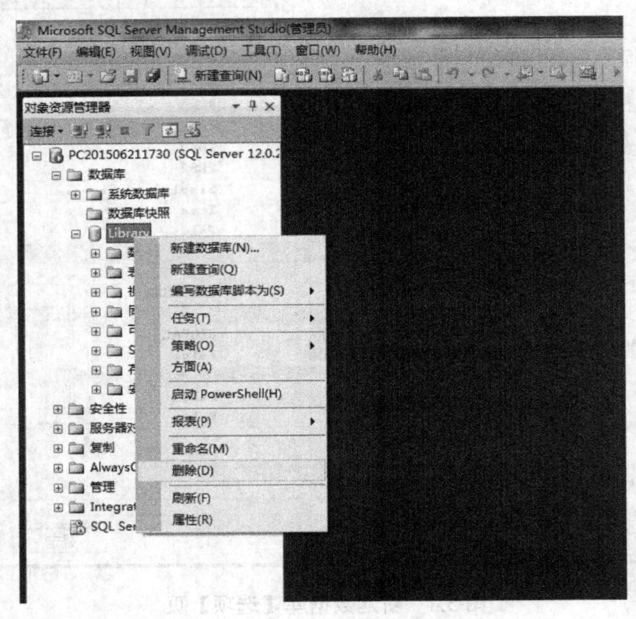

图 5.5 【对象资源管理器】窗口

（2）在弹出的如图 5.6【删除对象】窗口中，单击【确定】按钮确认删除。

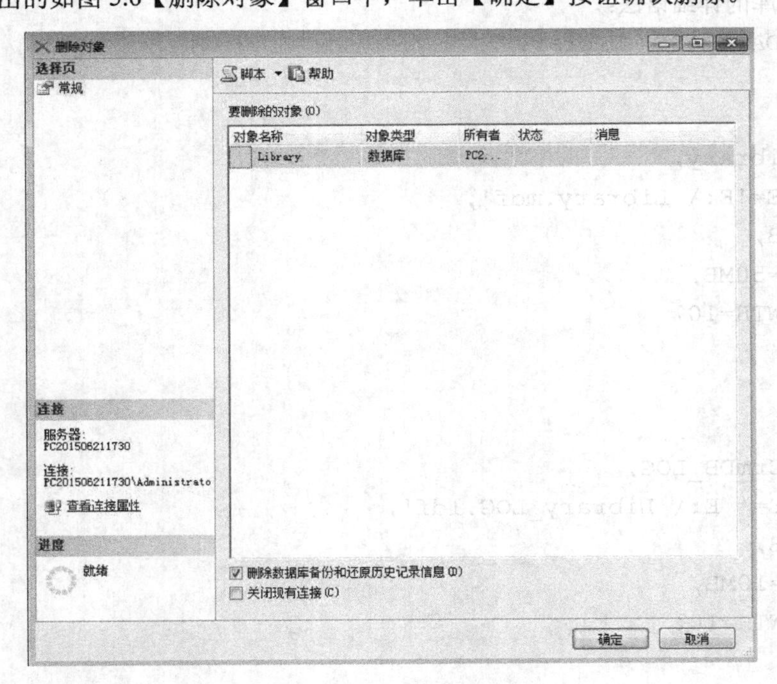

图 5.6 【删除对象】窗口

2．用 DROP DATABASE 语句删除数据库

使用 DROP DATABASE 语句删除数据库的语法如下：

```
DROP DATABASE database_name
```

其中，database_name 为要删除的数据库名。例如，要删除数据库【Library】：

```
DROP DATABASE  Library
```

5.1.4 修改数据库

在 SQL Server 2014 中，有两种修改数据库的方法。

1．通过图形界面修改数据库

（1）在【对象资源管理器】窗格中，右击要修改大小的数据库，选择【属性】命令，如图 5.7 所示。

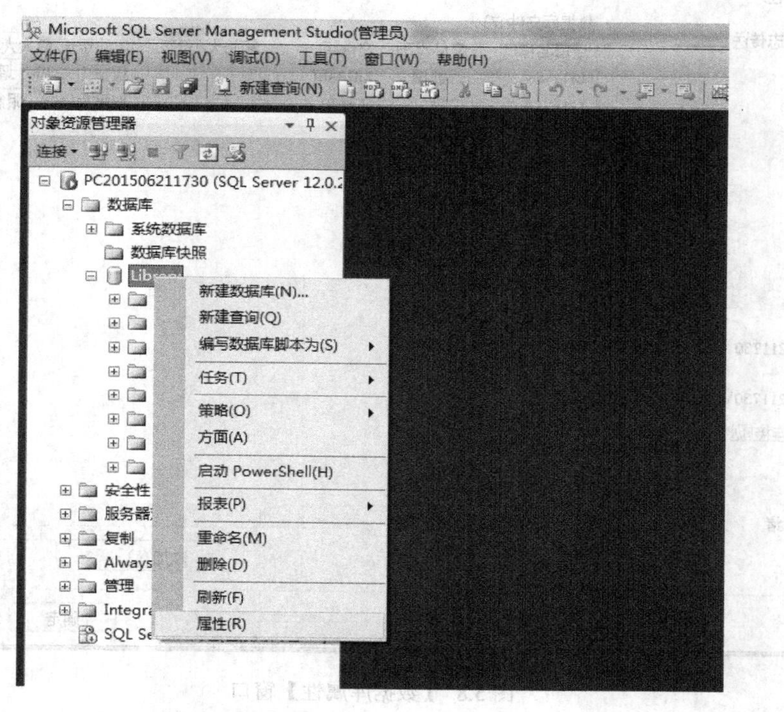

图 5.7 【对象资源管理器】窗口

（2）在【数据库属性】对话框的【选择页】下，选择【文件】选项，如图 5.8 所示。

（3）和新建数据库时类似，可以对文件大小等内容进行修改，完成修改后，单击【确定】按钮，即可完成修改操作。

2．通过 ALTER DATABASE 语句修改数据库

下面使用 ALTER DATABASE 语句将【Library】数据库扩大 10MB，可以通过为该数据库添加一个大小为 10MB 的数据文件来实现。语句如下所示：

```
ALTER DATABASE  DsCrmDB
ADD FILE
(
NAME= Library2,
FILENAME=' E:\ Library2.mdf',
```

```
SIZE=10MB,
MAXSIZE=30MB,
FILEGROWTH=20%
)
```

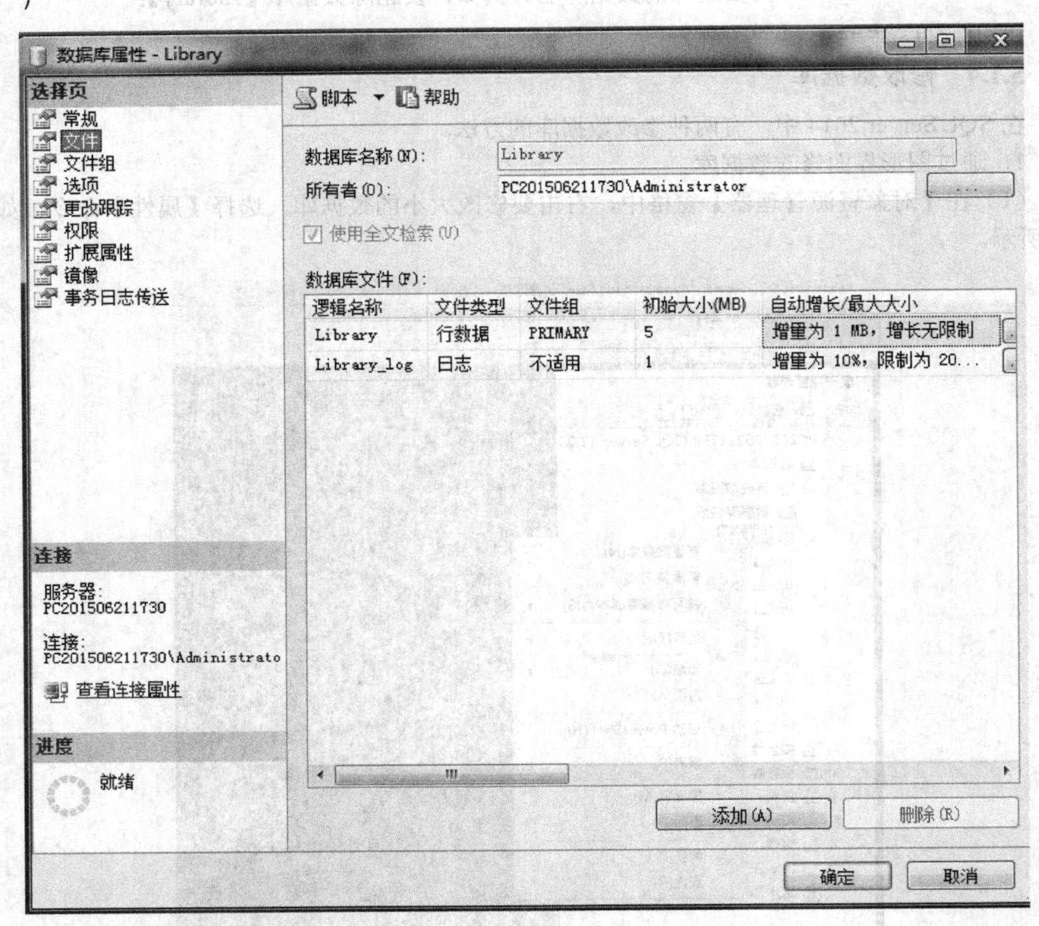

图 5.8 【数据库属性】窗口

5.2 基本表的创建与管理

在关系数据库中，所有的数据是存放在数据表里的，使用图形界面或者 T-SQL 语句都可以很方便地创建数据表。创建一个表，必须指定表名、表中所含的列名，以及每列的数据类型。

5.2.1 定义表及约束

1. 定义表

在 SQL Server 2014 中，有两种定义表的方法。

（1）通过图形界面定义表

① 在【SQL Server 2014 Management Studio】的【对象资源管理器】窗格中，选中数据库【Library】并右击，在右键弹出的快捷菜单中，选择【新建】/【表】，如图 5.9 所示。

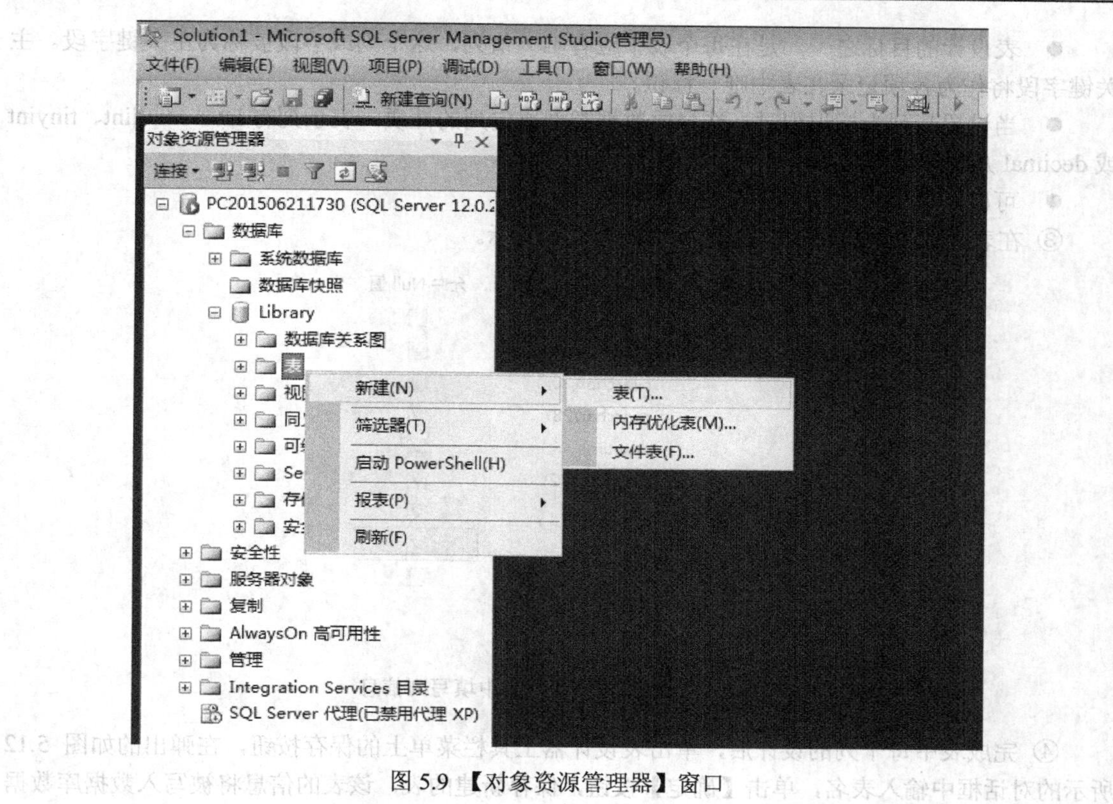

图 5.9 【对象资源管理器】窗口

② 当前弹出的就是 SQL Server 表设计器，如图 5.10 所示。表设计器分两部分。上半部分显示网格，网格的每一行描述一个数据库列。网格显示每个数据库列的基本特征：列名、数据类型、长度和允许空值设置。表设计器的下半部分为在上半部分中突出显示的任何数据列显示的附加特性。

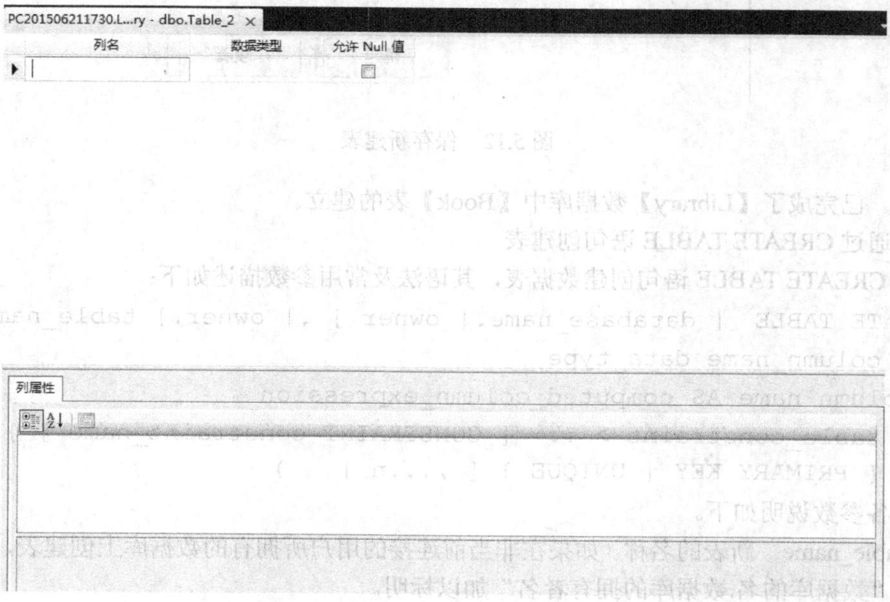

PC201506211730.L...ry - dbo.Table_2
列名　数据类型　允许 Null 值
列属性

图 5.10 【表设计器】窗口

● 表设计的目标之一，是在每个表中应有唯一值列，这个列或字段被称为主关键字段。主关键字段将作为各项记录在表中唯一标识。

● 当设置某列为标识列时，选择的数据类型决定列的性质。表示列有 int、smallint、tinyint 或 decimal 几种数据类型。

● 可以在每一列上指定该列的值是否允许为空。

③ 在表设计器中填写相关列信息，如图 5.11 所示。

列名	数据类型	允许 Null 值
BID	char(9)	☐
Bname	nvarchar(42)	☑
Author	nvarchar(20)	☑
PubComp	nvarchar(28)	☑
PubDate	datetime	☑
Price	decimal(7, 2)	☑
ISBN	char(13)	☑
	nchar(10)	☑
		☐

图 5.11　在【表设计器】中填写列信息

④ 完成表中每个列的设计后，单击表设计器工具栏菜单上的保存按钮，在弹出的如图 5.12 所示的对话框中输入表名，单击【确定】按钮，保存新建的表，该表的信息将被写入数据库数据文件。

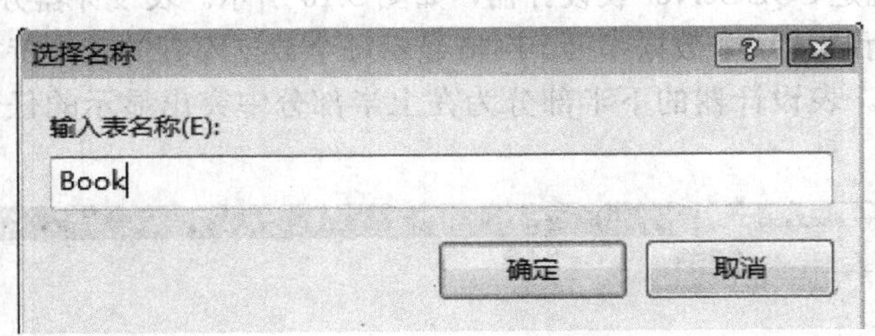

图 5.12　保存新建表

至此，已完成了【Library】数据库中【Book】表的建立。

（2）通过 CREATE TABLE 语句创建表

使用 CREATE TABLE 语句创建数据表，其语法及常用参数描述如下：

```
CREATE TABLE  [ database_name.[ owner ] .| owner.] table_name
( { column_name data_type
| column_name AS computed_column_expression
| < table_constraint > ::= [ CONSTRAINT constraint_name ] }
| [ { PRIMARY KEY | UNIQUE } [ ,...n ]     )
```

其中各参数说明如下。

① table_name　新表的名称。如果在非当前连接的用户所拥有的数据库上创建表，则要在表名前使用“数据库的名.数据库的拥有者名”加以标明。

② column_name　表中的列名。

③ data_type 指定列的数据类型。可以是系统数据类型或用户定义数据类型。用户定义数据类型必须先用 sp_addtype 创建，然后才能在表定义中使用。

④ PRIMARY KEY 指定该列为主关键字段。

⑤ IDENTITY 指定该列为自动增长。

在【Library】数据库中,【Book】表的语句如下：

```
CREATE TABLE Book
(
    BID char](9) NOT NULL,
    Bname nvarchar(42) NULL,
    Author nvarchar(20) NULL,
    PubComp nvarchar(28) NULL,
    PubDate datetime NULL,
    Price decimal(7, 2) NULL,
    ISBN char(13) NULL
)
```

2. 定义约束

约束（constraint）是关系数据库中的对象，用以存放关于插入到一个表的某一列数据的规则。约束是强制数据完整性的首选方法。下面将介绍约束的类型、每种约束强制哪种数据完整性，以及如何定义约束。表 5.1 是关系数据库中不同类型约束的列表，每种约束都有其自己的功能。

表 5.1 约束的类型

完整性类型	约束类型	说 明
域	DEFAULT	当 INSERT 语句中没有明确的提供值时，为列指定的值
	CHECK	指定在列中可接受的值
	REFERENTIAL	基于另一表中的列值，指定可接受的数值进行更新
实体	PRIMARYKEY	唯一标识每一行，确保没有重复记录，不允许空值，并创建了索引
	UNIQUE	防止的每一行（非主键）列出现重复值，允许空值（最多有一行为空值），创建了索引，以提高性能
引用	FOREIGN KEY	定义单列或组合列，列值匹配同一个表或其他表的主键

通过使用 CREATE TABLE 语句或 ALTER TABLE 语句来创建约束。可以向已有数据的表添加约束，并且可以将约束放置在单列或多列上。如果约束用于单列，则成为列级约束；如果约束涉及多列，则称为表级约束。创建约束的语法如下：

```
CREATE TABLE
   [ database_name.[ owner ] .| owner.] table_name
( { < column_definition >
       | column_name AS computed_column_expression
       | < table_constraint > ::= [ CONSTRAINT constraint_name ] }
          | [ { PRIMARY KEY | UNIQUE } [ ,...n ]
)

[ ON { filegroup | DEFAULT } ]
[ TEXTIMAGE_ON { filegroup | DEFAULT } ]
```

```
< column_definition > ::= { column_name data_type }
    [ COLLATE < collation_name > ]
    [ [ DEFAULT constant_expression ]
        | [ IDENTITY [ ( seed , increment ) [ NOT FOR REPLICATION ] ] ]
    ]
    [ ROWGUIDCOL]
    [ < column_constraint > ] [ ...n ]

< column_constraint > ::= [ CONSTRAINT constraint_name ]
    { [ NULL | NOT NULL ]
        | [ { PRIMARY KEY | UNIQUE }
            [ CLUSTERED | NONCLUSTERED ]
            [ WITH FILLFACTOR = fillfactor ]
            [ON {filegroup | DEFAULT} ] ]
        ]
        | [ [ FOREIGN KEY ]
            REFERENCES ref_table [ ( ref_column ) ]
            [ ON DELETE { CASCADE | NO ACTION } ]
            [ ON UPDATE { CASCADE | NO ACTION } ]
            [ NOT FOR REPLICATION ]
        ]
        | CHECK [ NOT FOR REPLICATION ]
        ( logical_expression )
    }
< table_constraint > ::= [ CONSTRAINT constraint_name ]
    { [ { PRIMARY KEY | UNIQUE }
        [ CLUSTERED | NONCLUSTERED ]
        { ( column [ ASC | DESC ] [ ,...n ] ) }
        [ WITH FILLFACTOR = fillfactor ]
        [ ON { filegroup | DEFAULT } ]
    ]
    | FOREIGN KEY
        [ ( column [ ,...n ] ) ]
        REFERENCES ref_table [ ( ref_column [ ,...n ] ) ]
        [ ON DELETE { CASCADE | NO ACTION } ]
        [ ON UPDATE { CASCADE | NO ACTION } ]
        [ NOT FOR REPLICATION ]
    | CHECK [ NOT FOR REPLICATION ]
        ( search_conditions )
    }
```

下面示例创建了 Book 表，定义了列以及列级和表级约束。

```
CREATE TABLE Book
(
    BID char](9) NOT NULL,
    Bname nvarchar(42) NULL,
    Author nvarchar(20) NULL,
    PubComp nvarchar(28) NULL,
    PubDate datetime NULL,
    Price decimal(7, 2) NULL,
    ISBN char(13) NULL,
    CONSTRAINT [PK_book_1] PRIMARY KEY CLUSTERED
)
```

5.2.2　修改表结构

在 SQL Server 2014 中，有两种修改表结构的方法。

1．通过图形界面修改表结构

（1）在【SQL Server 2014 Management Studio】的【对象资源管理器】窗格中，选中数据库【Library】，展开【表】对象后，选择【Book】表，从右键弹出快捷菜单中选择【设计】，如图 5.13 所示。

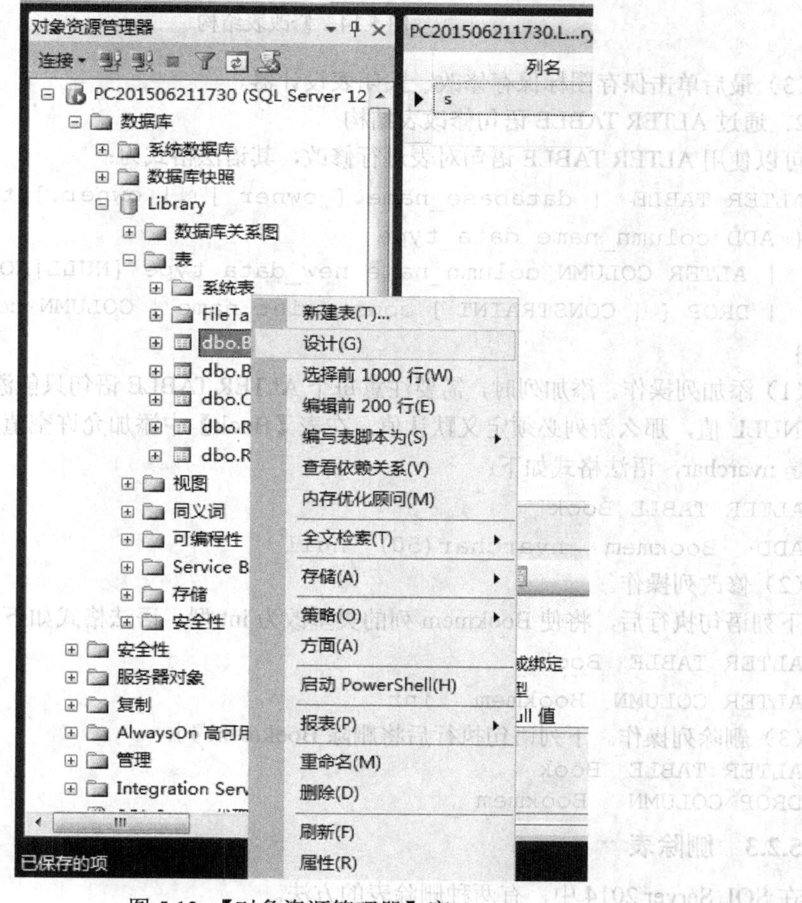

图 5.13　【对象资源管理器】窗口

（2）在随即打开的表设计器中，可以很方便地添加、修改列的各项属性。如果选中某列，在右键弹出菜单中，可以在当前列前插入新列或删除列，对列的属性设计同创建表时一样，如图 5.14 所示。

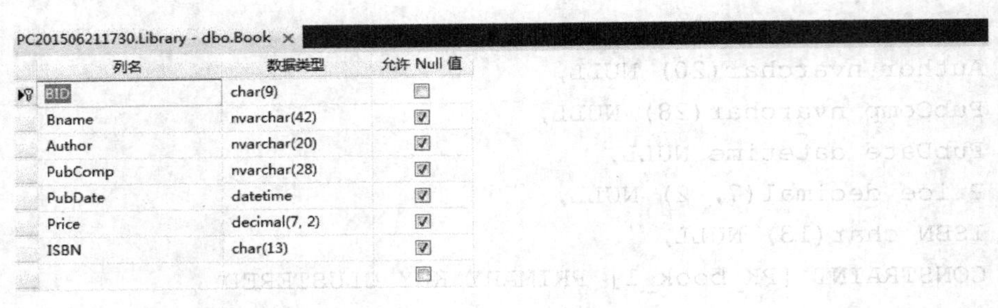

（a）

（b）

图 5.14 修改表结构

（3）最后单击保存图标保存修改，关闭表设计器。

2．通过 ALTER TABLE 语句修改表结构

可以使用 ALTER TABLE 语句对表进行修改，其语法格式为：

```
ALTER TABLE [ database_name.[ owner ] .| owner.] table_name
{ ADD column_name data_type
  | ALTER COLUMN column_name new_data_type [NULL|NOT NULL]
  | DROP { [ CONSTRAINT ] constraint_name | COLUMN column } [ ,...n ]
}
```

（1）添加列操作。添加列时，需要注意每个 ALTER TABLE 语句只能添加一列，如果新列不允许 NULL 值，那么新列必须定义默认值。在表【Book】中添加允许空值的列 Bookmem，数据类型是 nvarchar，语法格式如下：

```
ALTER TABLE Book
ADD  Bookmem  nvarchar(50)  null
```

（2）修改列操作。

下列语句执行后，将使 Bookmem 列的类型改为 int 型，语法格式如下：

```
ALTER TABLE  Book
ALTER COLUMN  Bookmem  int
```

（3）删除列操作。下列语句执行后将删除 Bookmem 列：

```
ALTER TABLE  Book
DROP COLUMN  Bookmem
```

5.2.3 删除表

在 SQL Server 2014 中，有两种删除表的方法。

1．通过图形界面删除表

（1）在【SQL Server 2014 Management Studio】的【对象资源管理器】窗格中，选中数据库【Library】，展开【表】对象后，选择【Book】表，从右键弹出快捷菜单中选择【删除】，如图 5.15 所示。

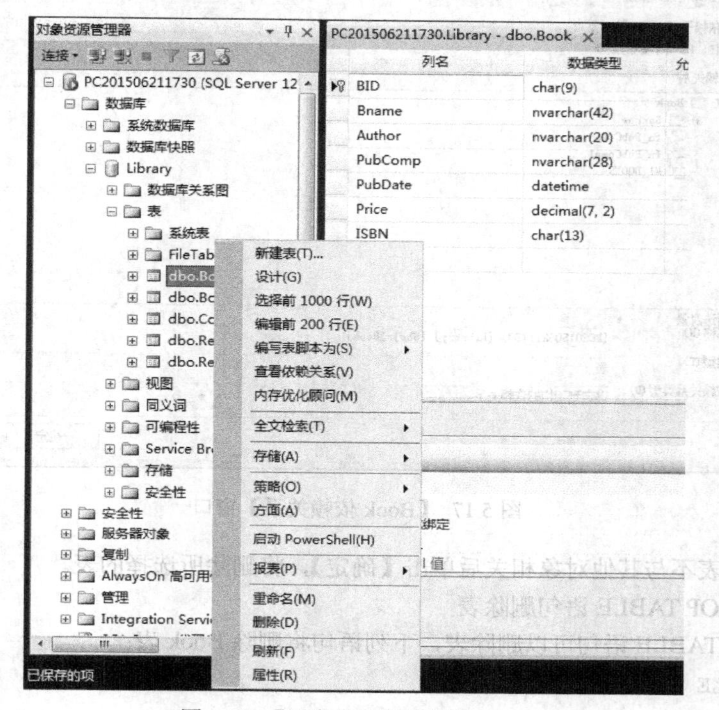

图 5.15　【对象资源管理器】窗口

（2）将弹出【删除对象】窗口，如图 5.16 所示。

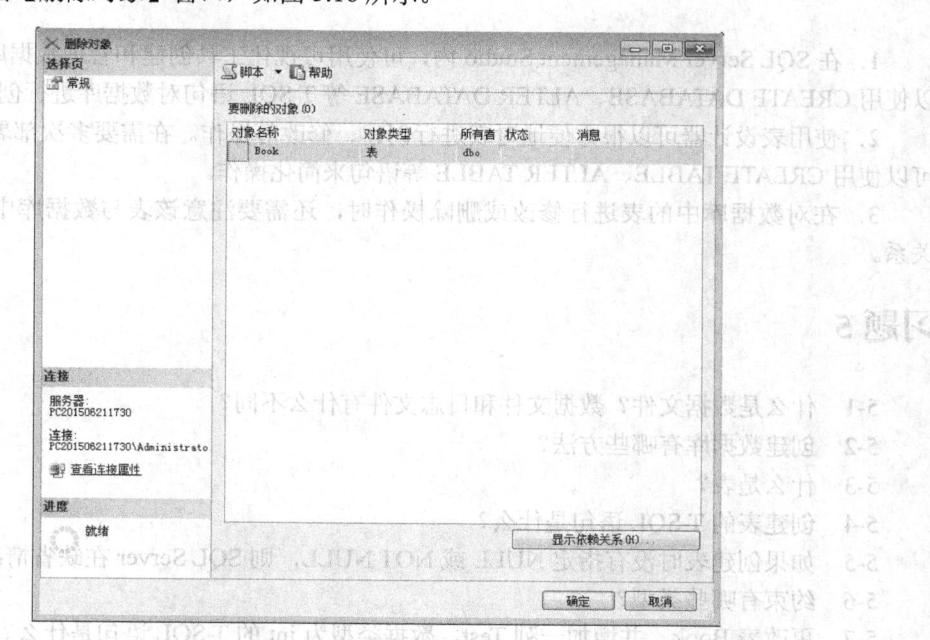

图 5.16　【删除对象】窗口

（3）单击【显示依赖关系】按钮，可以显示由于删除表而受影响的任何对象。只有当表和其他对象完全没有联系的情况下，该表才能被删除。例如图 5.17 中的情况，需要先删除 Borrow 表和 Book 表间的关系。

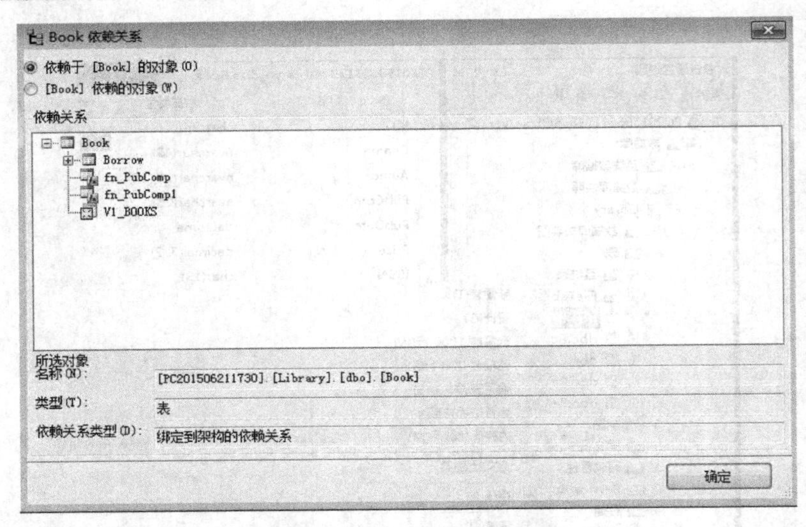

图 5.17 【Book 依赖关系】窗口

（4）当确定表不与其他对象相关后单击【确定】，将删除所选择的表。

2. 通过 DROP TABLE 语句删除表

使用 DROP TABLE 语句可以删除表，下列语句将删除 Book 表：

```
DROP TABLE Book
```

本章小结

1. 在 SQL Server Management Studio 内，可使用可视化工具创建和管理数据库。同时，也可以使用 CREATE DATABASE、ALTER DATABASE 等 T-SQL 语句对数据库进行创建和维护。

2. 使用表设计器可以很方便地对表进行创建、修改等操作。在需要多次部署或创建表时，可以使用 CREATE TABLE、ALTER TABLE 等语句来简化操作。

3. 在对数据库中的表进行修改或删除操作时，还需要注意该表与数据库中其他表的约束关系。

习题 5

5-1 什么是数据文件？数据文件和日志文件有什么不同？

5-2 创建数据库有哪些方法？

5-3 什么是表？

5-4 创建表的 T-SQL 语句是什么？

5-5 如果创建表时没有指定 NULL 或 NOT NULL，则 SQL Server 在缺省情况下用什么？

5-6 约束有哪些类型？

5-7 更改表 Book，并增加一列 Test，数据类型为 int 的 T-SQL 语句是什么？

实训 5　创建数据库及基本表

1．目标

完成本实验后，将掌握以下内容：

（1）创建数据库；

（2）更改数据库；

（3）建立表；

（4）更改表。

实验预估时间：30 分钟。

2．实验步骤

练习 1　创建数据库

（1）在【SQL Server Management Studio】左部面板上，在控制台根目录下选中【数据库】目录，在鼠标右键弹出菜单中，单击【新建数据库】选项，将弹出【数据库属性】对话框，如图 5.18 所示。

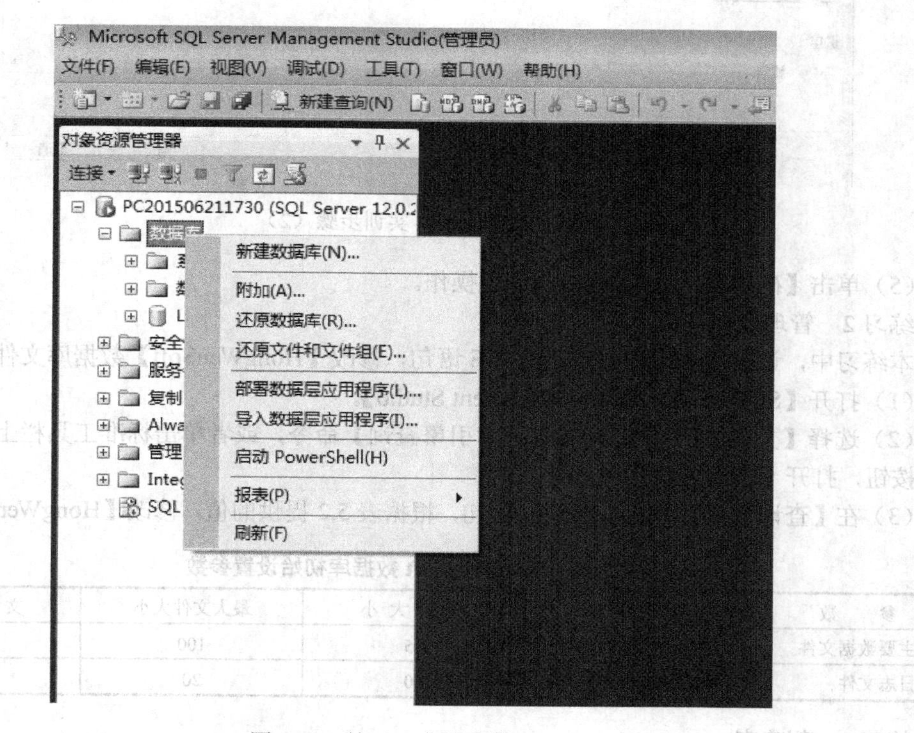

图 5.18　练习 1 实训步骤（1）

（2）在【常规】面板中的【数据库名称】区域里，填写新建数据库的名称【HongWenSoft】，如图 5.19 所示。

（3）在【数据库文件】面板中设置数据文件，使其名称为【HongWenSoft】，存储在 C 盘 Data 文件夹下，初始大小为 1MB，当文件存满时，将按 15%的比例自动增长。

（4）在【数据库文件】面板中设置日志文件，使其名称为【HongWenSoft _log】，存储在 C 盘 Data 文件夹下，初始大小为 1MB，当文件存满时，将按 15%的比例自动增长。

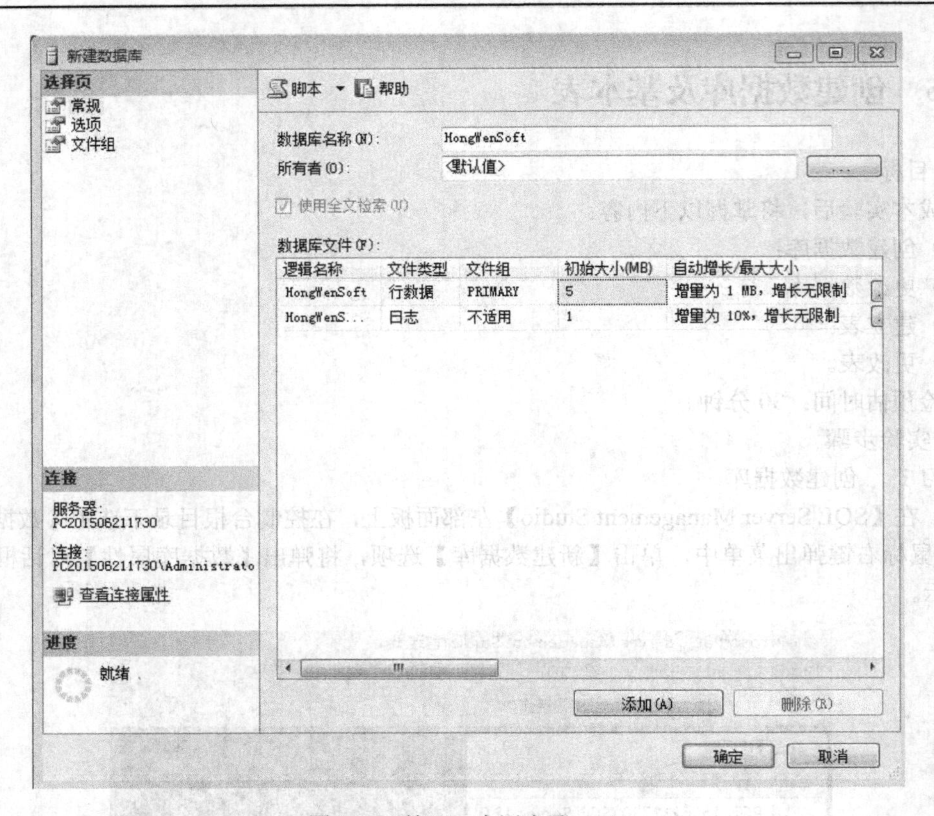

图 5.19 练习 2 实训步骤（2）

（5）单击【确定】，完成数据库的创建操作。

练习 2 管理数据库

本练习中，请使用 ALTER DATABASE 语句，修改【HongWenSoft】数据库文件的增长。

（1）打开【SQL Server 2014 Management Studio】。

（2）选择【文件】|【新建】|【数据库引擎查询】命令，或者单击标准工具栏上的【新建查询】按钮，打开【查询窗口】。

（3）在【查询窗口】里输入 T-SQL 语句，根据表 5.2 提供的值，修改【HongWenSoft】数据。

表 5.2 HongWenSoft 数据库初始设置参数

参　数	文 件 名	初 始 大 小	最大文件大小	文 件 增 长
主要数据文件	HongWenSoft	25	100	10%
日志文件	HongWenSoft _log	10	20	20%

练习 3 创建表

根据下列要求在 HongWenSoft 数据库中创建 Employee、Department 及 Salary 三个表。各个表的设计如下。

① Employee 表：用于记录员工基本信息，并用作基础表与其他表的连接，如表 5.3 所示。

表 5.3 Employee 表结构

名　称	类　型	可 否 为 空	说　明	备　注
EmployeeID	int 4	否	员工编号	主键，自动生成
Name	nvarchar 50	否	员工姓名	

续表

名　称	类　型	可否为空	说　明	备　注
LoginName	nvarchar 20	否	员工登录名	建议为英文字符，且与姓名不同
Password	binary 20	可	员工登录密码	
Email	nvarchar 50	否	员工电子邮件	
DeptID	int 4	可	员工所属部门编号	
BasicSalary	int 4	可	员工基本工资	
Title	nvarchar 50	可	员工职位名称	
Telephone	nvarchar 50	可	员工电话	
OnboardDate	datetime 8	否	员工报到日期	
SelfIntro	nvarchar 200	可	员工自我介绍	初始为空，由员工自行输入
VacationRemain	int 4	可	员工剩余假期	小时数
EmployeeLevel	int 4	可	员工的级别	
PhotoImage	image 16	可	员工照片	

② Department 表：用于记录企业内部的部门信息。每个独立的部门在该表中都对应一条记录。该表通过与 Employee 表关联，可以确定员工所属的部门。该表中还记录了部门经理的员工编号，可以确定每个部门的部门经理。如表 5.4 所示。

表 5.4　Department 表结构

名　称	类　型	可否为空	说　明	备　注
DeptID	int 4	否	部门编号	主键，自动生成
DeptName	char 10	可	部门名称	
Desciption	char 50	可	部门描述	
ManagerID	int 4	可	部门经理编号	

③ Salary 表：用于记录员工每月的工资信息，包括工资发放日期、工资组成等。表 Salary 通过字段 EmployeeID 与表 Employee 关联。如表 5.5 所示。

表 5.5　Salary 表结构

名　称	类　型	可否为空	说　明	备　注
SalaryID	int 4	否	工资编号	主键，自动生成
EmployeeID	int 4	否	员工编号	
SalaryTime	datetime 8	否	工资发放时间	
BasicSalary	int 4	可	员工基本工资	
OvertimeSalary	int 4	可	加班工资	
AbsenseSalary	int 4	可	缺勤扣除	
OtherSalary	int 4	可	其他工资	

练习 4　修改表

各个表的外键和约束设计如下：

（1）Employee 表

① 表 Employee 的外键有 DeptID，类型为 int，用于与表 Department 中的 DeptID 字段关联。DeptID 字段可以为空，在此情况下表示员工不在任何部门中。

② 表 Employee 的外键有 EmployeeLevel，类型为 int，用于与表 EmployeeLevel 中的 EmployeeLevel 字段关联。

③ 表 Employee 中的 LoginName 字段建议为英文字符，且不能与员工姓名相同，也不可以为空字符串。

（2）Department 表。表 Department 的外键为 ManagerID，类型为 int，用于与表 Employee 的 EmployeeID 相关联。

（3）Salary 表。表 Salary 的外键是 EmployeeID，类型为 int，用于与表 Employee 中的 EmployeeID 字段关联。

第 6 章　数据的管理和查询

【内容提要】本章重点讲述了数据的添加、更新和删除操作，还介绍了如何编写各种查询语句，以实现从表中查询数据，实现简单查询、分组查询以及连接查询，进一步阐述了分组查询的技术原理、连接，以及综合应用查询语句。

6.1　数据更新

在 SQL Server 2014 中，通过 SQL Server 2014 Management Studio，可以很方便地对数据进行更新操作。

6.1.1　向表中添加数据

1．通过图形界面添加数据

下面以本书的示例数据库为例，具体的操作步骤如下。

（1）从【开始】菜单中，选择【程序】|Microsoft SQL Server 2014| SQL Server 2014 Management Studio”，打开 SQL Server 2014 Management Studio 的界面，并使用 Windows 或 SQL Server 身份验证建立连接。

（2）在【SQL Server 2014 Management Studio】的【对象资源管理器】窗格中，选中数据库【Library】，展开【表】对象后，选择【Book】表，从右键弹出快捷菜单中选择【编辑前 200 行】，将得到该表中所有的行记录，如图 6.1 所示。

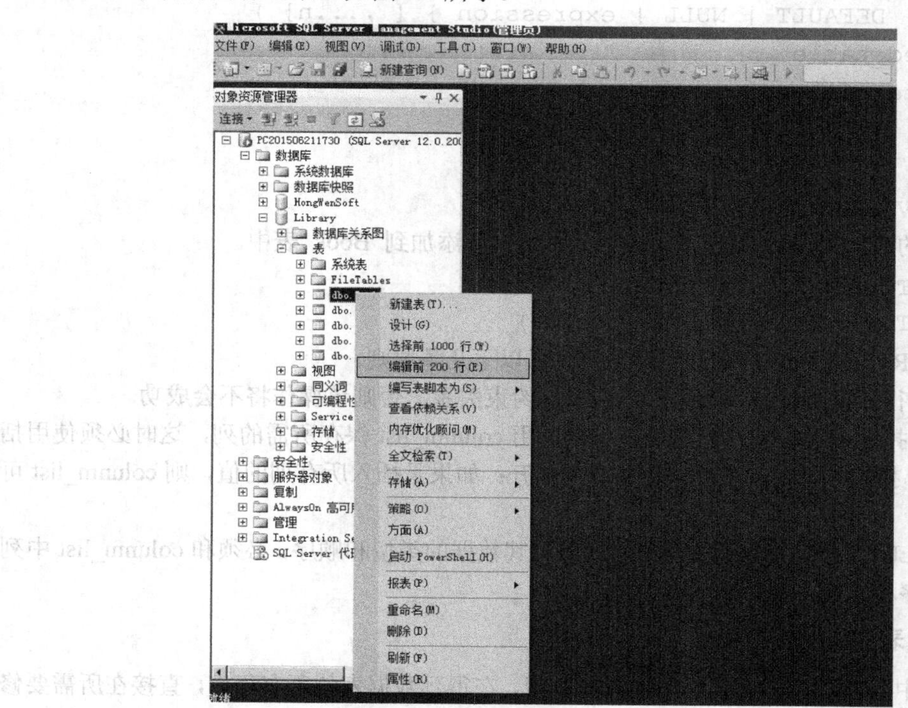

图 6.1　查看表里的所有数据

（3）在行记录里，可以在最后的一行方便地添加新的记录，如图 6.2 所示。

BID	Bname	Author	PubComp	PubDate	Price	ISBN
F1193-04	ERP系统的集...	金蝶软件	清华大学出版社	2005-08-01 0...	35.00	7-302-10992-3
F270-11	ERP从内部集...	陈启申	电子工业出版社	2004-04-01 0...	45.00	7-5053-9734-6
TP118-12	算法与数据结构	张乃孝	高等教育出版社	2002-09-01 0...	23.00	7-04-011221-3
TP311-06	数据库系统概论	萨师煊	高等教育出版社	2000-08-01 0...	25.00	7-04-007494-1
TP5790-03	SQL Server 2...	董明	人民邮电出版社	2006-12-01 0...	49.00	7-115-15439-2
TP8283-02	SQL Server 2...	付玉生	清华大学出版社	2006-05-01 0...	25.00	7-302-12960-6
TP85-08	软件工程	傅宏	吉林大学出版社	1998-09-01 0...	19.00	7-5601-2168-3
TP945-08	计算机组装与...	孙中胜	中国铁道出版社	2003-07-01 0...	24.00	7-113-05287-8
TP97-05	单片计算机原...	翟生辉	西安交通大学...	2000-08-01 0...	11.50	7-5605-0732-8
NULL	NULL	NULL	NULL	NULL	NULL	NULL

图 6.2　使用管理平台添加新数据

2. 使用 INSERT 语句添加数据

使用 INSERT 语句，可以把一行数据插入到表中，其语法如下：

```
INSERT [ INTO]
{ table_name WITH ( < table_hint_limited > [ ...n ] )
    | view_name
   | rowset_function_limited
}
{    [ ( column_list ) ]
     { VALUES
          ( { DEFAULT | NULL | expression } [ ,...n] )
  | derived_table
  | execute_statement
  }
}
|DEFAULT VALUES
```

例如，下面的语句用 VALUES 子句，将一本新书籍添加到 Book 表中。

```
INSERT INTO Book (BID, Bname,Author)
VALUES ('TP97-07', '数据库','Eric')
```

在使用 INSERT VALUES 语句的时候，要注意以下几条原则。

① 插入的新行数据必须满足被插入记录表的约束关系，否则该操作将不会成功。

② 如果有选择地插入表中几列的值，可以使用 colunm_list 保存所需的列，这时必须使用括号()将 colunm_list 括起来，并使用“，”将各列隔开；如果是插入所有列的值，则 colunm_list 可以省略。

③ 使用 VALUES 子句指定需要插入的数据，其数据的类型和顺序，必须和 colunm_list 中列的数据类型及顺序相对应，保持一致。

6.1.2　修改表中的数据

在图形界面中更新数据的方式与添加数据类似，在得到数据表的所有行后，直接在所需要修改的行记录里更改数据，然后进行保存就可以了。

这里将介绍如何使用 UPDATE 语句更改表中的数据，UPDATE 语句使用语法如下：

```
UPDATE {table_name | view_name }
SET { column_name = {expression | DEFAULT | NULL | @variable = expression }
[, …n]}
WHERE { search_conditions }
```

下面示例可以把当前 Library 数据库的 Book 表中，所有的书籍价格全部增加 10%：

```
UPDATE  Book
SET  price = price * 1.1
```

当使用 UPDATE 语句时，需要注意以下原则：

① 使用 SET 子句指定新值；

② 新值要与原数据类型一致，并且不能违反任何完整性约束，否则更新操作将无效；

③ 表达式的形式是多样的，可以是一个列或多个列、含一个或多个变量的有效表达式；

④ 如果忽略 WHERE 子句，则修改表中所有行中的数据。

6.1.3　删除表中的数据

在图形界面中删除行非常简单。在表所有行记录中选中需要删除的记录，单击鼠标右键，选择“删除”命令，或直接使用键盘上的“del”键，然后确认删除，保存即可，如图 6.3 所示。

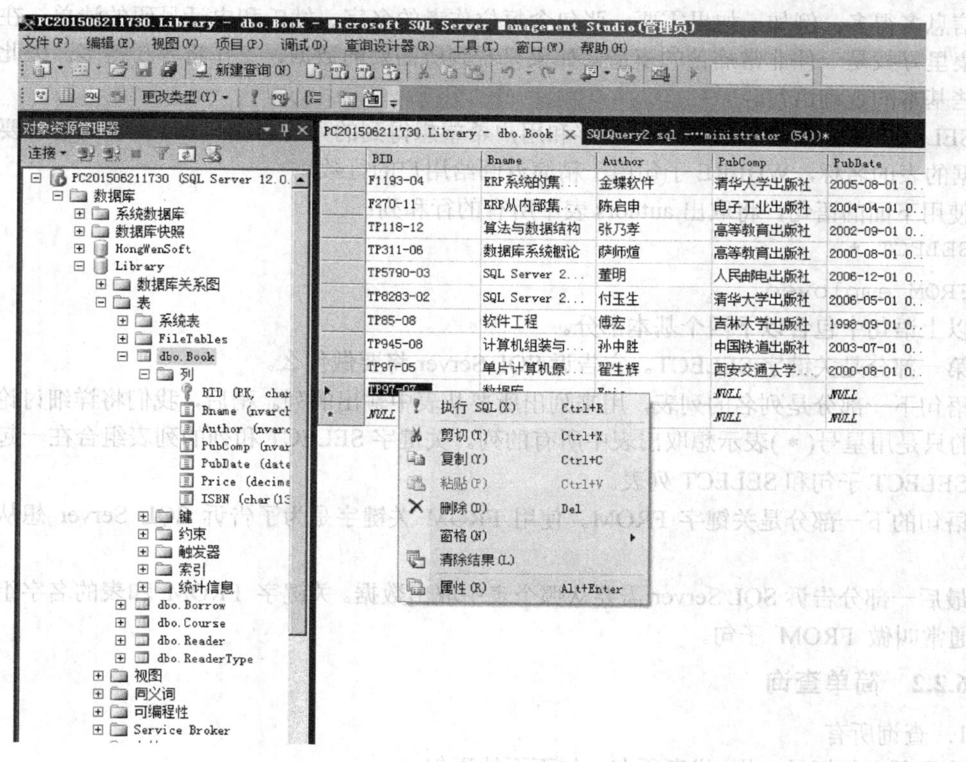

图 6.3　删除 1 行记录

T-SQL 语言提供了 DELETE 语句，用来从表或视图中删除一行或多行记录。其语句的部分语法如下：

```
DELETE [FROM] { table_name | view_name }
WHERE  search_conditions
```

与UPDATE语句一样，若忽略WHERE子句，将删除表中所有的行。

下面示例显示如何从Book表中删除书名为“数据库”的记录：

```
DELETE  From Book
WHERE   Bname='数据库'
```

使用DELETE时，从一个表中删除某行记录，必须不违背数据库中的任何约束，否则SQL Server将拒绝执行该操作。

6.2 数据的查询

作为数据库日常操作的一部分，常常需要从数据库中获取数据。大多数时候使用应用程序来访问数据库中的数据，也可以使用T-SQL语言中的SELECT语句查询数据。

6.2.1 SELECT 查询语句

SELECT 语句是从数据库的表中访问和提取数据的一种工具。它是最强有力的查询工具之一，而且它有比SQL中其他语句多得多的可用选项。SELECT语句可以从表中取出所有的行和列，或者两者任一个的子集。最基本的SELECT语句是从表中取出所有的行和列。

如果仅仅使用基本的查询语句，将返回大量的信息。在非常大的表中，这样要比所需分类取出的信息多得多。例如，如果需要一张包含每位作者的名字、姓氏和电话号码的清单，在以上的结果集里寻找是一件非常痛苦的事情。如果只看到所需要的数据，工作将容易得多。因此必须掌握一些基本的查询语句。

SELECT子句包含SELECT关键字和用户希望想得到的列的名称。FROM子句包含要从中提取数据的表的名称，WHERE子句用于精简返回给用户的行数。

使用下面的语句，将取出authors表中所有的行和列：

```
SELECT *
FROM employee
```

以上语句中包含以下四个基本部分。

第一部分是关键字SELECT。它告诉SQL Server将要做什么。

语句下一部分是列名的列表，用来列出所要从表中输出的列。稍后，我们将详细讨论。这里所做的只是用星号(*)表示想取出表中所有的列。关键字SELECT和列的列表组合在一起，有时称为SELECT子句和SELECT列表。

语句的下一部分是关键字 FROM。使用 FROM 关键字是为了告诉 SQL Server 想从哪里取出列。

最后一部分告诉SQL Server需要从哪个表中取出数据。关键字 FROM 和表的名字组合在一起，通常叫做 FROM 子句。

6.2.2 简单查询

1．查询所有

选择所有的记录，用*代表所有，如下面的语句：

```
SELECT *
FROM  Book
```

2．选择部分列

如果只选择部分列，需要列出希望选择的列的名称；如果只需要去查询Book表中名为“Bid”、“Bname”和“Author”的列，用下面的语句：

```
SELECT 'BID', 'Bname', 'Author'
FROM  Book
```

6.2.3　条件查询

通常也会需要在表中查找感兴趣的特定记录，这时需要向 SELECT 语句中加入另一个关键字，它就是 WHERE 关键字。一般当需要从表中选取行的一个子集时，可用行中的一个值与另一个已知的值相比较。以下语句实现只返回书名（Bname）是“ 数据库系统概论”的记录。

```
SELECT *
FROM  Book
where Bname='数据库系统概论'
```

WHERE 子句如果配合逻辑表达式，则可以实现更为复杂的条件检索，获得更为精确的数据。

使用 LIKE 关键字和通配符与字符串联合使用，将允许按某种式样将列连成一串，或允许使用通配符搜索方式来模糊查询所需要的数据。当使用 L I K E 关键字搜索时，任何所要查找的指定字符都必须准确匹配，但通配符字符可以是任意的。

表 6.1 列出了 SQL Server 所支持的通配符。

表 6.1　通配符

字符	描　述	例　子
%	匹配从 0 到任意长度的任何字符串	WHERE au_lname LIKE‘M%’子句，将从表中提取作者姓氏以字符 M 开头的那些行
_	匹配任意单个字	WHERE au_fname LIKE‘_ean’子句，将从表中提取作者名字以 ean 三字母结尾的那些行，如 Dean、Sean 和 Jean
[]	匹配指定范围内的全部字符或一个字符	WHERE phone LIKE‘[0-9] 19%’子句，将提取作者电话号码以数字 019、119、219 等开头的行
[^]	匹配任何指定范围以外的字符或字符	WHERE au_fname LIKE ‘[^ABER]%’子句，将提取的作者名字不以字符 ABE 或 R 开头的那些行

下面语句将从 book 表中查找出书名以“数据库”开头的记录，如图 6.4 所示。

```
SELECT *
FROM  Book
where Bname like 'ERP%'
```

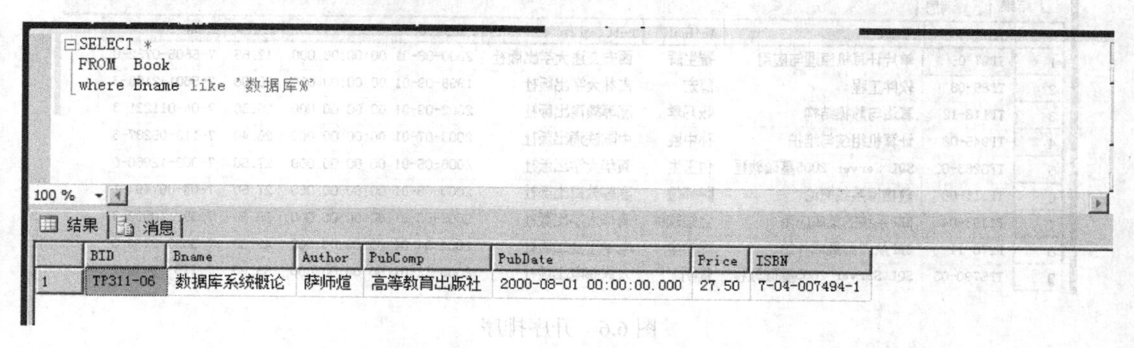

图 6.4　使用带通配符的 LIKE 关键字查询结果（1）

下面语句将从 book 表中查找出所有书名包括“数据库”的记录，如图 6.5 所示。

```
SELECT *
FROM  Book
```

```
where Bname='数据库系统概论'
```

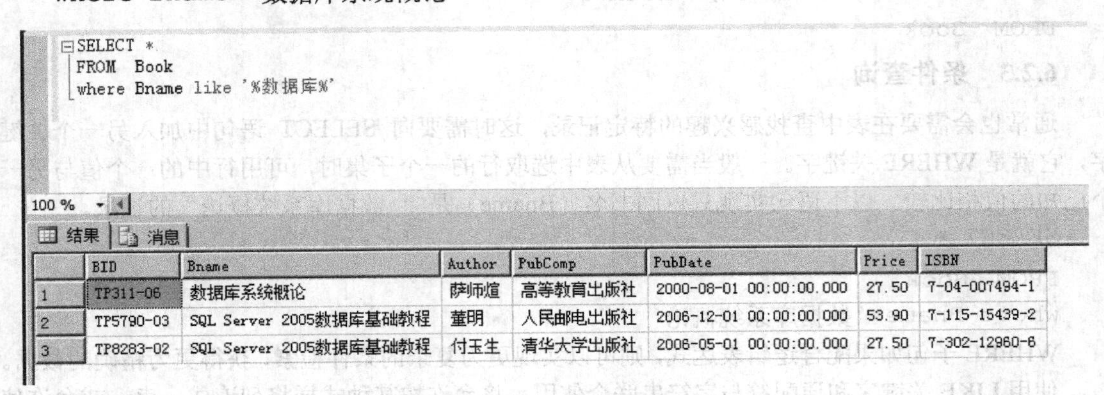

```
SELECT *
FROM Book
where Bname like '%数据库%'
```

	BID	Bname	Author	PubComp	PubDate	Price	ISBN
1	TP311-06	数据库系统概论	萨师煊	高等教育出版社	2000-08-01 00:00:00.000	27.50	7-04-007494-1
2	TP5790-03	SQL Server 2005数据库基础教程	董明	人民邮电出版社	2006-12-01 00:00:00.000	53.90	7-115-15439-2
3	TP8283-02	SQL Server 2005数据库基础教程	付玉生	清华大学出版社	2006-05-01 00:00:00.000	27.50	7-302-12960-6

图 6.5 使用带通配符的 LIKE 关键字查询结果（2）

6.2.4 排序子句

ORDER BY 语句用于根据指定的列对结果集进行排序，使用关键字 ORDER BY，需要指明按照哪个列或列别名中的数据进行排序。在查询语句中，关键字 ORDER BY 需要排序的列，以及升降序说明都放在 FROM 子句后面，称为 ORDER BY 子句。假如要对同样的信息用降序方式排列，只需将 ASC 换成 DESC。如果在句子中既不加入 ASC，也不加入 DESC，SQL Server 将自动把结果按升序排列。以下语句实现按“Price” 升序排序，如图 6.6 所示。

```
select *
from Book
order by Price
```

```
SELECT *
FROM Book
order by Price
```

	BID	Bname	Author	PubComp	PubDate	Price	ISBN
1	TP97-05	单片计算机原理与应用	翟生辉	西安交通大学出版社	2000-08-01 00:00:00.000	12.65	7-5605-0732-8
2	TP85-08	软件工程	傅宏	吉林大学出版社	1998-09-01 00:00:00.000	20.90	7-5601-2168-3
3	TP118-12	算法与数据结构	张乃孝	高等教育出版社	2002-09-01 00:00:00.000	25.30	7-04-011221-3
4	TP945-08	计算机组装与维护	孙中胜	中国铁道出版社	2003-07-01 00:00:00.000	26.40	7-113-05287-8
5	TP8283-02	SQL Server 2005基础教程	付玉生	清华大学出版社	2006-05-01 00:00:00.000	27.50	7-302-12960-6
6	TP311-06	数据库系统概论	萨师煊	高等教育出版社	2000-08-01 00:00:00.000	27.50	7-04-007494-1
7	F1193-04	ERP系统的集成应用	金蝶软件	清华大学出版社	2005-08-01 00:00:00.000	38.50	7-302-10992-3
8	F270-11	ERP从内部集成开始	陈启申	电子工业出版社	2004-04-01 00:00:00.000	49.50	7-5053-9734-6
9	TP5790-03	SQL Server 2005基础教程	董明	人民邮电出版社	2006-12-01 00:00:00.000	53.90	7-115-15439-2

图 6.6 升序排序

以下语句实现按“Price” 降序排序，如图 6.7 所示。

```
select *
from Book
order by Price desc
```

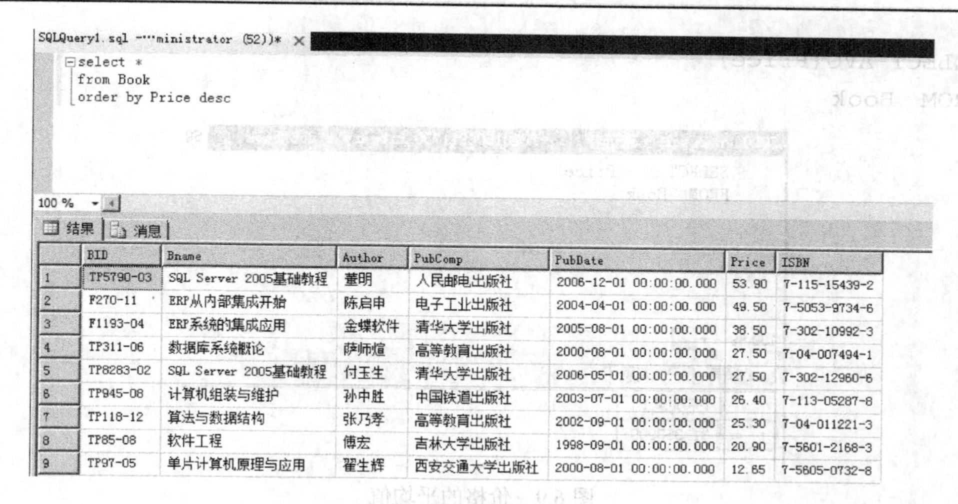

	BID	Bname	Author	PubComp	PubDate	Price	ISBN
1	TP5790-03	SQL Server 2005基础教程	董明	人民邮电出版社	2006-12-01 00:00:00.000	53.90	7-115-15439-2
2	F270-11	ERP从内部集成开始	陈启申	电子工业出版社	2004-04-01 00:00:00.000	49.50	7-5053-9734-6
3	F1193-04	ERP系统的集成应用	金蝶软件	清华大学出版社	2005-08-01 00:00:00.000	38.50	7-302-10992-3
4	TP311-06	数据库系统概论	萨师煊	高等教育出版社	2000-08-01 00:00:00.000	27.50	7-04-007494-1
5	TP8283-02	SQL Server 2005基础教程	付玉生	清华大学出版社	2006-05-01 00:00:00.000	27.50	7-302-12960-6
6	TP945-08	计算机组装与维护	孙中胜	中国铁道出版社	2003-07-01 00:00:00.000	26.40	7-113-05287-8
7	TP118-12	算法与数据结构	张乃孝	高等教育出版社	2002-09-01 00:00:00.000	25.30	7-04-011221-3
8	TP85-08	软件工程	傅宏	吉林大学出版社	1998-09-01 00:00:00.000	20.90	7-5601-2168-3
9	TP97-05	单片计算机原理与应用	翟生辉	西安交通大学出版社	2000-08-01 00:00:00.000	12.65	7-5605-0732-8

图 6.7　降序排序

6.2.5　使用聚合函数查询

聚合函数用来完成一组值的计算，并且有一个返回值。大部分情况下，所有这些函数都忽略传递给它们的空值。这个规则的特例是 COUNT ( )函数。聚合函数有时用 GROUP BY 子句进行分组查询，使用聚合函数时应遵循一些规则，常用的聚合函数使用规则见表 6.2。

表 6.2　常用的聚合函数使用规则

函　　数	描　　述
COUNT	COUNT 函数用来返回一组值的个数。通常情况下，这个函数用来统计一个表中的行数，空值也被计算在内。它像 AV G 函数一样，也可以有两种选择：ALL 和 DISTINCT。若选择 ALL， SQL Serve 统计所有的值。若选择 DISTINCT，SQL Server 仅统计不相同的值 该函数的语法是 COUNT(ALL DISTINCT 表达式*)。这个表达式通常是一个列，若指明*，SQL Server 将统计表中所有行。*参数不能和 ALL 关键字一起用
AVG	AVG 函数用来返回一组值的平均值。在这组值中，所有的空值是被忽略不计的。使用该聚合函数有两个选项：ALL 和 DISTINCT。当选用 ALL 时，SQL Server 将把所有的数据聚合而成为平均值。ALL 是缺省值。如果使用 DISTIN C T 关键字， SQL Server 仅把不相同的值平均，而无论这个值在表中出现多少次。该函数的语法是 AVG(ALL DISTINCT 表达式)
MAX	MAX 函数用来在列的一组值中找出最大值。这个函数的语法是 MAX (表达式)，表达式是需要找最大值的列的名称
MIN	MIN 函数用来在列的一组值中找出最小值。这个函数的语法是 MIN (表达式)，表达式是需要找最小值的列的名称
SUM	SUM 函数用来返回一组值的总和。SUM 函数只能用来对数值进行计算，而且忽略不计所有的空值。对该函数有两种选择：ALL 和 DISTINCT。若选择 ALL，SQL Serve 将对表中的所有值求和。若选择 DISTINCT，ALL 是缺省值，SQL Server 只对不同的值求和

1．COUNT 函数

以下语句用 COUNT 实现求总记录数，如图 6.8 所示。

```
SELECT COUNT (*)
FROM Book
```

图 6.8　求总记录数

2．AVG 函数

以下语句用 AVG 实现求“Price”的平均值，如图 6.9 所示。

```
SELECT AVG(Price)
FROM  Book
```

SQLQuery2.sql - 未连接　PC201506211730.Library - dbo.Book

```
SELECT AVG(Price)
FROM  Book
```

100 %

结果　消息

	(无列名)
1	31.350000

图 6.9　价格的平均值

3．MAX 函数

以下语句用 MAX 实现求“Price”的最大值，如图 6.10 所示。

```
SELECT MAX (Price)
FROM  Book
```

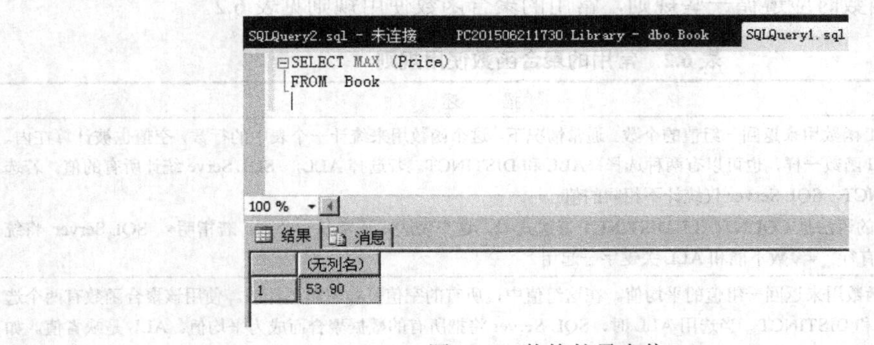

图 6.10　价格的最大值

4．MIN 函数

以下语句用 MIN 实现求“Price”的最小值，如图 6.11 所示。

```
SELECT MIN (Price)
FROM  Book
```

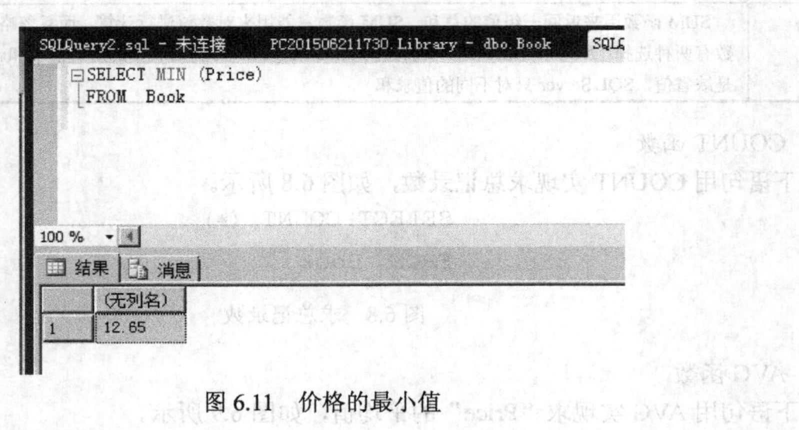

图 6.11　价格的最小值

5．SUM 函数

以下语句用 SUM 实现求“Price”的总值，如图 6.12 所示。

```
SELECT SUM (Price)
FROM  Book
```

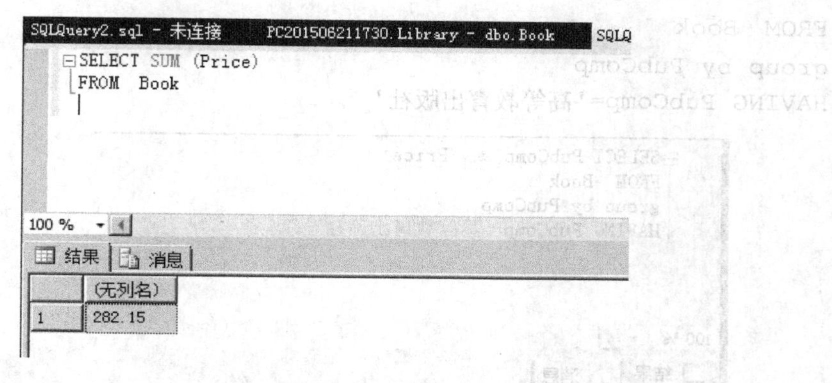

图 6.12　价格的总值

6.2.6　汇总查询

在初步了解聚合函数的用法之后，下面将结合使用 GROUP BY 和 HAVING 子句，学习如何产生更有意义的数据。

GROUP 和 HAVING 子句用于汇总查询。GROUP BY 用来指定分组，这些组按照需要对输出的行进行划分编排。当进行任何聚合操作时，该子句都将对组进行汇总计算。

1．GROUP

在 book 表中，如果想知道按出版社分类，统计每一个出版社出版书籍的总价格之和，可以通过执行如下语句查询来实现，如图 6.13 所示。

```
SELECT PubComp,sum(Price)
FROM  Book
group by PubComp
```

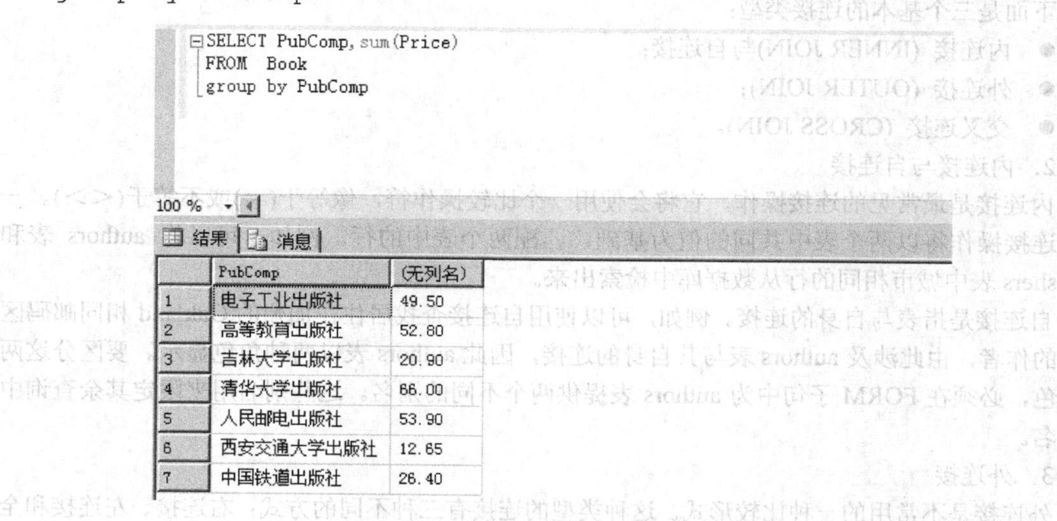

	PubComp	(无列名)
1	电子工业出版社	49.50
2	高等教育出版社	52.80
3	吉林大学出版社	20.90
4	清华大学出版社	66.00
5	人民邮电出版社	53.90
6	西安交通大学出版社	12.65
7	中国铁道出版社	26.40

图 6.13　使用 GROUP BY 关键字的查询结果（1）

2. HAVING

在 book 表中，如果想知道按出版社分类，统计“高等教育出版社”出版书籍的总价格之和，可以通过执行如下语句查询来实现，如图 6.14 所示。

```
SELECT PubComp,sum(Price)
FROM  Book
group by PubComp
HAVING PubComp='高等教育出版社'
```

```
SELECT PubComp, sum(Price)
FROM  Book
group by PubComp
HAVING PubComp='高等教育出版社'
```

100 %

结果　消息

	PubComp	(无列名)
1	高等教育出版社	52.80

图 6.14　使用 GROUP BY 关键字的查询结果（2）

6.2.7　连接查询

到此为止，在所有已经看到的语句和查询中，都仅仅提到了从一个表中一次性获取数据，但在实际数据库应用中，对完全标准化的表，这几乎是不可能的。如果想要从多个表中获得数据，就要进行连接查询。

1．连接

只要参与连接的表之间有一些逻辑关联存在， SQL Server 就可以通过使用连接，从多个表产生关联并返回数据。连接可以在 SELECT 语句中的 FORM 子句或 WHERE 子句中被指定。实践中，最好让连接保留在 FORM 子句里，因为这是 SQL 标准指定的。

下面是三个基本的连接类型：

- 内连接 (INNER JOIN)与自连接；
- 外连接 (OUTER JOIN)；
- 交叉连接 (CROSS JOIN)。

2．内连接与自连接

内连接是最常见的连接操作，它将会使用一个比较操作符，像等于(=)或不等于(<>)。一个内连接操作将以两个表中共同的值为基础，匹配两个表中的行。例如，可以将 authors 表和 publishers 表中城市相同的行从数据库中检索出来。

自连接是指表与自身的连接。例如，可以使用自连接查找居住在加州的 Oakland 相同邮码区域中的作者，由此涉及 authors 表与其自身的连接，因此 authors 表以两种角色显示。要区分这两个角色，必须在 FORM 子句中为 authors 表提供两个不同的别名。这些别名用来限定其余查询中的列名。

3．外连接

外连接是不常用的一种比较形式。这种类型的连接有三种不同的方式：右连接、左连接和全连接。

（1）左连接(LEFT JOIN)。将从连接左边的表中检索所有的行，而不仅仅是那些匹配的行。如果左边表中的行在右边表中没有相匹配行，检索的结果中对应右边表的列将包含空值。这种连接可用于返回一张图书馆中所有书的清单。如果这本书被清点过，清点这本书的人的姓名将出现在右边列中；否则，该字段为空值。

（2）右连接(RIGHT JOIN)。将检索右边表中所有行和左边表中与右边表相匹配的行。如果在左边没有与右边相匹配的行，则在该位置返回一个空值。

（3）全连接。将不管另一边的表是否有匹配行，都将检索出两表中所有的行。

4．交叉连接

交叉连接是返回左表所有行，并匹配上右表所有行的一种特殊的连接类型。如果左右两表各有 10 行，SQL Server 将返回 1 0 0 行。交叉连接的结果也被当作是一种笛卡尔乘积。

6.2.8　子查询

当一个查询是另一个查询的条件时，称之为子查询。子查询可以使用几个简单命令，构造功能强大的复合命令。子查询最常用于 SELECT-SQL 命令的 WHERE 子句中。子查询是一个 SELECT 语句，它嵌套在一个 SELECT、SELECT...INTO 语句、INSERT...INTO 语句、DELETE 语句或 UPDATE 语句，或嵌套在另一子查询中，如图 6.15 所示。子查询是一种常用计算机语言 SELECT-SQL 语言中，嵌套查询下层的程序模块。当一个查询是另一个查询的条件时，称之为子查询。

```
select ename,deptno,sal
   from emp
   where deptno=(select deptno from dept where loc='NEW YORK')
```

```
SELECT PubComp, sum(Price)
FROM  Book
group by PubComp
HAVING PubComp='高等教育出版社'
```

100 %　结果　消息

	PubComp	(无列名)
1	高等教育出版社	52.80

图 6.15　子查询

6.2.9　查询结果的合并

UNION 指令的目的是将两个 SQL 语句的结果合并起来。从这个角度来看，我们会产生这样的感觉，UNION 跟 JOIN 似乎有些许类似，因为这两个指令都可以由多个表格中撷取资料。UNION 的一个限制是两个 SQL 语句所产生的栏位，需要同样的资料种类。另外，当用 UNION 这个指令时，只会看到不同的资料值 (类似 SELECT DISTINCT)。UNION 只是将两个结果连接起来一起显示，并不是连接两个表。

6.2.10　查询结果的存储

通过 INSERT…SELECT 语句，可以把其他数据源的行添加到现有的表中。使用 INSERT…SELECT 语句，比使用多个单行的 INSERT 语句效率要高得多，相应地，使用前所需做的检查工作也比较严格：所有满足 SELECT 语句的来自数据源的行，都必须能满足目标表中的约束，以及目标表中各列相对应的数据类型。该语句的语法如下：

```
INSERT table_name
SELECT column_list
FROM   table_list
WHERE search_conditions
```

下面将向 HongWenSoft 数据库中的 employee 表中添加一行记录。从 employee 表的表属性窗体中可以看出，该表有“employeeID”、“name”和“Phone”三个列，如图 6.16 所示。其中，“employeeID”列被设为标识值列，“Phone”列中允许空值，对于这两种类型的列（以及设置了默认值的列），可以不提供数据输入。

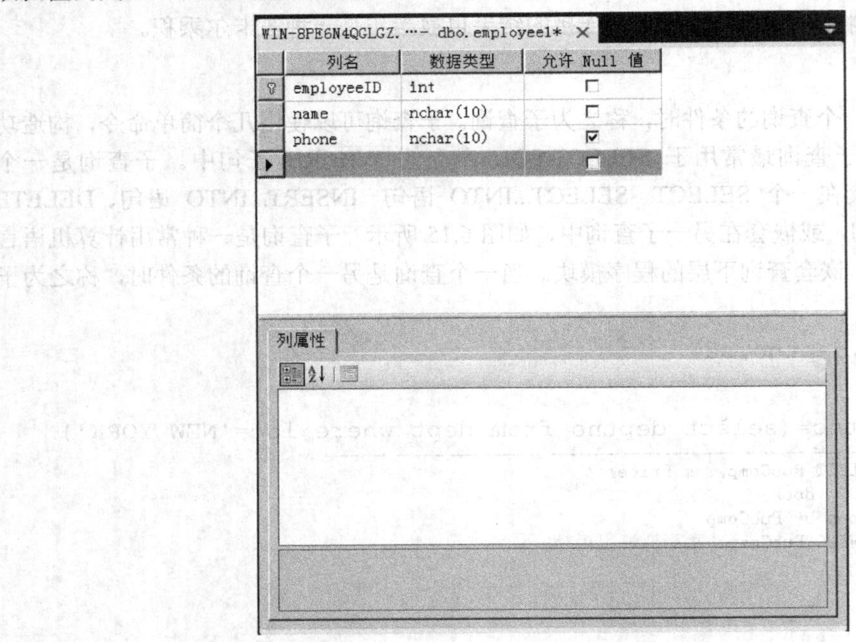

图 6.16　employee 表属性

本章小结

数据管理技术在应用 DBMS 进行数据库管理，以及各种数据库相关软件开发中，都有着非常重要的作用。在管理平台中对数据可视化的操作，以及熟练运用 T-SQL 语句，按指定条件完成插入、更新，以及删除数据的操作，是软件开发人员最常运用到的技术，也是后续 SQL Server 数据库设计技术的基础。

数据查询技术是 DBMS 中非常重要的技术之一，需要掌握编写各种查询语句，以实现从表中查询数据，实现简单查询、模糊查询、分组查询以及连接查询。同时，还需要理解分组查询的技术原理、连接，以及综合应用查询语句。在实际开发中，熟练运用各种查询子句，可以完成指定条件下对数据的操作。

习题 6

6-1　如果在 INSERT 语句中列出了 6 个列，则必须提供几个值？

6-2　如果向一个没有缺省值，而且也不允许空值的列中插入一个空值，结果会怎样？
6-3　UPDATE 语句的作用是什么？DELETE 语句的作用是什么？
6-4　使用 DELETE 语句能一次删除多个行吗？
6-5　使用什么样的语句能提取表中的数据？
6-6　SELECT 语句的哪一部分可以告诉 SQL Server 要从何处提取数据？
6-7　怎样才能限制从 SQL Server 中返回的行数？
6-8　怎样才能改变由 SELECT 语句返回的行的排序？

实训 6　数据的管理和查询

1．目标

完成本实验后，将掌握以下内容。

（1）使用 INSERT、UPDATE 和 DELETE 语句修改数据库表中的数据。

（2）SQL Server 与其他数据之间的数据转换。

（3）运用 T-SQL 语句完成查询数据操作，以及运用分组、连接技术。

（4）SQL Server 数据管理综合技术的运用。

2．准备工作

在进行本实验前，必须具备以下条件：掌握本章内容；完成本书第 5 章实训部分内容。

实验预估时间：60 分钟。

练习 1　管理和修改数据。

（1）使用 INSERT 语句。本练习要求使用 T-SQL 语句，INSERT 语句，为 HongWenSoft 数据库中的 Employee 表、Department 表，各添加 3 行数据记录。记录中各数据的值如表 6.3 和表 6.4 所示。

表 6.3　插入 Employee 表中的记录

列　名	数据值（1）	数据值（2）	数据值（3）
Name	Nancy Davolio	Andrew Fuller	Michael Ameida
LoginName	nancy	andrew	michael
Email	nancy@hotmail.com	andrew@163.com	michael@yahoo.com
DeptID	1	NULL	2
BasicSalary	1500	2500	3000
Telephone	NULL	85930028	NULL
OnboardDate	2000-8-1	1998-3-9	1999-5-3

表 6.4　插入 Department 表中的记录

列　名	数据值（1）	数据值（2）	数据值（3）
DeptName	Sales	Products	Suppliers
ManagerID	1	2	3

提示：插入的行记录中没有给出的列的数据，可由 DEFAULT 关键字给出。插入数据时应注意表与表之间的关系，不能违反任何的约束。如有必要，可将相关的表中插入合适的记录。

数据插入完后，查看操作是否更改成功。

（2）使用 UPDATE 语句。本练习要求使用 T-SQL 语句、UPDATE 语句，更改上一步骤 Employee 表中部分的行记录数据。将 Michael Ameida 的登录密码改为“ameida123”，Nancy Davolio

的电话改为“8423971”，基本工资改为“1800”元。

数据修改完后，查看操作是否更改成功。

（3）使用 DELETE 语句。本练习要求使用 T-SQL 语句、DELETE 语句，删除第一步中 Department 表的第 3 行记录。

数据删除完成后，查看操作是否更改成功。

思考：能否删除第 2 条记录？为什么？动手试一试。

练习 2 根据要求完成各种数据查询功能。

（1）通过内连接表 Department 和 Employee，得到“经理”的所有基本信息。

得到结果集应包含列：部门名称、经理姓名、经理电话号码、Email。

（2）通过内连接表 Salary 和 Employee，左外连接表 Department，得到员工工资的详细信息。

练习 3 填充数据库表达到指定要求，对形成的数据进行更新，形成新的结果。

（1）使用 SELECT INTO 语句，创建一个和 Employee 表一样的新的空表“tblEmployee”。

（2）将在过去 1 年中，加班时间超过 30 天，休假时间少于 5 天的所有员工的基本工资上调 10%。

第 7 章　索引和视图

【内容提要】本章主要讲解数据库系统中索引的工作原理、索引的创建和管理方法以及数据库系统中的视图，如何创建和管理视图，并应用视图对数据进行操作。通过本章学习，读者应该掌握以下内容：了解各种索引、理解索引的工作原理、掌握创建索引、管理索引及应用索引来提高数据的查询速度；同时了解视图、掌握创建视图、管理视图及应用视图操作数据。

7.1　索引

7.1.1　索引的概述

如果有一本几百页的书，其中有大量的章节，但是没有目录，想找到书中的某一小节，可能需要翻页依次浏览每一页，直至找到为止。对于 SQL Server 数据表也是这样，如果没有恰当的索引，SQL Server 就必须耗时、费力地扫描包含表中数据的所有数据页。

索引提供了一种基于一列或多列的值，对表的数据进行快速检索的方法。索引可以根据指定的列提供表中数据的逻辑顺序，并以此提高检索速度。

索引是对数据库表中一个或多个列的值进行排序的结构。与书的索引可以快速找到需要的内容一样，数据库中的索引可以快速找到表或索引视图中的特定信息。索引包含从表或视图中一个或多个列生成的键，以及映射到指定数据的存储位置的指针。通过创建设计良好的索引，可以显著提高数据库查询和数据库应用程序的性能。

索引提供指针以指向存储在表中指定列的数据值，然后根据指定的次序排列这些指针。数据库中的索引与书籍中的目录相似，对于书而言，可以利用目录快速查找和定位所需内容的位置，在数据库中，索引无须对整个表的数据进行扫描，就可以根据指定的要求快速找到所需的数据。数据库使用索引的方式与使用书的目录很相似：通过搜索索引找到特定的值，然后跟随指针到达包含该值的行。

索引并不是必需的，索引是为了加速检索而创建的一种存储结构，使用索引的主要优点，就是可以大幅度提高对数据库表中数据的查询速度。每个索引在一个表的数据页面以外建立索引页面，在索引页面中的行包含了对应表中数据行的逻辑指针，通过该指针可以直接检索到数据行，以此建立了对物理数据的检索。

当数据的操作需要先对数据进行检索时，使用索引能提高执行速度，如数据的查询，以及对于具有主键约束的表进行插入数据行的操作等。

索引有时也可能导致数据库在进行添加、删除和更新行操作的速度降低，因为使用索引后，进行添加、删除和更新行操作时，要对索引也将进行相应的操作。同时，索引将占用磁盘空间。但是，在多数情况下，索引所带来的数据检索速度的优势大大超过它的不足之处。

合理地规划和使用索引，能较大程度地提高数据操作的速度，但对索引的不当使用却可能降低数据操作的速度。所以，使用索引的原则是：通常情况下，只有当经常查询索引列中的数据时，才需要在表上创建索引。如果应用程序非常频繁地更新数据，或磁盘空间有限，那么最好限制索引的数量。

7.1.2　索引的类型

相比之前的 SQL Server 2012，SQL Server 2014 中虽然核心的索引功能没有改变，但也对其做了一些改进，如为列存储索引引入了两个新功能：聚集列存储索引功能和更新现有聚集列存储索引功能，如 SQL Server 2014 中能够在 SHOWPLAN 查询计划中显示列存储索引；此外，其联机索引也做出了重大改进，现在可以重构单个分区了。

在 SQL Server 2014 中可以创建多种类型的索引，主要有以下的分类。

1．聚集索引和非聚集索引

依据索引的顺序和数据库的物理存储顺序是否相同，可以将索引分为聚集索引(Clustered Index)和非聚集索引(Non-clustered Index)。

聚集索引和非聚集索引都是使用 B-树的结构来建立的（B-树的相关内容请参见数据结构相应资料），而且都包括索引页和数据页，其中索引页用来存放索引和指引下一层的指针，数据页用来存放记录。聚集索引有更快的数据访问速度。

聚集索引的 B-树是由下而上构建的，一个数据页(索引页的叶节点)包含一条记录，再由多个数据页生成一个中间节点的索引页，接着由数个中间节点的索引页合成更上层的索引页，组合后会生成最顶层的根节点的索引页。

聚集索引确定表中数据的物理顺序，创建聚集索引后，数据将对指定被索引的列进行排序，一个表中只能包含一个聚集索引。聚集索引实际上是和被索引的数据保存在一起，就像汉语字典的正文本身也就是一个聚集索引一样，汉语字典是按汉字拼音排列数据。由于聚集索引规定数据在表中的物理存储顺序，因此一个表只能包含一个聚集索引，但这个聚集索引可以包含多个列。

例如，某数据库中 BaseDictionary 表中的记录没有进行排序，则可以通过创建聚集索引来实现排序。图 7.1 为未创建聚集索引时的 BaseDictionary 表中数据排列，图 7.2 为对 DictValue 列创建聚集索引后，BaseDictionary 表中数据的排列结果，该表自动实现了对 DictValue 列的排序。

	DictId	DictType	DictItem	DictValue	IsEditable
▶	4	客户等级	普通客户	1	False
	6	客户等级	大客户	3	False
	8	客户等级	战略合作伙伴	5	False
	14	客户等级	重点开发客户	2	False
	15	客户等级	合作伙伴	4	False
*	NULL	NULL	NULL	NULL	NULL

图 7.1　未创建聚集索引时的 BaseDictionary 表

	DictId	DictType	DictItem	DictValue	IsEditable
▶	4	客户等级	普通客户	1	False
	14	客户等级	重点开发客户	2	False
	6	客户等级	大客户	3	False
	15	客户等级	合作伙伴	4	False
	8	客户等级	战略合作伙伴	5	False
*	NULL	NULL	NULL	NULL	NULL

图 7.2　创建完聚集索引后的 BaseDictionary 表

聚集索引对于经常需要搜索范围值的列特别有效。使用聚集索引找到包含第一个值的行后，便可以确定包含后续索引值的行在物理上相邻。例如，某个表有一个时间列，把聚合索引建立在了该列，这时查询 2015 年 1 月 1 日至 2015 年 9 月 1 日之间的全部数据时，这个速度就将是很快的，因为这本字典正文是按日期进行排序的，聚类索引只需要找到要检索的所有数据中的开头和结尾数据即可；而不像非聚集索引，必须先到目录中查到每一项数据对应的页码，然后再根据页码查到具体内容。同样，如果对从表中检索的数据进行排序时经常要用到某一列，则可以将该表在该列上聚集（物理排序），避免每次查询该列时都进行排序。

在创建聚集索引之前，应该先了解数据是如何被访问的。这可考虑将聚集索引用于以下几种情况。

（1）包含数量有限的唯一值的列。

（2）使用下列运算符返回一个范围值的查询：BETWEEN、>、>=、<和<=。

（3）被连续访问的列。

（4）经常被使用连接或 GROUP BY 子句的查询访问的列。一般来说，这些是外键列。对 ORDER BY 或 GROUP BY 子句中指定的列进行索引，可以使数据库不必对数据进行排序，因为这些行已经排序。这样可以提高查询性能。

（5）返回大结果集的查询。

对于频繁增加或删除数据的列，则不适合创建聚集索引。SQL Server 默认对于表中的主键自动创建聚集索引。

非聚集索引指定表的逻辑顺序，一个表中可以包含多个非聚集索引。非聚集索引类似于书籍的目录，索引中的项按照索引键值的顺序单独存储，表中的信息保持其自身的顺序不变，存储在另一个位置，索引中包含指向数据存储位置的指针，而书籍中的目录则仅记录指定章节的页码。如果没有为表创建聚集索引，则表中行的排列并没有特定的顺序。在非聚集索引中，表中各行的物理顺序与键值的逻辑顺序不匹配。图 7.3 显示了非聚集索引如何存储索引值，并指向表中包含信息的数据行。

	DictId	DictType	DictItem	DictValue	IsEditable
▶	3	客户等级	普通客户	1	False
	6	客户等级	大客户	3	False
	8	客户等级	战略合作伙伴	5	False
	14	客户等级	重点开发客户	2	False
	15	客户等级	合作伙伴	4	False
*	NULL	NULL	NULL	NULL	NULL

图 7.3　非聚集索引

与使用书籍中目录的方式相似，数据库在搜索数据值时，先对非聚集索引进行搜索，找到数据值在表中的位置，然后从该位置直接检索数据。

在创建非聚集索引之前，同样需要了解数据是如何被访问的。这可考虑将非聚集索引用于下面的情况。

（1）包含大量非重复值的列，如姓氏和名字的组合（如果聚集索引用于其他列）。如果只有很少的非重复值，如只有 1 和 0，则大多数查询将不使用索引，因为此时表扫描通常更有效。

（2）不返回大型结果集的查询。

（3）返回精确匹配的查询的搜索条件（WHERE 子句）中经常使用的列。

（4）经常需要连接和分组的决策支持系统应用程序。应在连接和分组操作中使用的列上，创建多个非聚集索引，在任何外键列上创建一个聚集索引。

（5）在特定的查询中覆盖一个表中的所有列。这将完全消除对表或聚集索引的访问。

2．组合索引和唯一索引

将索引创建为唯一索引或组合索引，可以增强聚集索引和非聚集索引的功能。

组合索引使用表中的不止一个列，对数据进行索引的索引。组合索引与多个单列索引相比，在数据操纵过程中所需的开销较小。

创建组合索引时应依据以下原则。

（1）当需要频繁地将两个或多个列作为一个整体进行检索时，可以创建组合索引。

（2）创建组合索引时，先列出唯一性最好的列。

（3）组合索引中列的顺序和数量的不同，都能作为不同的组合索引，并会影响查询的性能。

唯一索引（UNIQUE Index）不允许索引列中存在重复的值。当在有唯一索引的列上，增加和已有数据重复的新数据时，数据库拒绝接受此数据。

聚集索引和非聚集索引都可以是唯一的，因此，只要列中的数据是唯一的，就可以在同一个表中，创建一个唯一的聚集索引和多个唯一的非聚集索引。

创建唯一索引应注意以下事项。

（1）尽管唯一索引有助于找到信息，但为了获得最佳性能，建议使用主键约束（PRIMARY KEY）或唯一约束（UNIQUE）。

（2）只有当唯一性是数据本身的特征时，创建唯一索引才有意义；如果必须实施唯一性以保证数据的完整性，则应创建唯一约束或主键约束。

（3）在同一个列组合上创建唯一索引，而不是非唯一索引，可为查询优化器提供附加信息，所以创建索引时最好创建唯一索引。

SQL Server 2014 在创建主键约束或唯一约束时，会在表中指定的列上自动创建唯一索引，其中创建主键时自动创建的是聚集唯一索引。

3．其他类型的索引

（1）XML 索引：可以对 XML 数据类型列创建 XML 索引。它们对列中 XML 实例的所有标记、值和路径进行索引，从而提高查询性能。

（2）列存储索引：列存储索引是一种基于按列对数据进行垂直分区的索引，列存储索引对每列的数据进行分组和存储，然后连接所有列，以完成整个索引。

（3）空间索引：包括对平面空间数据类型 geometry 的支持，该数据类型支持欧几里得坐标系统中的几何数据（点、线和多边形）。geography 数据类型表示地球表面某区域上的地理对象，如一片陆地。

SQL Server 2014 中还有其他一些类型的索引，用于支持具体的开发主题，要详细了解这些索引，请阅读软件帮助中的“索引”小节。

7.1.3　创建索引

SQL Server 2014 可以直接通过 SQL Server Management Studio 创建索引，也可以通过 T-SQL 语句的 CREATE INDEX 完成索引的创建。

1．通过 SQL Server Management Studio 创建索引

通过 SQL Server Management Studio 有两种方式创建索引：一是在“索引节点”中创建，另一是在“表设计器”中创建。

（1）在“索引节点”中创建索引。在“索引节点”中创建索引的操作步骤如下。

① 打开 SQL Server Management Studio，并展开相应的服务器组、数据库 Library 和表节点，

展开要创建索引的表 Course，找到“索引”节点，在上面单击右键，在弹出菜单中，将鼠标指向“新建索引”，然后选择“聚集索引”命令，如图 7.4 所示，将打开“新建索引”窗口，如图 7.5 所示。

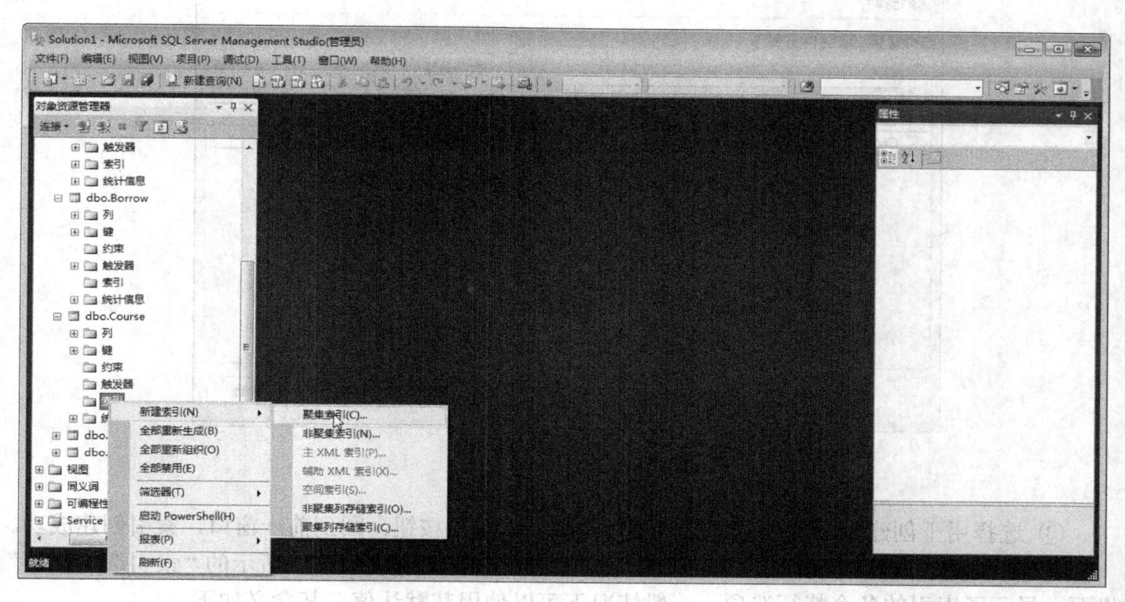

图 7.4　打开“新建索引”

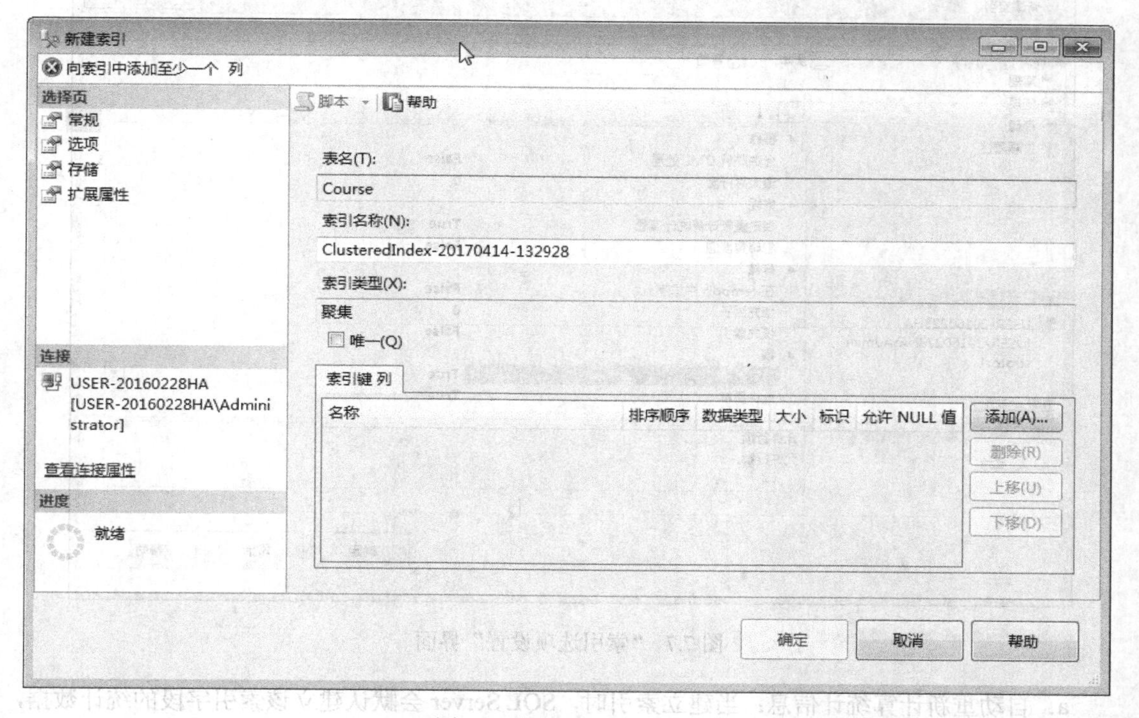

图 7.5　“新建索引”窗口

② 在“新建索引”窗口中，“索引名称”文本框中数据库已经自动生成了一个索引名，也可以进行更改。窗口中有“唯一”复选框，选中表示创建唯一索引。单击“添加”按钮，弹出如图

7.6 所示的“选择列”窗口，用来选择建立索引的列。

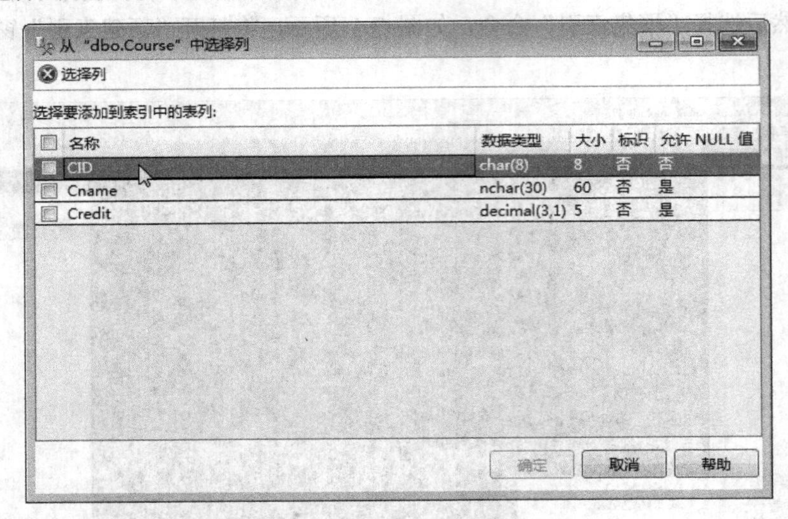

图 7.6 “选择列”窗口

③ 选择用于创建索引的列以建立索引，单击“确定”按钮，回到前一窗口，索引创建成功。

④ 在“新建索引”窗口，单击左边的“选项”选项卡，出现如图 7.7 所示的“索引选项设置”界面，显示了索引的各个特征选项，一般情况下可以使用其默认值，其含义如下。

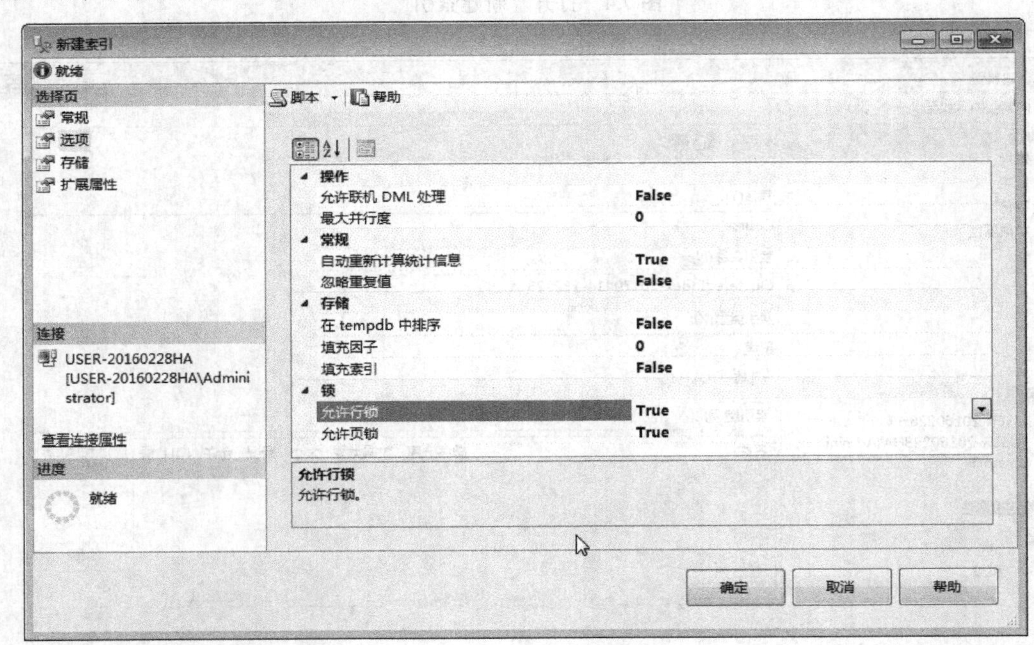

图 7.7 “索引选项设置”界面

a．自动重新计算统计信息：当建立索引时，SQL Server 会默认建立该索引字段的统计数据，以提高检索的效率。当记录改变时，原来该字段的统计数据就不是最新的，则 SQL Server 会自动重新统计。

b．忽略重复值：当“唯一值”选中时，该选项才可用。若该选项处于选中状态，表示在表中加入一个和此索引字段重复的值时，则 INSERT 语句会被执行，但是会自动取消这个新加入的记录；如果不选择该选项，加入一个和此索引字段重复的值，则 INSERT 语句将会出错。

c．填充因子：指定每个索引页的填满程度。创建索引时很少需要指定填充因子，提供该选项是用于微调性能。

d．填充索引：指定填充索引。填充索引在索引的每个内部节点上留出空格。

（2）在“表设计器”中创建索引。在“表设计器”中创建索引的操作步骤如下。

① 打开 SQL Server Management Studio，并展开相应的服务器组、数据库 Library 和表节点，展开要创建索引的表 Course，右击并在弹出菜单中选择“设计”，打开“表设计器”，在“表设计器”中右击，在弹出对话框中选择“索引/键”，如图 7.8 所示。

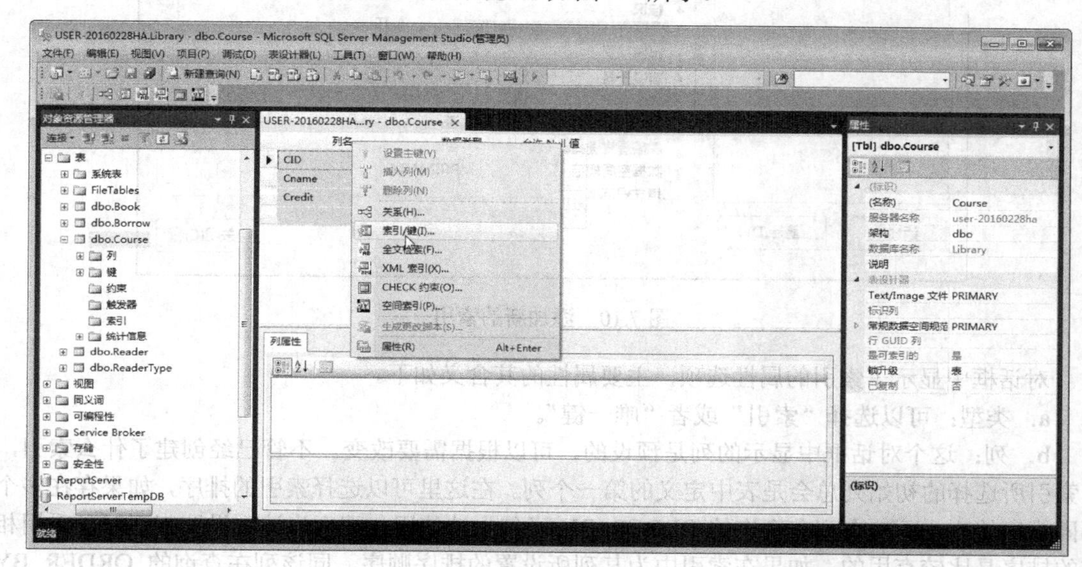

图 7.8　打开“索引/键”对话框

② 这时会显示创建索引的“索引/键”对话框，如图 7.9 所示。

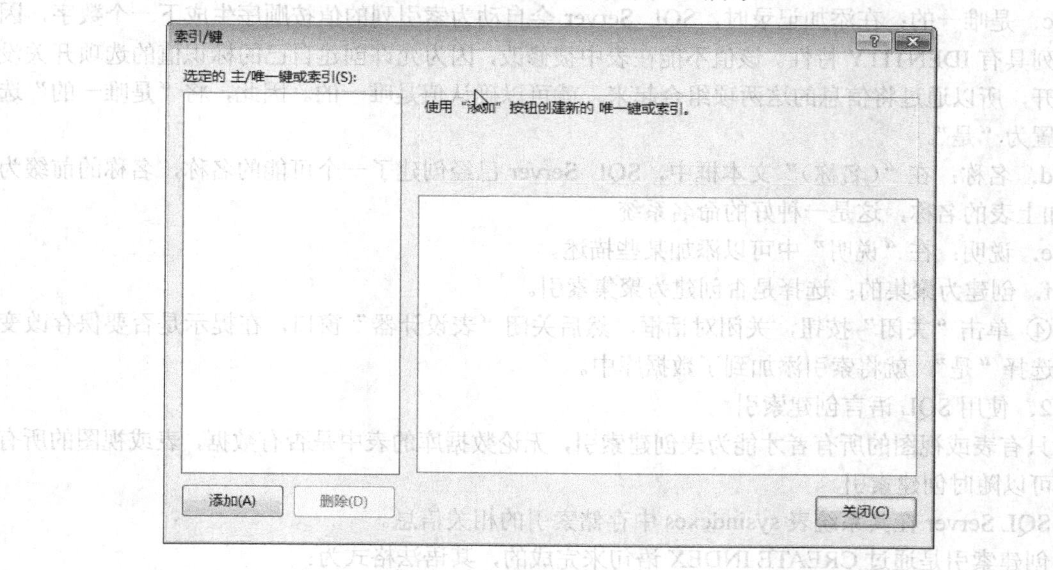

图 7.9　“索引/键”对话框

③ 单击“添加”按钮，创建新的索引并设置索引的属性，如图 7.10 所示。

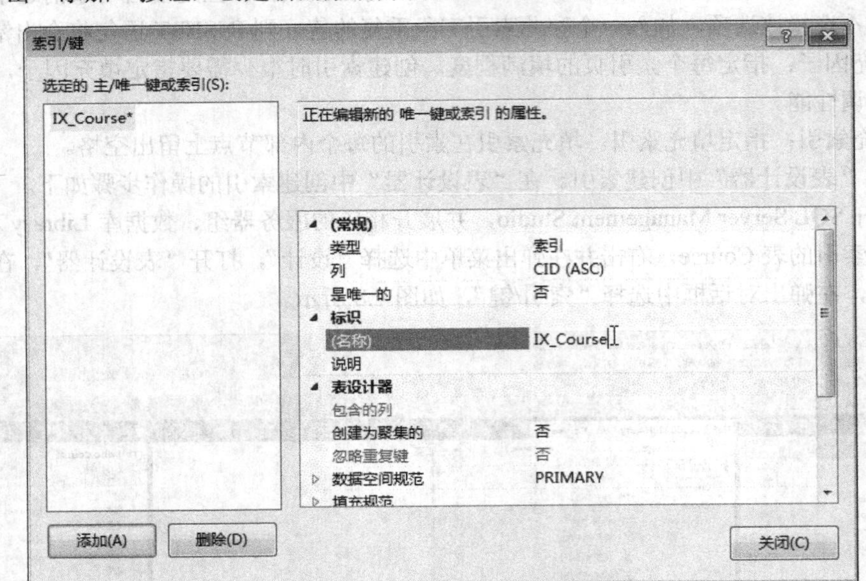

图 7.10 添加新的索引

对话框中显示了索引的属性选项，主要属性的其含义如下。

a．类型：可以选择“索引”或者“唯一键”。

b．列：这个对话框中显示的列是预设的，可以根据需要改变。不管已经创建了什么索引，为索引所选择的初始列总会是表中定义的第一个列。在这里可以选择索引的排序，如果存在多个不同排序的列，而一个列在查询的 ORDER BY 子句中被使用，那么为该列设置索引时，采用相应的排序是比较有用的。如果在索引中为某列所设置的排序顺序，同该列在查询的 ORDER BY 子句中所使用的排序顺序可以一致，则 SQL Server 就可以避免执行额外的排序工作，从而提高查询的性能。

c．是唯一的：在添加记录时，SQL Server 会自动为索引列的值按顺序生成下一个数字，因为该列具有 IDENTITY 特性。该值不能在表中被修改，因为允许创建自己的标识值的选项开关没有打开，所以通过将信息的这两项组合起来，就可以确认值是唯一的。因此，将“是唯一的”选项设置为“是”。

d．名称：在“(名称)”文本框中，SQL Server 已经创建了一个可能的名称，名称的前缀为 IX_加上表的名称，这是一种好的命名系统。

e．说明：在“说明”中可以添加某些描述。

f．创建为聚集的：选择是否创建为聚集索引。

④ 单击“关闭”按钮，关闭对话框，然后关闭“表设计器”窗口，在提示是否要保存改变时，选择“是”，就将索引添加到了数据库中。

2．使用 SQL 语言创建索引

只有表或视图的所有者才能为表创建索引，无论数据库的表中是否有数据，表或视图的所有者都可以随时创建索引。

SQL Server 在其系统表 sysindexes 中存储索引的相关信息。

创建索引是通过 CREATE INDEX 语句来完成的，其语法格式为：

```
CREATE [UNIQUE] [CLUSTERED | NONCLUSTERED] INDEX index_name
ON {table | view} (column [ASC | DESC][,…n])
[WITH index_option [,…n]]
[ON filegroup]
```

其中 index_option 定义为

```
{ PAD_INDEX | FILLFACTOR = fillfactor |
IGNORE_DUP_KEY | DROP_EXISTING |
STATISTICS_NORECOMPUTE | SORT_IN_TEMPDB
}
```

其中各参数说明如下。

① UNIQUE：为表或视图创建唯一索引（不允许存在索引值相同的两行）。视图上的聚集索引必须是 UNIQUE 索引。在创建索引时，如果数据已存在，SQL Server 2014 会检查是否有重复值，并在每次使用 INSERT 或 UPDATE 语句添加数据时进行这种检查。如果存在重复的键值，将取消 CREATE INDEX 语句，并返回错误信息。

② CLUSTERED：创建聚集索引。如果没有指定 CLUSTERED，则创建非聚集索引。具有聚集索引的视图称为索引视图，必须先为视图创建唯一聚集索引，然后才能为该视图定义其他索引。

③ NONCLUSTERED：创建一个指定表的逻辑排序的对象。每个表最多可以有 249 个非聚集索引（无论这些非聚集索引的创建方式，是使用 PRIMARY KEY 和 UNIQUE 约束隐式创建，还是使用 CREATE INDEX 显式创建）。每个索引均可以提供对数据的不同排序次序的访问。对于索引视图，只能为已经定义了聚集索引的视图创建非聚集索引。因此，索引视图中非聚集索引的行定位器一定是行的聚集键。

④ index_name：是索引名。索引名在表或视图中必须唯一，但在数据库中不必唯一。索引名必须遵循标识符规则。

⑤ table：包含要创建索引的列的表。可以选择指定数据库和表所有者。

⑥ view：要建立索引的视图的名称。必须使用 SCHEMABINDING 定义视图，才能在视图上创建索引，视图定义也必须具有确定性。如果选择列表中的所有表达式、WHERE 和 GROUP BY 子句都具有确定性，则视图也具有确定性，而且，所有键列必须是精确的。只有视图的非键列可能包含浮点表达式（使用 float 数据类型的表达式），而且 float 表达式不能在视图定义的其他任何位置使用。

⑦ column：应用索引的列。指定两个或多个列名，可为指定列的组合值创建组合索引。在 table 后的圆括号中列出的组合索引中要包括的列（按排序优先级排列）。

注意：由 ntext、text 或 image 数据类型组成的列不能指定为索引列。另外，视图不能包括任何 text、ntext 或 image 列，即使在 CREATE INDEX 语句中没有引用这些列。

⑧ n：表示可以为特定索引指定多个 column 的占位符。

⑨ ON filegroup：在给定的 filegroup 上创建指定的索引。该文件组必须已经通过执行 CREATE DATABASE 或 ALTER DATABASE 创建。

⑩ index_option：指定创建索引的选项，这些选项可以用来优化 T-SQL 语句的性能，并可进行多项组合。

1．创建一般索引

以下示例为 Library 数据库的 ReaderType 表 Typename 列，创建了名为 TypeName 的一般索引。

```
USE Library
--如果已存在索引 TypeName，则删除原有的 TypeName 索引
IF EXISTS (SELECT name FROM sysindexes WHERE name = 'TypeName')
DROP INDEX ReaderType. TypeName
GO
--在 ReaderType 表 Typename 字段创建名为 TypeName 的索引
CREATE INDEX TypeName
ON ReaderType (Typename)
GO
```

此时，由于没有加特别的参数，所以，在 ReaderType 表中，不同行的 Typename 列，可以有相同的值，同时此索引也是非聚集索引。

2. 创建唯一索引

创建唯一索引时，不允许两行有相同的关键字值。

以下示例为 Library 数据库 Course 表 CID 列创建了名为 U_CourLiNo 的唯一索引。

```
USE Library
--如果已存在索引 U_CourLiNo，则删除原有的 U_CourLiNo 索引
IF EXISTS (SELECT name FROM sysindexes WHERE name = 'U_CourLiNo')
DROP INDEX Course.U_CourLiNo
GO
--在 Course 表中 CID 字段创建名为 U__CourLiNo 的索引
CREATE UNIQUE NONCLUSTERED INDEX U_CourLiNo
ON Course(CID)
GO
```

如果此时 Course 表中有多行在 CID 列上有相同的值，则此创建索引的语句将失败。

由于 CREATE INDEX 语句中加入了 UNIQUE 参数，所以创建的索引为唯一索引；同时还加入了 NONCLUSTERED 参数，所以索引为非聚集索引。

3. 创建组合索引

创建组合索引时，将指定多个列作为关键字值。

以下示例为 Library 数据库 Borrow 表的 RID 和 BID 两列创建组合索引。

```
USE Library
--如果已存在索引 U_rbID，则删除原有的 U_ rbID 索引
IF EXISTS (SELECT name FROM sysindexes WHERE name = 'U_rbID')
DROP INDEX [Borrow].U_ rbID
GO
--创建 U_ rbID 索引
CREATE UNIQUE NONCLUSTERED INDEX U_ rbID
ON [Borrow] (RID, BID)
GO
```

上例中，由于加了 UNIQUE 和 NONCLUSTERED 参数，所以 U_rbID 也是唯一、非聚集索引。

4. 创建聚集索引

以下示例为 Library 数据库的 Book 表 BID 列，创建了名为 U_bID 的聚集索引。

```
USE Library
```

```
--如果已存在索引U_bID，则删除原有的U_bID索引
IF EXISTS (SELECT name FROM sysindexes WHERE name = 'U_bID')
DROP INDEX Book.U_bID
GO
USE Library
--在Book表BID字段创建名为U_bID的索引
CREATE CLUSTERED INDEX U_bID
ON Book (BID)
GO
```

此时，由于加了 CLUSTERE 参数，所以试图创建一个聚集索引，但是由于此时 Book 表中在设置 BID 列为主键时，自动添加了一个聚集索引，所以再次创建聚集索引时将出错，不能在表"Book"上创建多个聚集索引。

5．FILLFACTOR 选项

FILLFACTOR 选项为 index_option 参数中的选项之一，可以用来优化有聚集索引和非聚集索引的表中 INSERT 语句和 UPDATE 语句的性能。

FILLFACTOR 指定在 SQL Server 创建索引的过程中，各索引页的填满程度。如果某个索引页填满，SQL Server 就必须花时间拆分该索引页，以便为新行腾出空间，这需要很大的开销。对于更新频繁的表，选择合适的 FILLFACTOR 值将比选择不合适的 FILLFACTOR 值获得更好的更新性能。FILLFACTOR 的原始值将在 sysindexes 中与索引一起存储。

注意：FILLFACTOR 选项仅用于在索引被创建和重建时，SQL Server 并不主动维护索引页上分配空间的比例。

表 7.1 显示了 FILLFACTOR 选项的设置和这些填充因素所使用的典型环境。

表 7.1 FILLFACTOR 填充因素及使用的典型环境

FILLFACTOR/%	叶级页	非叶级页	关键字值上的操作	典型商业环境
0（默认）	全填充	为一个索引条目留下空间	无或轻微改变	分析服务
1～99	以指定的比例填充	为一个索引条目留下空间	中等程度的修改	混合或 OLTP
100	全填充	为一个索引条目留下空间	无或轻微改变	分析服务器

在使用 FILLFACTOR 选项时，应考虑以下事实和准则。

（1）填充因素的值从 1%到 100%。

（2）默认的填充因素值为 0。该值将页级索引页填充为 100%，并且在非叶级索引页上为最大的索引条目留下了空间。不能明确指定填充因素=0。只有不会出现 INSERT 或 UPDATE 语句时（例如对只读表），才可以使用 FILLFACTOR 100。如果 FILLFACTOR 为 100，SQL Server 将创建叶级页 100%填满的索引。如果在创建 FILLFACTOR 为 100%的索引之后，执行 INSERT 或 UPDATE，会对每次 INSERT 操作，以及有可能每次 UPDATE 操作进行页拆分。

（3）通过使用 sp_configure 系统存储过程，可以在服务器级别改变默认的填充因素值。

（4）sysindexes 系统表存储最后使用的填充因素值，并带有其他索引的信息。

（5）填充因素值以百分比指定。该百分比决定了叶级如何被填充。例如，填充因素为 65%将叶级页填满 65%，为新行保留 35%的自由空间，行的大小会影响行如何填充或以指定的填充因素比例来填充。

（6）在将插入行的表上使用 FILLFACTOR 选项，或在索引关键字值经常被修改时使用该选项。

6．PAD_INDEX 选项

PAD_INDEX 选项指定填充非叶级索引页的比例。只有在指定 FILLFACTOR 时才能使用 PAD_INDEX 选项。因为 PAD_INDEX 比例值，由 FILLFACTOR 选项指定的比例值决定。

以下示例在 Library 数据库 Course 表的 CID 列上创建 CID_ind 索引。通过指定带有 FILLFACTOR 选项的 PAD_INDEX 选项，SQL Server 创建 70%满的叶级页。但是，如果不使用 PAD_INDEX 选项，叶级页为 70%满，而非叶级页几乎为全满。

```
USE Library
--如果已存在CID_ind索引，删除原有索引
IF EXISTS (SELECT name FROM sysindexes WHERE name = 'CID_ind')
DROP INDEX Course. CID_ind
GO
USE Library
--以70%的填充因素值创建CID_ind索引
CREATE INDEX CID_ind
ON [Course] (CID)
WITH PAD_INDEX, FILLFACTOR = 70
GO
```

7. DROP_EXISTING

指定应除去并重建已命名的先前存在的聚集索引或非聚集索引。指定的索引名必须与现有的索引名相同。因为非聚集索引包含聚集键，所以在除去聚集索引时，必须重建非聚集索引。如果重建聚集索引，则必须重建非聚集索引，以便使用新的键集。

为已经具有非聚集索引的表重建聚集索引时（使用相同或不同的键集），DROP_EXISTING 子句可以提高性能。

DROP_EXISTING 子句代替了先对旧的聚集索引执行 DROP INDEX 语句，然后再对新的聚集索引执行 CREATE INDEX 语句的过程。非聚集索引只需重建一次，而且还只是在键不同的情况下才需要。

提示：如果健没有改变（提供的索引名和列与原索引相同），则 DROP_EXISTING 子句不会重新对数据进行排序。在必须压缩索引时，这样做会很有用，并且无法使用 DROP_EXISTING 子句将聚集索引转换成非聚集索引；不过，可以将唯一聚集索引更改为非唯一索引，反之亦然。

8. STATISTICS_NORECOMPUTE

指定过期的索引统计不会自动重新计算。若要恢复自动更新统计，可执行没有 NORECOMPUTE 子句的 UPDATE_STATISTICS。

如果禁用分布统计的自动重新计算，可能会妨碍 SQL Server 查询优化器为涉及该表的查询选取最佳执行计划。

9. SORT_IN_TEMPDB

指定用于生成索引的中间排序结果将存储在 tempdb 数据库中。如果 tempdb 与用户数据库不在同一磁盘集，则此选项可能减少创建索引所需的时间，但会增加创建索引时使用的磁盘空间。

7.1.4　查看和删除索引

和创建索引一样，查看和删除索引也有两种方法：使用 SQL Server Management Studio 和 SQL 语言。

1. 使用 SQL Server Management Studio 查看和删除索引

通过 SQL Server Management Studio 查看和删除索引有也两种方式：一种是通过“索引节点”，另一种是通过“表设计器”。

（1）通过“索引节点”中查看和删除索引。通过“索引节点”查看和删除索引的操作步骤如下。

① 打开 SQL Server Management Studio，并展开相应的服务器组、数据库和表节点，展开要创建索引的表，再展开“索引”节点。

② 找到需要修改的索引，右击，在弹出菜单中选择“属性”，会显示索引属性窗口，如图 7.11 所示。这个窗口中列出了索引的很多选项，可以查看和修改。这些列出的属性很多和新建索引时的出现的属性相同。

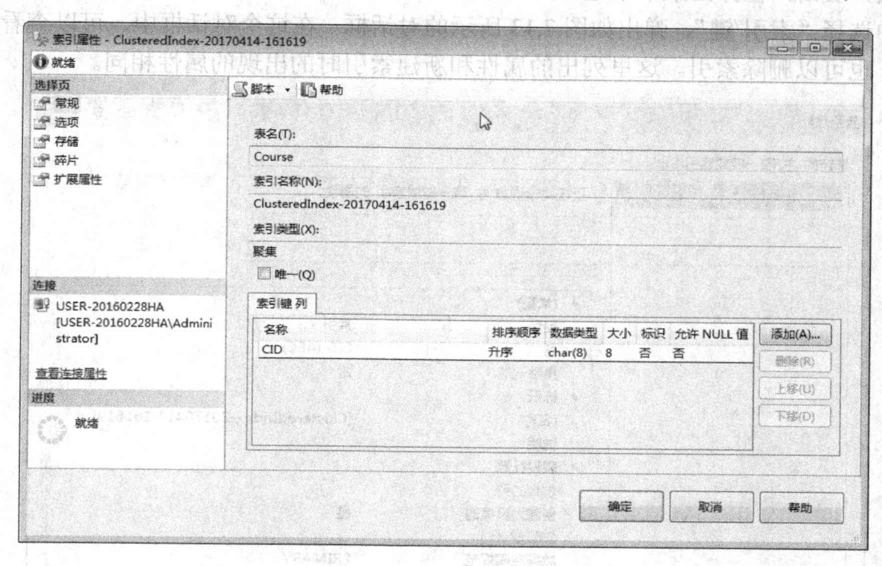

图 7.11 “索引属性”窗口

在需要删除的索引上右击，在弹出菜单中选择“删除”，会显示“删除对象”窗口，如图 7.12 所示，单击“确定”按钮可以删除该索引。

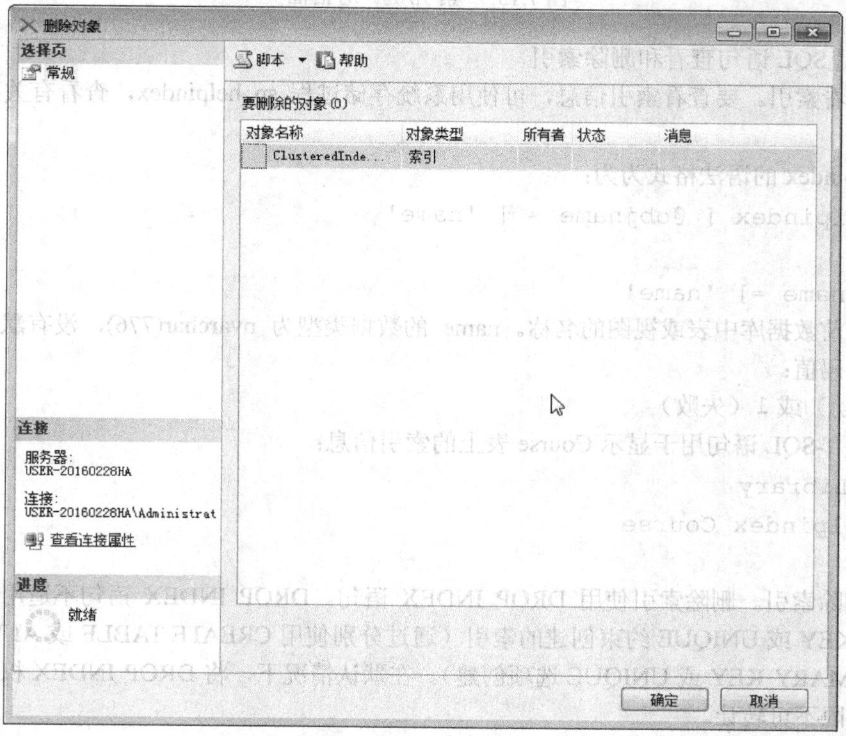

图 7.12 “删除对象”窗口

（2）通过"表设计器"查看和删除索引。通过"表设计器"查看和删除索引的操作步骤如下。

打开 SQL Server Management Studio，并展开相应的服务器组、数据库和表节点，展开要创建索引的表，右击，在弹出菜单中选择"设计"，打开"表设计器"，在"表设计器"中右击，在弹出菜单中选择"索引/键"，弹出如图 7.13 所示的对话框。在这个对话框中，可以查看、修改索引的属性，也可以删除索引。这里列出的属性和新建索引时的出现的属性相同。

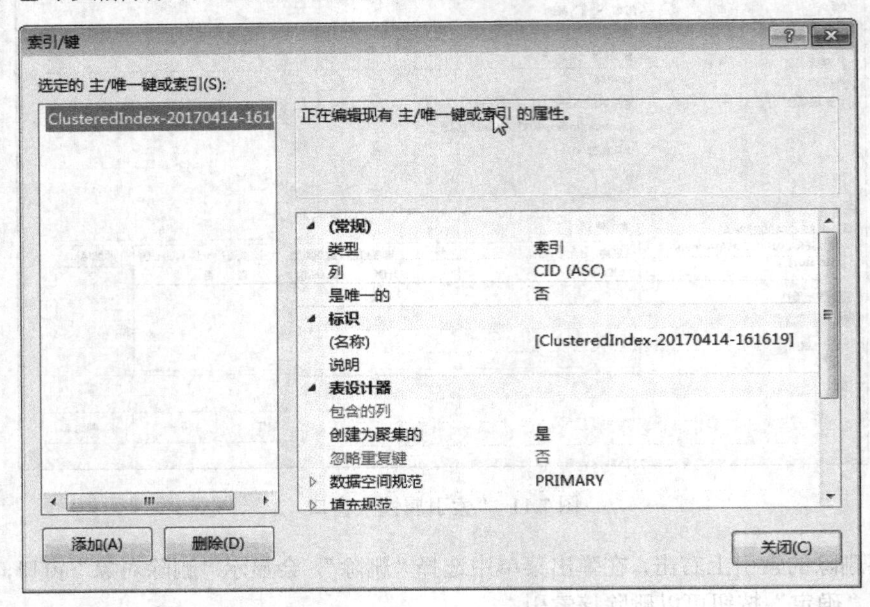

图 7.13　"索引/键"对话框

2．使用 SQL 语句查看和删除索引

（1）查看索引。要查看索引信息，可使用系统存储过程 sp_helpindex，查看有关存储过程相关知识。

sp_helpindex 的语法格式为为：

```
sp_helpindex [ @objname = ] 'name'
```

参数

```
[@objname =] 'name'
```

这是当前数据库中表或视图的名称。name 的数据类型为 nvarchar(776)，没有默认值。

返回代码值：

0（成功）或 1（失败）

下面的 T-SQL 语句用于显示 Course 表上的索引信息：

```
USE  Library
sp_helpindex Course
GO
```

（2）删除索引。删除索引使用 DROP INDEX 语句。DROP INDEX 语句不适用于通过定义 PRIMARY KEY 或 UNIQUE 约束创建的索引（通过分别使用 CREATE TABLE 或 ALTER TABLE 语句的 PRIMARY KEY 或 UNIQUE 选项创建）。在默认情况下，将 DROP INDEX 权限授予表所有者，该权限不可转让。

其语法格式如下：

```
DROP INDEX 'table.index | view.index' [ ,...n ]
```

其中，“table”和“view”是索引列所在的表或索引视图；“index”是要除去的索引名称。索引名必须符合标识符的规则。“n”表示可以指定多个索引的占位符。

以下示例为通过 T-SQL 语句删除索引：

```
USE Library
IF EXISTS (SELECT name FROM sysindexes WHERE name = 'U_CourID')
DROP INDEX Course.U_CourID
GO
```

注意：在调用 DROP INDEX 指令时，如果指定要删除的索引不存在，则删除将发生导常。

7.2　视图

7.2.1　视图的概述

视图是一种虚拟表，是数据库数据的特定子集，同真实的表一样，视图包含一系列带有名称的列和行数据，其内容来自定义视图的查询所引用的表，在引用视图时动态生成。视图在数据库中并不是以数据值存储形式存在，除非是索引视图。

视图是从一个或者多个表中使用 SQL SELECT 语句导出的，在视图中查询的表被称为“基表（base table）”。对其中所引用的基表来说，视图的作用类似于筛选。 定义视图的筛选，可以来自当前或其他数据库的一个或多个表，或者其他视图。

对视图的操作与对表的操作一样，可以对其进行查询和更新操作，但要满足一定的条件。当对视图进行更新时，其对应的基表数据也会发生变化。

视图通常用来集中、简化和自定义每个用户对数据库的不同认识。视图可用作安全机制，允许用户通过视图访问数据，而不授予用户直接访问基表的权限。

定义的视图常见的情况如下：

- 基表的行或列的子集；
- 两个或多个基表的联合；
- 两个或多个基表的连接；
- 基表的统计概要；
- 另一个视图的子集或视图和基表的组合。

视图通常用于以下情况：

- 筛选表中的数据行；
- 防止非法用户访问敏感数据；
- 降低数据库的复杂度；
- 将多个物理数据表抽象为一个逻辑表。

视图具有下述优点和作用。

（1）为用户聚焦数据。视图创建一个可控制的环境，不需要的、敏感的或不合适的数据被隔离在视图之外，让用户只能访问他们所感兴趣的特定数据。

（2）简化操作。视图为用户隐蔽数据库设计的复杂性，简化用户操作数据的方式，为开发者提供了在不影响用户与数据库交互的情况下改变设计的能力。此外，在视图中通过使用容易理解的名称比数据库表中所使用的名称更容易理解，用户可以看到更友好的数据界面。复杂的查询，包括对异构数据的分别查询，可以通过视图被隐蔽，用户查询视图而不用编写或执行脚本。

（3）安全性。数据库的拥有者授予用户通过视图访问数据的权限，而不授予用户直接访问底层基表的权限，保护了底层基表的设计结构。

（4）改进性能。视图允许存储复杂查询的结果，其他查询可以使用这些结果。

7.2.2 创建视图

要使用视图，首先必须创建视图。视图在数据库中是作为一个独立的对象进行存储的。创建视图要考虑如下的原则。

（1）可以在其他视图和引用视图的过程之上建立视图。

（2）定义视图的查询，不可以包含 COMPUTE 或 COMPUTE BY 子句或 INTO 关键字，只有在使用了 TOP 关键字时，才能包括 ORDER BY 子句。

（3）在创建视图时，执行者必须具有创建视图的权限，比如执行者是系统管理员角色、数据库拥有者角色或数据库定义语言管理员角色，或者必须被授予了创建视图的权利，同时，必须具有在视图中所涉及的所有表或视图上的 SELECT 权利。

（4）视图中可以使用的列最多可达 1024 列。

一般情况下，不必为在创建视图时指定列名，视图中的列与定义视图的查询所引用的列，具有相同的名称和数据类型，但是以下情况必须指定列名：

① 视图中包含任何从算术表达式、内置函数或常量派生出的列；

② 视图中两列或多列具有相同名称(通常由于视图定义包含连接，而来自两个或多个不同表的列具有相同的名称)。

创建视图有两种方式：使用 SQL Server Management Studio 或 T-SQL 语句 CREATE VIEW 来创建视图。在创建视图时，视图的名称存储在 sysobjects 表中。有关视图中所定义的列的信息添加到 syscolumns 表中，而有关视图相关性的信息添加到 sysdepends 表中。另外，CREATE VIEW 语句的文本添加到 syscomments 表中。

1．使用 SQL Server Management Studio 创建视图

创建一个列视图，数据来自几个不同的表，操作步骤如下。

（1）启动 SQL Server Management Studio，在“对象资源管理器”中，展开要创建新视图的数据库 Library。

（2）展开“视图”节点，可以看到视图列表中系统自动为数据库创建的系统视图。右键单击“视图”文件夹，在弹出菜单中单击“新建视图”，弹出如图 7.14 所示的“添加表”对话框。

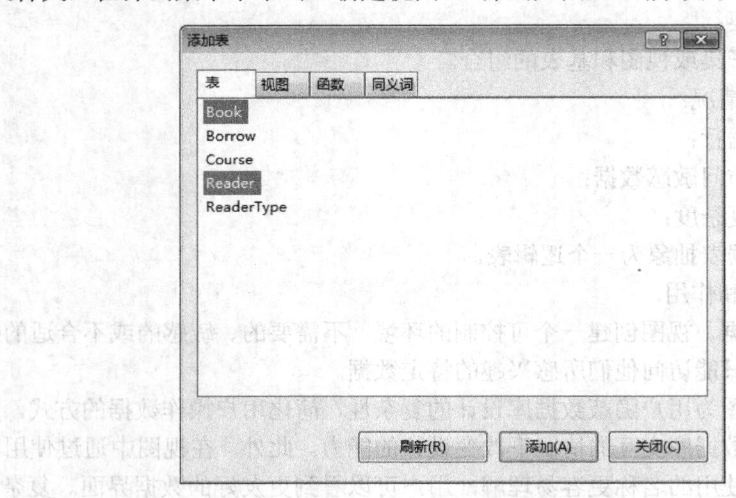

图 7.14 “添加表”对话框

（3）在“添加表”对话框中，选择要在新视图中包含的元素，包括：“表”、“视图”、“函数”和“同义词”。在此处的视图只涉及表Book和表Reader，选择这两张表，再单击“添加”按钮，将此表添加到视图的查询中，然后单击“关闭”按钮，返回如图7.15所示的“新建视图”窗口。

提示：在选择时，可以使用Ctrl键或者Shift键来选择多个表、视图或者函数。

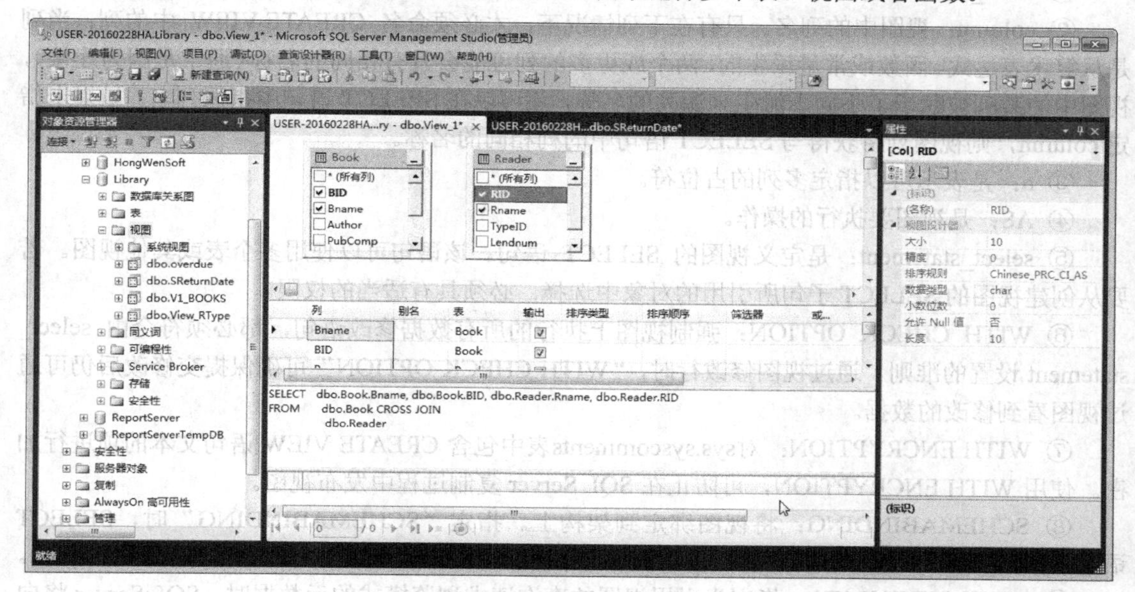

图7.15　“新建视图”窗口

（4）在“新建视图”窗口的上半部分的“关系图窗口”，可看到添加进来的表，选择要在新视图中包含的列或其他元素。

提示：在创建视图的过程中，如果还有添加新的表，可以在“关系图窗口”中单击鼠标右键，选择“添加表”，再次打开“添加表”对话框。

（5）可以直接在“关系图窗口”中，表的各个字段前面的复选框中所选择对应表的列，也可以在“新建视图”窗口的中间部分的“条件窗口”中，通过在“列”这一栏中的下拉列表中选择字段。此时对应的T-SQL脚本便显示在“新建视图”窗口的下边部分“SQL SCRIPT区”。

（6）在“条件窗格”中可以选择列的其他排序或筛选条件。

提示：单击工具栏上的执行按钮，在“数据结果区”将显示包含在视图中的数据行。

（7）单击工具栏上的“保存”按钮，然后在弹出的对话框中输入视图的名称，这里输入“viewBook_Reader”。

（8）单击“确定”按钮，完成视图“viewBook_Reader”的创建。

在“对象资源管理器”中展开数据库Library的“视图”选项，就可以看到视图列表中刚创建好的“viewBook_Reader”视图。如果没有看到，单击“刷新”按钮，刷新一次即可。

2．使用T-T-SQL语句创建视图

使用T-SQL语句创建视图的语法为：

```
CREATE VIEW [<database_name>.] [<owner>.] view_name [(column [ ,...n ])
[WITH < view_attribute > [ ,...n ] ]
AS
select_statement
[ WITH CHECK OPTION ]
```

```
< view_attribute > ::=
  { ENCRYPTION | SCHEMABINDING | VIEW_METADATA }
```

各参数的含义如下。

① view_name：视图的名称，必须符合标识符规则，可以选择是否指定视图所有者名称。

② column：视图中的列名。只有在下列情况下，才必须命名 CREATE VIEW 中的列：当列是从算术表达式、函数或常量派生的，两个或更多的列可能会具有相同的名称（通常是因为连接），视图中的某列被赋予了不同于派生来源列的名称，还可以在 SELECT 语句中指派列名。如果未指定 column，则视图列将获得与 SELECT 语句中的列相同的名称。

③ n：是表示可以指定多列的占位符。

④ AS：是视图要执行的操作。

⑤ select_statement：是定义视图的 SELECT 语句。该语句可以使用多个表或其他视图。若要从创建视图的 SELECT 子句所引用的对象中选择，必须具有适当的权限。

⑥ WITH CHECK OPTION：强制视图上执行的所有数据修改语句，都必须符合由 select_statement 设置的准则。通过视图修改行时，"WITH CHECK OPTION"可确保提交修改后仍可通过视图看到修改的数据。

⑦ WITH ENCRYPTION：对sys.syscomments表中包含 CREATE VIEW 语句文本的项进行加密。使用 WITH ENCRYPTION，可防止在 SQL Server 复制过程中发布视图。

⑧ SCHEMABINDING：将视图绑定到架构上。指定"SCHEMABINDING"时，SELECT 语句"select_statement"，必须包含所引用的表、视图或用户定义函数的两部分名称(owner.object)。

⑨ VIEW_METADATA：指定为引用视图的查询请求浏览模式的元数据时，SQL Server 将向 DBLIB、ODBC 和 OLE DB API 返回有关视图的元数据信息，而不是返回基表或表。

上面通过 SQL Server Management Studio 创建的视图，可以通过以下 T-SQL 语句创建：

```
USE Library
GO
--如果视图 viewBook_Borrow 存在，删除此视图
IF EXISTS(SELECT TABLE_NAME FROM INFORMATION_SCHEMA.VIEWS
    WHERE TABLE_NAME = viewBook_Borrow)
  DROP VIEW viewBook_Borrow
GO
--创建视图 viewBook_Borrow
CREATE VIEW  viewBook_Borrow
AS
SELECT   dbo.Book.BID, dbo.Book.Bname, dbo.Borrow.RID, dbo.Borrow.
LendDate, dbo.Borrow.ReturnDate
FROM    dbo.Book INNER JOIN
               dbo.Borrow ON dbo.Book.BID = dbo.Borrow.BID
GO
```

7.2.3 修改视图

为了适应用户新的需要或对基表定义要进行修改的要求，可以修改视图。可以在 SQL Server Management Studio 中进行视图的修改，也可以通过执行 T-SQL 语句 ALTER VIEW 完成视图的修改。

1．使用 SQL Server Management Studio 修改视图

（1）启动 SQL Server Management Studio，在“对象资源管理器”中，展开要创建新视图的数据库 Library。

（2）展开“视图”文件夹，右击需要修改的视图，在弹出的菜单中选择“设计”命令，打开设计视图窗口。

（3）设计视图窗口和创建视图窗口的使用方法相同。

2．使用 T-SQL 语句修改视图

修改视图的语法为：

```
ALTER VIEW [<database_name>.] [<owner>.] view_name [(column [,...n])]
[ WITH < view_attribute > [ ,...n ] ]
AS
  select_statement
[ WITH CHECK OPTION ]
< view_attribute > ::=
    { ENCRYPTION | SCHEMABINDING | VIEW_METADATA }
```

其中，各参数的意义与创建视图的 T-SQL 语句中的参数一致。

7.2.4　删除视图

不再需要的视图，可以用 SQL Server Management Studio 或 Transact-SQL 的 DROP VIEW 来删除。视图的删除不会影响所依附的基表的数据，但定义在系统表 sysahjects、syscolumns、syscomments、sysdepends 和 sysprotects 中的视图信息也会被删除。

1．使用 SQL Server Management Studio 删除视图

（1）启动 SQL Server Management Studio，在“对象资源管理器”中，展开要创建新视图的数据库 Library。

（2）展开“视图”文件夹，右击需要删除的视图，在弹出的菜单中选择“删除”命令，打开“删除对象”窗口，如图 7.16 所示。

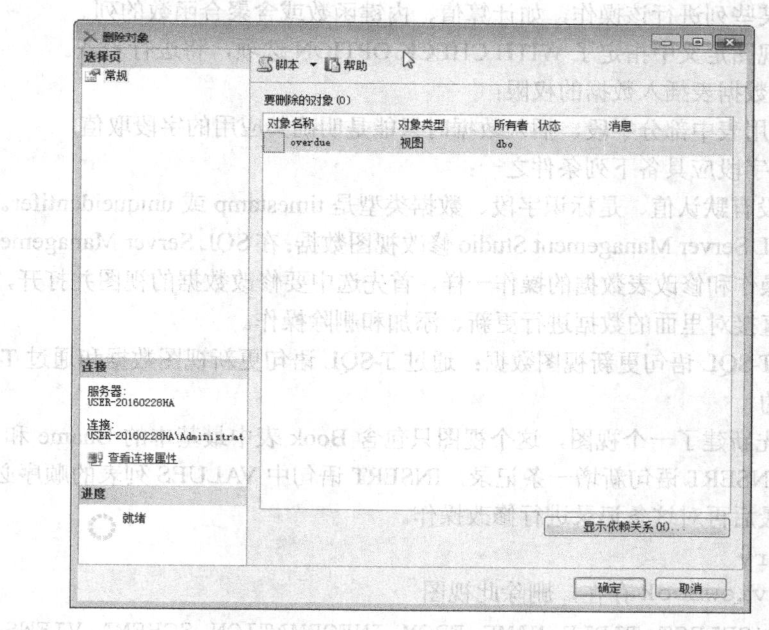

图 7.16 “删除对象”窗口

2. 使用T-SQL语句删除视图

删除视图的语法为：

```
DROP VIEW { view } [ ,...n ]
```

其中：

- view　要删除的视图名称。视图名称必须符合标识符规则。
- n　表示可以指定多个视图的占位符。

7.2.5　使用视图查询和更新数据

对视图的操作与对表的操作一样，可以通过SQL Server Management Studio或是T-SQL语句，完成对视图中的数据进行查询和更新操作。

1. 使用视图查询数据

可以在SQL Server Management Studio中，选中要查询的视图并打开，浏览该视图查询的所有数据，也可以在查询窗口中执行T-SQL语句查询视图。

例如，要查询刚才建立的视图“viewBook_Reader”，可以在SQL Server Management Studio中展开数据库Library的“视图”节点，右键单击“viewBook_Reader”，选择“打开视图”选项，即可浏览视图信息。也可以在查询窗口中执行如下T-SQL语句：

```
SELECT * FROM viewBook_Reader
```

2. 使用视图修改数据

视图不维护独立的数据备份，它们显示一个或多个基表上的查询结果集，因此，无论何时在视图中修改数据，真正修改数据的地方是基本表，而不是视图，视图中修改数据同样使用INSERT、UPDATE、DELETE语句来完成。

但是，在对视图进行修改的时候也要注意一些事项，并不是所有的视图都可以更新，只有对满足以下可更新条件的视图才能进行更新。

(1) 不能影响多于一个基表，可以修改来自两个或多个表的视图，但是每次更新或修改都只能影响一个表，如在UPDATE或INSERT语句中的列，必须属于视图定义中的同一个基表。

(2) 不能对某些列进行该操作，如计算值、内键函数或含聚合函数的列。

(3) 如果在视图定义中指定了WITH CHECK OPTION选项，将进行验证。

① 用户有向数据表插入数据的权限；

② 视图只引用表中部分字段，插入数据时只能是明确其应用的字段取值；

③ 未引用的字段应具备下列条件之一：

允许空值、设有默认值、是标识字段、数据类型是timestamp或uniqueidentifer。

可以使用SQL Server Management Studio修改视图数据：在SQL Server Management Studio中，修改视图数据的操作和修改表数据的操作一样，首先选中要修改数据的视图并打开，浏览该视图查询的数据，并直接对里面的数据进行更新、添加和删除操作。

还可以使用T-SQL语句更新视图数据：通过T-SQL语句更新视图数据和通过T-SQL语句更新表数据是相似的。

以下示例首先新建了一个视图，这个视图只包含Book表中最基本的Bname和Author两个字段，然后通过INSERT语句新增一条记录，INSERT语句中VALUES列表的顺序必须与视图的列顺序相匹配。最后再对这条记录进行修改操作。

```
USE Library
--如果视图viewBook存在，删除此视图
IF EXISTS(SELECT TABLE_NAME FROM INFORMATION_SCHEMA.VIEWS
```

```
      WHERE TABLE_NAME = 'viewBook')
    DROP VIEW viewBook
GO
--创建视图 viewBook
CREATE VIEW viewBook
AS
SELECT Bname,  Author
FROM dbo. Book
GO
--通过视图插入一行数据，插入的数据实际插入到基表 Book 中
INSERT INTO viewBook VALUES ('C#程序设计','董宁')
GO
--通过视图把刚插入的数据行的数据实现更新
UPDATE viewBook
   SET Bname = 'C++程序设计'
   WHERE Author  = '董宁'
GO
```

注意：原则上视图技术是作为检索工具引入的，一般不使用视图修改数据。

本章小结

索引提供了一种基于一列或多列的值对表的数据进行快速检索的方法。索引可以根据指定的列提供表中数据的逻辑顺序，并以此提高检索速度。

索引主要分为聚集索引和非聚集索引，可以创建为唯一索引或组合索引，组合索引不允许索引列中存在重复的值，组合索引允许在创建索引时使用两列或更多列。

在 SQL Server 2014 中创建和管理索引的主要工具是 SQL Server Management Studio 和 SQL 语句。CREATE INDEX 语句用于为给定的表创建索引，ALTER INDEX 语句用于修改索引，DROP INDEX 语句可用于删除索引。

视图是一种查看数据库一个或多个表中的数据的方法。视图是一种虚拟表，通常作为执行查询的结果而创建，视图充当着对查询中指定表的筛选器的作用。

视图提供了一种能力，将预定义的查询作为对象存储在数据库中供以后使用。视图提供了保护敏感数据或数据库复杂设计的方便方法，通过使用视图，用户可以把注意力放在需要的数据上；同时，通过只允许用户访问视图中的数据提供一种安全机制，使部分用户无权访问基表。

在数据库中，可以通过 SQL Server Management Studio 和 T-SQL 语句来管理视图，通过 CREATE VIEW 语句创建视图，通过 DROP VIEW 语句删除视图。

对视图的操作与对表的操作一样，可以通过 SQL Server Management Studio 或是 T-SQL 语句，完成对视图中的数据进行查询和更新操作。

习题 7

7-1 什么是索引？索引分为哪几种？各有什么特点？

7-2 列举说明创建索引的优、缺点。

7-3 什么样的列上适合创建索引？

7-4 创建索引时必须考虑哪些事实和准则？

7-5 在一个表中可以建立几个聚集索引和非聚集索引？

7-6 简述使用视图的优点和缺点。

7-7 能从视图上创建视图吗？

7-8 修改视图中的数据有哪些限制？

7-9 能否从使用聚合函数创建的视图上删除数据行？为什么？

实训7 建立数据库中视图及索引

一、视图

1. 目标

完成本实验后，将掌握以下内容。

（1）创建视图。

（2）应用视图。

（3）删除视图。

2. 场景

某公司的关系管理系统数据库HongWenSoft，由于员工基本信息、员工所属的部门信息放在不同的表中；员工的基本信息和工资信息也都在不同的表中。当应用程序需要查询员工的部门信息和员工工资详细信息时，为了应用程序的编写方便，同时为了屏蔽数据的复杂性，设计两个视图，以提供员工的部门信息和员工工资详细信息。

实验预估时间：30分钟。

3. 实验步骤

练习1 创建员工部门信息视图。

本练习中，将创建一个反映员工部门信息的视图，员工的基本信息保存在表Employee中，部门信息保存在表Department中，员工编号和部门编号的关联放在了表Employee中，员工的详细信息要求包括：员工编号、员工姓名和所属部门名称。

（1）打开“新建查询”。

（2）在“新建查询”中输入以下语句，创建员工部门信息视图，其中表Employee和表Department进行内连接。

```
CREATE VIEW dbo.viewEmpInfo
AS
SELECT  dbo.Department.DeptID, dbo.Employee.EmployeeID, dbo.Employee.
Name, dbo.Department.DeptName,
             dbo.Department.ManagerID
FROM   dbo.Department INNER JOIN
             dbo.Employee ON dbo.Department.DeptID = dbo.Employee.
             DeptID
```

（3）执行以上语句，完成视图的创建。

练习2 在“SQL Server Management Studio”中创建员工工资具体信息视图。

本练习中，将通过“SQL Server Management Studio”创建一个反映员工工资具体信息的视图。员工的基本信息保存在表Employee中，工资等信息保存在表Salary中、部门信息保存在Department。工资信息要求包括：员工编号、员工姓名、部门编号、部门名称、工资各项具体信息等。

（1）打开“SQL Server Management Studio”。

（2）展开数据库实例“HongWenSoft”。

（3）右击数据库实例“HongWenSoft”中的“视图”项，在弹出的快捷菜单中选择菜单项“新建视图”。

（4）在弹出的“添加表”对话框中，选择表 Employee、Salary 和 Department。

（5）在“新建视图”窗口的“关系图窗口”中，选择要在新视图中包含的列。

（6）保存视图，在弹出的对话框中输入视图名“viewSalaryInfo”，完成视图的创建。

```
CREATE VIEW dbo. viewSalaryInfo
AS
SELECT dbo.Department.DeptID, dbo.Department.DeptName, dbo.Employee.
EmployeeID, dbo.Employee.Name, dbo.Salary.SalaryID, dbo.Salary.Basic
Salary, dbo.Salary.OtherSalary
FROM  dbo.Department INNER JOIN
  dbo.Employee ON dbo.Department.DeptID = dbo.Employee.DeptID INNER JOIN
  dbo.Salary ON dbo.Employee.EmployeeID = dbo.Salary.EmployeeID
```

练习3　通过视图查询员工具体信息和工资具体信息。

本练习中，通过在练习1和练习2中创建的视图查询数据。

（1）打开“新建查询”。

（2）在“新建查询”中输入以下语句检索视图中的数据。

```
SELECT  * from dbo. viewEmpInfo
SELECT  * from dbo. viewSalaryInfo
```

练习4　删除员工工资信息视图。

本练习中，将在练习2中创建的员工具体工资信息视图删除。

（1）打开“新建查询”。

（2）在“新建查询”中输入以下语句删除指定的视图。

```
DROP VIEW dbo. viewSalaryInfo
```

二、索引

1. 目标

完成本实验后，将掌握以下内容。

（1）创建索引。

（2）修改索引。

（3）删除索引。

2. 准备工作

在进行本实验前，必须学习完成本章的全部内容。

3. 场景

当用户需要从表中检索大量数据，但同时要求有较高的查询速度，索引能够提供对表中数据的快速访问。在本实训中，将学习如何创建各种类型的索引以及如何操作索引。

实验预估时间：45分钟。

4. 实验步骤：

练习1　创建索引。

本练习中，将在某公司的关系管理系统的数据库 HongWenSoft 中完成索引创建过程，并在此基础上自行完成索引的创建。

（1）用 SQL Server Management Studio 完成创建索引。

① 在 SQL Server 2014 SQL Server Management Studio 中，展开服务器组，然后展开服务器

实例。

② 展开“数据库”节点，再展开要在其中创建索引的数据库“HongWenSoft”。

③ 展开“表”节点，再展开表“Employee”，在下面的“索引”节点上右键单击，在弹出菜单中，将鼠标指向“新建索引”，然后选择“非聚集索引”命令。

④ 在弹出的“新建索引”窗口中，单击“添加”按钮，在弹出窗口中选择 EmployeeID 和 DeptID 两列，单击“确定”按钮回到上一界面。

⑤ 在索引名称中输入“U_EmployeeID_DeptID”，单击“确定”按钮，关闭“新建索引”窗口。

⑥ 单击“关闭”按钮，结束索引建立过程。

（2）用 T-SQL 语句创建上述索引。

打开“新建查询”窗口，在窗口中输入以下代码，用来在 Employee 表中创建 U_EmployeeID_DeptID 索引：

```
USE HongWenSoft
IF EXISTS (SELECT name FROM sysindexes WHERE name = 'U_EmployeeID_
DeptID')
DROP INDEX [Employee]. U_EmployeeID_DeptID
CREATE INDEX U_EmployeeID_DeptID
ON [Employee] (EmployeeID, DeptID)
GO
```

（3）根据以上两步的方法，分别使用 SQL Server Management Studio 和 CREATE INDEX 语句在 HongWenSoft 数据库的 products 表的 pno 列上创建一个非聚集索引。

练习 2　修改索引。

本练习中，将在练习 1 的基础上，查看和修改索引的填充因子，确保索引填充因子，以便在索引的每一页中留出额外间隙，并保留一定百分比的可用空间，将 U_EmployeeID_DeptID 的填充因子改为 60。在此基础上进一步操作完成索引的修改。

（1）右键单击 HongWenSoft 数据库中的 Employee 表，打开弹出菜单。

（2）在弹出菜单中选择“属性”，在出现的“索引属性”窗口选择“选项”选项卡，设置“填充因子”值为 60。

（3）单击“确定”按钮，再单击“关闭”按钮完成修改。

（4）使用同样的方法，通过设置填充因子的值，确保在练习 1 中创建在表 products 上的索引，在索引页的中间级和叶级有 25%的空白空间。

练习 3　删除索引。

本练习中，将在练习 2 的基础上，删除练习 1 中创建的索引。

（1）打开“新建查询”。

（2）在“新建查询”中输入以下语句，删除 Employee 表中的 U_EmployeeID_DeptID 索引：

```
USE HongWenSoft
IF EXISTS (SELECT name FROM sysindexes WHERE name = 'U_EmployeeID_
DeptID')
DROP INDEX [Employee]. U_EmployeeID_DeptID
GO
```

第 8 章 事 务 和 锁

【内容提要】本章主要讲解数据库管理系统中的事务和锁，以及如何管理和应用事务和锁来实现事务的并发控制。通过本章学习，读者应该掌握以下内容：了解事务、锁和并发控制；管理事务和锁；应用事务实现数据的完整；应用锁实现事务的并发控制。

8.1 事务

数据库系统如果有多个访问操作需要执行，而且这些操作是无法分割的单元，则整个操作过程对于数据库来说是一个事务，锁是在多用户环境中对数据访问的限制，事务和锁确保了数据的完整性。

事务是单独的工作单元，也是一个操作序列，该单元中可以包含多个操作，以完成一个完整的任务。如果事务成功，在事务中所做的所有操作，都会在提交时完成，并且永久地成为数据库的一部分。如果事务遇到错误，则必须取消或返回，这样所有的操作都将被消除，就像什么也没有执行过一样。事务作为一个整体，要么成功，要么失败。

在数据库管理系统中，单用户系统一次最多只允许一个用户操作数据库，而多用户系统则允许多用户同时访问同一数据库。在多用户系统中，多个用户同时执行并发操作是经常发生的情况。事务可以作为执行这种并发操作的最小控制单元。

事务中往往同时应用锁，以防止其他用户改变或读取还未完成的事务的数据。多用户系统的联机事务处理（OLTP）要求进行加锁，在 SQL Server 中使用备份和日志，确保更新是完全的、可恢复的。

事务可以分为本地事务和分布事务，本地事务被限制在某种单独的数据资源内，这些数据资源通常提供本地事务功能，由于这些事务由数据资源本身来控制，所以管理起来轻松高效。分布式事务跨越多种数据资源，可以协调不同系统上特有的操作，从而使它们一起成功或者一起失败。

事务具有 ACID 属性，包括：原子性（Atomicity）、一致性（Consistency）、隔离性（Isolation）和持续性（Duration）。这些属性确保可预知行为，强调了事务的“所有或没有”（all-or-none）的宗旨，使得在可变因素很多时能减少管理负担。

（1）原子性。事务是一个工作单元，一系列包含在 BEGIN TRANSACTION 和 END TRANSACTION 语句之间的操作，将在该单元中进行，事务只执行一次，且是不可分的，事务中的操作要么全部成功，要么全部失败，不做任何操作。

（2）一致性。当事务开始前，数据必定处于一致状态，在正在处理的事务中，数据可能处于不一致的状态，但是，当事务完成后，数据必须再次回到新的一致状态。

（3）隔离性。事务是一个独立的单元，每个并行执行的事务对数据进行的修改是彼此隔离的，看起来就像是系统中唯一的一个事务，它不以任何方式影响其他事务，也不受其他事务的影响。事务永远也看不到其他事务的中间阶段。

（4）持续性。如果事务成功，则事务对数据所做过的操作是永久性的，即使系统在事务提交后立即崩溃或计算机重启，系统仍能保证该事务的处理结果，专用的日志可以让系统重新启动程序来重做事务，以使事务可持续。

8.2 管理事务

8.2.1 隐性事务

隐性事务将在提交或返回当前事务后自动启动新事务。无须描述事务的开始，只需提交或返回每个事务。隐性事务模式生成连续的事务链。

在 SQL Server 中，通过 SET IMPLICIT_TRANSACTIONS ON 语句，将连接设置为隐性事务模式；通过 SET IMPLICIT_TRANSACTIONS OFF 语句，将连接设置为返回到自动提交事务模式。

启动事务的 SQL 语句如表 8.1 所示，在连接将隐性事务模式设置为打开之后，当 SQL Server 首次执行下列任何语句时，都会自动启动一个事务。

表 8.1 启动事务的 SQL 语句

SQL 语句	SQL 语句
ALTER TABLE	INSERT
CREATE	OPEN
DELETE	REVOKE
DROP	SELECT
FETCH	TRUNCATE TABLE
GRANT	UPDATE

在发出 COMMIT 或 ROLLBACK 语句之前，该事务将一直保持有效。在第一个事务被提交或返回之后，下次当连接执行这些语句中的任何语句时，SQL Server 都将自动启动一个新事务。SQL Server 将不断地生成一个隐性事务链，直到隐性事务模式关闭为止。

以下示例设置事务为隐性事务，创建一个表，开始了两个事务，并提交了两次事务：

```
USE Library
GO
--创建表
CREATE TABLE ImplicitTranTable
(
   CID int PRIMARY KEY,
   CName nvarchar(16) NOT NULL
)
GO
--设置事务为隐性事务
SET IMPLICIT_TRANSACTIONS ON
GO
--开始第一个隐性事务
INSERT INTO ImplicitTranTable
   VALUES(1, '张三')
GO
INSERT INTO ImplicitTranTable
   VALUES(2, '李四')
```

```
GO
--提交第一个隐性事务
COMMIT TRANSACTION
GO
--开始第二个隐性事务
INSERT INTO ImplicitTranTable
  VALUES(3,'王五')
GO
SELECT * FROM ImplicitTranTable
GO
--提交隐性事务
COMMIT TRANSACTION
GO
--设置为自动提交事务
SET IMPLICIT_TRANSACTIONS OFF
GO
```

8.2.2　自动提交事务

每个 Transact-SQL 语句在完成时，都被提交或返回。如果一个语句成功地完成，则提交该语句；如果遇到错误，则返回该语句。只要自动提交模式没有被显式或隐性事务替代，SQL Server 连接就以自动提交事务为默认模式进行操作。

SQL Server 连接在 BEGIN TRANSACTION 语句启动显式事务，或隐性事务模式设置为打开之前，将以自动提交模式进行操作。当提交或返回显式事务，或者关闭隐性事务模式时，SQL Server 将返回到自动提交模式。

8.2.3　显式事务

在显式事务中，事务的语句在 BEGIN TRANSACTION 和 COMMIT TRANSACTION 子句间组成一组，并可以使用下列四条语句来管理事务：

① BEGIN TRANSACTION；

② COMMIT TRANSACTION；

③ ROLLBACK TRANSACTION；

④ SAVE TRANSACTION。

1. BEGIN TRANSACTION

标记一个显式本地事务的起始点，SQL Server 可使用该语句来开始一个新的事务。语法格式如下：

```
BEGIN TRAN [ SACTION ] [ transaction_name | @tran_name_variable
      [ WITH MARK [ 'description' ] ] ]
```

各参数含义如下。

（1）transaction_name　给事务分配的名称。transaction_name 必须遵循标识符规则，但是不允许标识符多于 32 个字符。仅在嵌套的 BEGIN...COMMIT 或 BEGIN .ROLLBACK 语句的最外语句对上使用事务名。

（2）@tran_name_variable　用户定义的、含有有效事务名称的变量名称。必须用 char、varchar、nchar 或 nvarchar 数据类型声明该变量。

（3）WITH MARK ['description'] 指定在日志中标记事务。Description 是描述该标记的字符串。如果使用了 WITH MARK，则必须指定事务名。WITH MARK 允许将事务日志还原到命名标记。

（4）BEGIN TRANSACTION 将当前连接的活动事务数@@TRANCOUNT 加 1。

（5）WITH MARK 该选项使事务名置于事务日志中。将数据库还原到早期状态时，可使用标记事务替代日期和时间。若要将一组相关数据库恢复到逻辑上一致的状态，必须使用事务日志标记。标记可由分布式事务置于相关数据库的事务日志中。如果把这组相关数据库恢复到这些标记，将产生一组在事务上一致的数据库。只有当数据库由标记事务更新时，才在事务日志中放置标记。不修改数据的事务不被标记。在已存在的未标记事务中，可以嵌套 BEGIN TRAN new_name WITH MARK。嵌套后，不论是否已为事务提供了该名称，new_name 都将成为事务的标记名。

注意：任何有效的用户都具有默认的 BEGIN TRANSACTION 权限。

以下示例定义了两个嵌套事务：

```
--开始事务 T1
BEGIN TRAN T1
    PRINT 'Outer Transaction=' +CONVERT(varchar, @@TRANCOUNT)
    DELETE Reader
    --开始嵌套事务 T2
    BEGIN TRAN T2
    PRINT 'Inner Transaction=' +CONVERT(varchar, @@TRANCOUNT)
    DELETE ReaderType
    --提交事务 T2
    COMMIT TRAN T2
--提交事务 T1
COMMIT TRAN T1
```

2. COMMIT TRANSACTION

COMMIT TRANSACTION 标志一个成功的隐性事务或用户定义事务的结束。如果@@TRANCOUNT 为 1，则 COMMIT TRANSACTION 使自从事务开始以来所执行的所有数据，修改成为数据库的永久部分，释放连接占用的资源，并将@@TRANCOUNT 减少到 0。如果@@TRANCOUNT 大于 1，则 COMMIT TRANSACTION 使@@TRANCOUNT 按 1 递减。

COMMIT TRANSACTION 的语法格式为：

```
COMMIT [ TRAN [ SACTION ] [ transaction_name | @tran_name_variable ] ]
```

各参数含义如下。

（1）transaction_name 指定由前面的 BEGIN TRANSACTION 指派的事务名称，但 SQL Server 忽略该参数。transaction_name 必须遵循标识符的规则，但只使用事务名称的前 32 个字符。通过向程序员指明 COMMIT TRANSACTION 与哪些嵌套的 BEGIN TRANSACTION 相关联，transaction_name 可作为帮助阅读的一种方法。

（2）@tran_name_variable 用户定义的、含有有效事务名称的变量的名称。必须用 char、varchar、nchar 或 nvarchar 数据类型声明该变量。

当在嵌套事务中使用时，内部事务的提交并不释放资源或使其修改成为永久修改。只有在提交了外部事务时，数据修改才具有永久性，而且资源才会被释放。当@@TRANCOUNT 大于 1 时，每发出一个 COMMIT TRANSACTION 命令，就会使@@TRANCOUNT 按 1 递减。当@@TRANCOUNT 最终减少到 0 时，将提交整个外部事务。因为 transaction_name 被 SQL Server

忽略，所以当存在仅将@@TRANCOUNT 按 1 递减的显著内部事务时，将发出一个引用外部事务名称的 COMMIT TRANSACTION。

当@@TRANCOUNT 为 0 时，发出 COMMIT TRANSACTION，将会导致出现错误，因为没有相应的 BEGIN TRANSACTION。

不能在发出一个 COMMIT TRANSACTION 语句之后返回事务，因为数据修改已经成为数据库的一个永久部分。

事务的提交，还可以使用 COMMIT WORK。COMMIT WORK 标志事务的结束，其语法格式为：

```
COMMIT [ WORK ]
```

COMMIT WORK 语句的功能与 COMMIT TRANSACTION 相同，但是 COMMIT TRANSACTION 接受用户定义的事务名称。这个指定或没有指定可选关键字 WORK 的 COMMIT 语法与 SQL-92 兼容。

以下示例使用 COMMIT 完成事务的提交：

```
BEGIN TRANSACTION
USE Library
GO
UPDATE ReaderType
SET LimitNum = LimitNum * 1.5
WHERE TypeID =2
GO
COMMIT
GO
```

3．ROLLBACK TRANSACTION

ROLLBACK TRANSACTION 将显式事务或隐性事务，返回到事务的起点或事务内的某个保存点。

ROLLBACK TRANSACTION 语法格式为：

```
ROLLBACK [ TRAN [ SACTION ]
    [ transaction_name |@tran_name_variable
    | savepoint_name | @savepoint_variable ] ]
```

各参数含义如下。

（1）transaction_name　给 BEGIN TRANSACTION 上的事务指派名称。transaction_name 必须符合标识符规则，但只使用事务名称的前 32 个字符。嵌套事务时，transaction_name 必须是来自最远的 BEGIN TRANSACTION 语句的名称。

（2）@tran_name_variable　用户定义的、含有有效事务名称的变量的名称。必须用 char、varchar、nchar 或 nvarchar 数据类型声明该变量。

（3）savepoint_name　来自 SAVE TRANSACTION 语句的 savepoint_name。savepoint_name 必须符合标识符规则。当条件返回只影响事务的一部分时，可以使用 savepoint_name。

（4）@savepoint_variable　用户定义的、含有有效保存点名称的变量的名称。必须用 char、varchar、nchar 或 nvarchar 数据类型声明该变量。

ROLLBACK TRANSACTION 清除自事务起点，或到某个保存点所做的所有数据的修改。ROLLBACK 还释放由事务控制的资源。

不带 savepoint_name 和 transaction_name 的 ROLLBACK TRANSACTION 返回到事务的起点。

嵌套事务时，该语句将所有内层事务返回到最远的 BEGIN TRANSACTION 语句。在这两种情况下，ROLLBACK TRANSACTION 均将@@TRANCOUNT 系统函数减为 0。ROLLBACK TRANSACTION savepoint_name 不减少@@TRANCOUNT。

ROLLBACK TRANSACTION 语句若指定 savepoint_name，则不释放任何锁。在由 BEGIN DISTRIBUTED TRANSACTION 显式启动，或从本地事务升级而来的分布式事务中，ROLLBACK TRANSACTION 不能引用 savepoint_name。在执行 COMMIT TRANSACTION 语句后不能返回事务。

返回事务还可以使用 ROLLBACK WORK 语句，其语法格式为：

```
ROLLBACK [ WORK ]
```

ROLLBACK WORK 语句的功能与 ROLLBACK TRANSACTION 相同，除非 ROLLBACK TRANSACTION 接受用户定义的事务名称。不论是否指定可选的 WORK 关键字，该 ROLLBACK 语法都遵从 SQL-92 标准。嵌套事务时，ROLLBACK WORK 始终返回到最远的 BEGIN TRANSACTION 语句，并将@@TRANCOUNT 系统函数减为 0。

4. SAVE TRANSACTION

SAVE TRANSACTION 是在事务内设置保存点。

SAVE TRANSACTION 语法格式为：

```
SAVE TRAN [ SACTION ] { savepoint_name | @savepoint_variable }
```

各参数含义如下。

（1）savepoint_name 指派给保存点的名称。保存点名称必须符合标识符规则，但只使用前 32 个字符。

（2）@savepoint_variable 用户定义的、含有有效保存点名称的变量名称。必须用 char、varchar、nchar 或 nvarchar 数据类型声明该变量。

用户可以在事务内设置保存点或标记。保存点定义如果有条件地取消事务的一部分，事务可以设置返回的位置。如果将事务返回到保存点，则必须（如果需要，使用更多的 Transact-SQL 语句和 COMMIT TRANSACTION 语句）继续完成事务，或者必须（通过将事务返回到其起始点）完全取消事务。若要取消整个事务，请使用 ROLLBACK TRANSACTION transaction_name 格式。这将撤销事务的所有语句和过程。

在由 BEGIN DISTRIBUTED TRANSACTION 显式启动，或从本地事务升级而来的分布式事务中，不支持 SAVE TRANSACTION。

注意：当事务开始时，将一直控制事务中所使用的资源，直到事务完成（也就是锁定）。当事务的一部分返回到保存点时，将继续控制资源，直到事务完成（或者返回全部事务）。

5. 事务日志

每个事务都被记录到事务日志中，以便维护数据库的一致性，并为恢复数据提供援助。日志是一片存储区，并自动追踪数据库的所有变化，但非日志运算不记录到日志中。在进行数据更新执行过程中，修改行数据在未写入数据库前，先被记录到日志中。

事务日志记录了所有事务，SQL Server 在断电、系统软件失败、客户问题或发生事务取消请求时，数据库管理系统都能自动恢复数据。

在 SQL Server 2014 中，数据库必须至少包含一个数据文件和一个事务日志文件。SQL Server 使用各数据库的事务日志来恢复事务。事务日志是数据库中已发生的所有修改，以及执行每次修改的事务的一连串记录。事务日志记录每个事务的开始。它记录了在每个事务期间，对数据的更改及撤消所做更改所需的足够信息。对于一些大的操作（如 CREATE INDEX），事务日志则记录该操作发生的事实。随着数据库中发生被记录的操作，日志会不断地增长。

事务日志记录页的分配和释放，以及每个事务的提交或返回。这允许 SQL Server 采用下列方式应用（前行）或收回（返回）每个事务：

（1）在应用事务日志时，事务将前行。SQL Server 将每次修改后的映象复制到数据库中，或者重新运行语句（如 CREATE INDEX）。这些操作将按照其原始发生顺序进行应用。此过程结束后，数据库将处于与事务日志备份时相同的状态。

（2）当收回未完成的事务时，事务将返回。SQL Server 将所有修改前的映像复制到 BEGIN TRANSACTION 后的数据库。如果遇到表示执行了 CREATE INDEX 的事务日志记录，则会执行与该语句逻辑相反的操作。这些前映像和 CREATE INDEX 逆转，将按照与原始顺序相反的顺序进行应用。

在检查点处，SQL Server 确保所有已修改的事务日志记录和数据库页都写入磁盘。在重新启动 SQL Server 时所发生的各数据库的恢复过程中，仅在不知道事务中所有的数据修改，是否已经从高速缓冲中实际写入磁盘时，才必须使事务前滚。因为检查点强迫所有修改的页写入磁盘，所以检查点表示启动恢复，必须开始前行到事务的位置。因为检查点之前的所有修改页都保证在磁盘上，所以没有必要使检查点之前已完成的任何事务前行。

利用事务日志备份，可以将数据库恢复到特定的即时点（如输入不想要的数据之前的那一点）或故障发生点。在媒体恢复策略中，应考虑利用事务日志备份。

注意：部分语句不能应用于事务中，其中包括 ALTER DATABASE、RECONFIGURE、BACKUP LOG、RESTORE DATABASE、CREATE DATABASE、RESTORE LOG、DROP DATABASE、UPDATE STATISTICS。

8.3 锁

锁是在多用户环境中对数据访问的限制。加锁防止了数据更新的冲突。用户不能对其他用户改变处理中的数据进行读取或修改。如果不使用锁，数据库中的数据可能出现逻辑错误，并且对相关数据执行的操作，可能产生意想不到的结果。在多用户系统中，必须有一套机制，确保多个同时发生的事务对数据的更新保持一致。锁定的基本方法是用户对需要操作的数据预先加锁，以阻止其他用户访问相同的数据，在数据使用完后，再释放锁，以允许其他用户实现对数据的访问。

在应用锁时，应注意以下事项。

（1）加锁使得事务的串行化成为可能，使得在同一时刻只有一个人改变数据元素。例如，售票系统要保证一张电影票只能出售给一个人。

（2）对于并发事务，加锁是必需的，以允许用户同时访问和更新数据。提高并发性，可以使一批用户体验冲突很少的良好反应时间。系统管理主要关注用户数量、事务数量和吞吐量，应用系统则更关注系统的反应速度。

8.3.1　锁的分类

SQL Server 2014 具有多粒度锁定，允许一个事务锁定不同类型的资源。为了使锁定的成本减至最少，SQL Server 自动将资源锁定在适合任务的级别。锁定在较小的粒度（例如行），可以增加并发，但需要较大的开销。因为如果锁定了许多行，则需要控制更多的锁。锁定在较大的粒度（例如表）就并发而言是相当昂贵的，因为锁定整个表，就限制了其他事务对表中任意部分进行访问，但其要求的开销较低，因为需要维护的锁较少。

SQL Server 可以锁定表 8.2 所示资源（按粒度增加的顺序列出）。

表 8.2 锁定资源

锁定资源	描述
RID	行标识符。用于单独锁定表中的一行
键	索引中的行锁。用于保护可串行事务中的键范围
页	8KB 的数据页或索引页
扩展盘区	相邻的八个数据页或索引页构成的一组
表	包括所有数据和索引在内的整个表
DATABASE	数据库

SQL Server 使用不同的锁模式锁定资源，这些锁模式确定了并发事务访问资源的方式。SQL Server 使用以下锁模式，如表 8.3 所示。

表 8.3 锁模式

锁模式	描述
共享 (S)	用于不更改或不更新数据的操作（只读操作），如 SELECT 语句
更新 (U)	用于可更新的资源中。防止当多个会话在读取、锁定以及随后可能进行的资源更新时发生常见形式的死锁
排他 (X)	用于数据修改操作，例如 INSERT、UPDATE 或 DELETE。确保不会同时对同一资源进行多重更新
意向	用于建立锁的层次结构。意向锁的类型为：意向共享(IS)、意向排它(IX)以及与意向排他共享(SIX)
架构	在执行依赖于表架构的操作时使用。架构锁的类型为：架构修改(Sch-M)

1．共享锁

共享（S）锁允许并发事务读取（SELECT）一个资源。资源上存在共享锁时，任何其他事务都不能修改数据。一旦已经读取数据，便立即释放资源上的共享锁，除非将事务隔离级别设置为可重复读或更高级别，或者在事务生存周期内用锁定提示保留共享锁。

2．更新锁

更新（U）锁可以防止通常形式的死锁。一般更新模式由一个事务组成，此事务读取记录，获取资源（页或行）的共享锁，然后修改行，此操作要求锁转换为排他锁。如果两个事务获得了资源上的共享模式锁，然后试图同时更新数据，则一个事务尝试将锁转换为排他锁。共享模式到排他锁的转换必须等待一段时间，因为一个事务的排他锁与其他事务的共享模式锁不兼容，将发生锁等待。第二个事务试图获取排他锁以进行更新。由于两个事务都要转换为排他锁，并且每个事务都等待另一个事务释放共享模式锁，因此发生死锁。

若要避免这种潜在的死锁问题，请使用更新锁。一次只有一个事务可以获得资源的更新锁。如果事务修改资源，则更新锁转换为排他锁。否则，锁转换为共享锁。

3．排他锁

排他（X）锁可以防止并发事务对资源进行访问。其他事务不能读取或修改排他锁锁定的数据。

4．意向锁

意向锁表示 SQL Server 需要在层次结构中的某些底层资源上，获取共享锁或排他锁。例如，放置在表级的共享意向锁，表示事务打算在表中的页或行上放置共享锁。在表级设置意向锁，可防止另一个事务随后在包含那一页的表上获取排他锁。意向锁可以提高性能，因为 SQL Server 仅在表级检查意向锁，确定事务是否可以安全地获取该表上的锁，而无须检查表中的每行或每页上的锁，以确定事务是否可以锁定整个表。

意向锁包括意向共享（IS）、意向排他（IX），以及与意向排他共享（SIX），如表 8.4 所示。

表 8.4　意向锁

锁 模 式	描　述
意向共享（IS）	通过在各资源上放置 S 锁，表明事务的意向是读取层次结构中的部分（而不是全部）底层资源
意向排他（IX）	通过在各资源上放置 X 锁，表明事务的意向是修改层次结构中的部分（而不是全部）底层资源。IX 是 IS 的超集
与意向排他共享（SIX）	通过在各资源上放置 IX 锁，表明事务的意向是读取层次结构中的全部底层资源并修改部分（而不是全部）底层资源。允许顶层资源上的并发 IS 锁。例如，表的 SIX 锁在表上放置一个 SIX 锁（允许并发 IS 锁），在当前所修改页上放置 IX 锁（在已修改行上放置 X 锁）。虽然每个资源在一段时间内只能有一个 SIX 锁，以防止其他事务对资源进行更新，但是其他事务可以通过获取表级的 IS 锁，来读取层次结构中的底层资源

5．架构锁

执行表的数据定义语言（DDL）操作（例如添加列或除去表）时，使用架构修改（Sch-M）锁。当编译查询时，使用架构稳定性（Sch-S）锁。架构稳定性锁不阻塞任何事务锁，包括排他锁。因此在编译查询时，其他事务（包括在表上有排他锁的事务）都能继续运行。但不能在表上执行 DDL 操作。

6．大容量更新锁

当将数据大容量复制到表，且指定了 TABLOCK 提示或者使用 sp_tableoption 设置了 table lock on bulk 表选项时，将使用大容量更新（BU）锁。大容量更新锁允许进程将数据并发地大容量复制到同一表，同时防止其他不进行大容量复制数据的进程访问该表。

8.3.2　死锁

当某组资源的两个或多个线程之间有循环相关性时，将发生死锁。在多用户环境中，当多个用户（或会话）拥有对不同对象的锁，并且每个用户都试图获得对方所锁定的对象的锁时，将发生死锁，它们因为正等待对方拥有的资源而不能提交或返回事务。

死锁是一种可能发生在任何多线程系统中的状态，而不仅仅发生在关系数据库管理系统中。多线程系统中的一个线程，可能获取一个或多个资源（如锁）。如果正获取的资源当前为另一线程所拥有，则第一个线程必须等待拥有线程释放目标资源。这时就说等待线程在那个特定资源上与拥有线程有相关性。

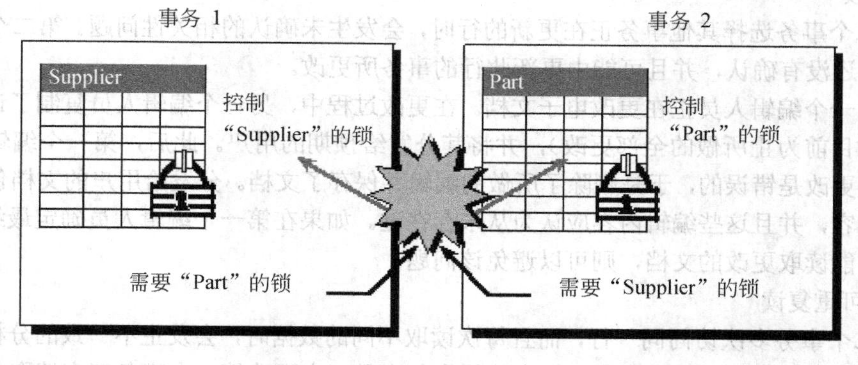

图 8.1　死锁

如图 8.1 所示是发生死锁的情况，运行事务 1 的线程 T1 具有 Supplier 表上的排他锁。运行事务 2 的线程 T2，具有 Part 表上的排他锁，并且之后需要 Supplier 表上的锁。事务 2 无法获得这一锁，因为事务 1 已拥有它。事务 2 被阻塞，等待事务 1。然后，事务 1 需要 Part 表的锁，但无法获得锁，因为事务 2 将它锁定了。事务在提交或返回之前不能释放持有的锁。因为事务需要对方控制的锁才能继续操作，所以它们不能提交或返回。

对于 Part 表锁资源，线程 T1 在线程 T2 上具有相关性。同样，对于 Supplier 表锁资源，线程 T2 在线程 T1 上具有相关性。因为这些相关性形成了一个循环，所以在线程 T1 和线程 T2 之间存在死锁。

在 SQL Server 2014 中，死锁检测由一个称为锁监视器线程的单独的线程执行。在出现下列任一情况时，锁监视器线程对特定线程启动死锁搜索。

线程已经为同一资源等待了一段指定的时间；锁监视器线程定期醒来并识别所有等待某个资源的线程；如果锁监视器再次醒来时这些线程仍在等待同一资源，则它将对等待线程启动锁搜索；线程等待资源并启动急切的死锁搜索。

SQL Server 通常只执行定期死锁检测，而不使用急切模式。因为系统中遇到的死锁数通常很少，定期死锁检测有助于减少系统中死锁检测的开销。

在识别死锁后，SQL Server 通过自动选择，可以打破死锁的线程（死锁牺牲品）来结束死锁。

8.4 事务的并发控制

如果没有锁定，且多个用户同时访问一个数据库，则当它们的事务同时使用相同的数据时，可能会发生问题。并发问题包括：更新丢失、脏读、不可重复读、幻像读。

8.4.1 并发问题

1．更新丢失

当两个或多个事务选择同一行，然后基于最初选定的值更新该行时，会发生丢失更新问题。每个事务都不知道其他事务的存在。最后的更新将重写由其他事务所做的更新，这将导致数据丢失。

例如，两个编辑人员制作了同一文档的电子复本。每个编辑人员独立地更改其复本，然后保存更改后的复本，这样就覆盖了原始文档。最后保存其更改复本的编辑人员覆盖了第一个编辑人员所做的更改。如果在第一个编辑人员完成之后，第二个编辑人员才能进行更改，则可以避免该问题。

2．脏读

当第二个事务选择其他事务正在更新的行时，会发生未确认的相关性问题。第二个事务正在读取的数据还没有确认，并且可能由更新此行的事务所更改。

例如，一个编辑人员正在更改电子文档。在更改过程中，另一个编辑人员复制了该文档（该复本包含到目前为止所做的全部更改），并将其分发给预期的用户。此后，第一个编辑人员认为目前所做的更改是错误的，于是删除了所做的编辑并保存了文档。分发给用户的文档包含不再存在的编辑内容，并且这些编辑内容应认为从未存在过。如果在第一个编辑人员确定最终更改前，任何人都不能读取更改的文档，则可以避免该问题。

3．不可重复读

当第二个事务多次访问同一行，而且每次读取不同的数据时，会发生不一致的分析问题。不一致的分析与未确认的相关性类似，因为其他事务也是正在更改第二个事务正在读取的数据。然而，在不一致的分析中，第二个事务读取的数据是由已进行了更改的事务提交的，而且，不一致的分析涉及多次（两次或更多）读取同一行，而且每次信息都由其他事务更改；因而该行被非重复读取。

例如，一个编辑人员两次读取同一文档，但在两次读取之间，作者重写了该文档。当编辑人员第二次读取文档时，文档已更改。原始读取不可重复。如果只有在作者全部完成编写后，编辑人员才可以读取文档，则可以避免该问题。

4．幻像读

当对某行执行插入或删除操作，而该行属于某个事务正在读取行的范围时，会发生幻像读问题。事务第一次读的行范围显示出其中一行已不复存在于第二次读或后续读中，因为该行已被其他事务删除。同样，由于其他事务的插入操作，事务的第二次或后续读显示有一行已不存在于原始读中。

例如，一个编辑人员更改作者提交的文档，但当生产部门将其更改内容合并到该文档的主复本时，发现作者已将未编辑的新材料添加到该文档中。如果在编辑人员和生产部门完成对原始文档的处理之前，任何人都不能将新材料添加到文档中，则可以避免该问题。

8.4.2　并发控制

当许多人试图同时修改数据库内的数据时，必须执行控制系统，以使某个人所做的修改不会对他人产生负面影响。这称为并发控制。并发控制确保一个事务所做的修改，不逆向地影响其他事务的修改。并发控制理论因创立并发控制的方法不同而分为以下两类。

1．悲观并发控制

锁定系统阻止用户以影响其他用户的方式修改数据。如果用户执行的操作导致应用了某个锁，则直到这个锁的所有者释放该锁，其他用户才能执行与该锁冲突的操作。该方法主要用在数据争夺激烈的环境中，以及出现并发冲突时用锁保护数据的成本比返回事务的成本低的环境中，因此称该方法为悲观并发控制。

2．乐观并发控制

在乐观并发控制中，用户读数据时不锁定数据。在执行更新时，系统进行检查，查看另一个用户读过数据后是否更改了数据。如果另一个用户更新了数据，将产生一个错误。一般情况下，接收错误信息的用户将返回事务并重新开始。该方法主要用在数据争夺少的环境内，以及偶尔返回事务的成本超过读数据时锁定数据的成本的环境内，因此称该方法为乐观并发控制。

当锁定用作并发控制机制时，它可以解决并发问题。在多用户环境中，为了防止事务之间的相互影响，提高数据库数据的安全性和完整性，数据库系统提供了隔离的机制，这使所有事务得以在彼此完全隔离的环境中运行，但是任何时候都可以有多个正在运行的事务。

事务准备接受不一致数据的级别称为隔离级别。隔离级别是一个事务必须与其他事务进行隔离的程度。较低的隔离级别可以增加并发，但代价是降低数据的正确性。相反，较高的隔离级别可以确保数据的正确性，但可能对并发产生负面影响。应用程序要求的隔离级别确定了 SQL Server 使用的锁定行为。

SQL-92 定义了下列四种隔离级别，SQL Server 支持所有这些隔离级别：

① 未提交读（事务隔离的最低级别，仅可保证不读取物理损坏的数据）；

② 提交读（SQL Server 默认级别）；

③ 可重复读；

④ 可串行读（事务隔离的最高级别，事务之间完全隔离）。

可串行性是通过运行一组并发事务达到的数据库状态，等同于这组事务按某种顺序连续执行时所达到的数据库状态。

如果事务在可串行读隔离级别上运行，则可以保证任何并发重叠事务均是串行的。表 8.5 中描述了各种事务隔离级别中并发问题发生的可能性。

表 8.5 事务隔离级别与并发问题的可能性

隔离级别	脏读	不可重复读取	幻像读
未提交读	是	是	是
提交读	否	是	是
可重复读	否	否	是
可串行读	否	否	否

事务必须运行于可重复读或更高的隔离级别以防止丢失更新。当两个事务检索相同的行，然后基于原检索的值对行进行更新时，会发生丢失更新。如果两个事务使用一个 UPDATE 语句更新行，并且不基于以前检索的值进行更新，则在默认的提交读隔离级别不会发生丢失更新。

本章小结

事务是单独的工作单元，该单元中可以包含多个操作，以完成一个完整的任务。锁是在多用户环境中对数据访问的限制。事务和锁确保了数据的完整性。事务确保了对数据的多个修改能够一起处理。

加锁防止了更新冲突，使得事务是可串行化，允许数据的并发使用，加锁是自动实现的。当管理事务和加锁时，应该注意以下事项。

① 保持事务尽可能的短，这样可以尽量地减少与其他事务的加锁冲突，但事务同时决不能小于工作的逻辑单位。

② 把事务设置得使死锁极小化，以便防止由于死锁而必须重新提交事务。

③ 使用服务器的加锁缺省设置，以应用查询优化器基于特定事务和数据库中其他活动而使用最好的锁。

④ 使用加锁选项时要谨慎小心，对事务必须进行测试，确保加锁选择优于 SQL Server 的缺省加锁选项。

习题 8

8-1 简述事务的定义、特性和调度方式。

8-2 简述排他锁和共享锁的概念。

8-3 如果应用程序需要对系统中的数据库表进行定期的更新操作，数据库表中的记录数达到上万条，DBA 为此设计了一个 UPDATE 语句来完成这个功能，但此 UPDATE 语句需要处理时间较长，达到 20 分钟以上。这个 UPDATE 操作是最好的方法吗？如果不是，可能应该从哪些方面对其进行优化？

8-4 如果 DBA 接到客户反映，数据库系统在处理客户的请求时，系统大部分处理的响应时间都达到 15 秒。系统可能存在什么问题？如何确定问题的根源？

实训 8 应用事务

1．目标

完成本实验后，将掌握以下内容。

（1）创建事务。

（2）应用事务。

2．准备工作

建立 HongWenSoft 数据库。

在进行本实验前，必须先建立 HongWenSoft 数据库。如果还没有创建这个数据库，请先通过练习前创建数据库的脚本，创建数据库到数据库管理系统中。

3．场景

某公司的关系管理系统数据库，为了确保数据在更新过程中，如果有多个数据要同时被更新，以完成一件逻辑功能时，需要把多个操作作为完整的整体来看待，此时可应用事务机制。

实验预估时间：30 分钟。

4．实验步骤

练习　创建更新某部门基础工资的事务。

本练习中，将创建一个事务，以更新某部门的基础工资及工资梯度，其中应用事务确保可能存在的同时多条操作成为一个整体。

（1）打开“查询分析器”，连接到数据库实例“HongWenSoft”。

（2）在“查询分析器”中，输入以下语句创建事务，以实现对部门记录的更新操作。

```
Use HongWenSoft
--开始事务 T1
BEGIN TRAN T1
    UPDATE Employee
    SET BasicSalary=1500
    WHERE DeptID =1002
    --开始嵌套事务 T2
    BEGIN TRAN T2
        UPDATE Employee
        SET EmployeeLeve =3
        WHERE DeptID =1002
    --提交事务 T2
    COMMIT TRAN T2
--提交事务 T1
COMMIT TRAN T1
```

（3）在“查询分析器”中执行此事务，再查看是否有数据被更新到数据库中。

第9章　数据库设计方法与步骤

【内容提要】本章主要介绍按照软件工程的方法，进行数据库系统设计的基本过程、设计方法与步骤等。通过本章学习，读者应该掌握以下内容：数据库设计方法和原则、数据库的设计过程、数据库的设计步骤、数据库系统技术文档的编写。

9.1　数据库设计概述

9.1.1　数据库设计的方法

数据库设计是指对于一个给定的应用环境，构造一个最优的数据库模式，并根据此模式建立数据库，使之能够有效、安全、完整地存储大量数据，并满足多个用户的信息需求。

在数据库的设计过程中，主要的工作就是规划和结构化数据库中的数据对象，以及数据对象之间的关系。为了设计出良好的数据库系统，应找出良好的设计方法，以处理数据库设计中要涉及的各种问题。

数据库的设计有多种方法，目前主流的设计方法是按照软件工程要求的规范化设计方法和步骤进行，以实现数据库设计过程的可见性和可控性，在设计过程中，整个软件系统的设计以数据库的设计为中心，应用程序的设计围绕着数据库进行。

近几年，随着敏捷软件开发方法的应用，软件系统的设计不再以数据库的设计为中心，而是以软件系统的功能实现为中心，随着软件开发的演进和代码版本的迭代，把数据库当做软件开发中的持久化功能处理，自然形成数据库系统，解除了应用设计与数据库设计之间的耦合，使应用设计不依赖于任何特定类型的数据库。

敏捷软件开发方法能更好地适应软件需求的变化，但软件工程的规范化设计方法，从系统的整体出发，软件开发的可见性较高，开发进度的可控性相对较好，所以数据库的设计依然以软件工程要求的规范化设计方法为主，本章根据软件工程的规范化设计方法，以B2C的图书销售管理系统为例，讲解数据库开发技术。

9.1.2　数据库设计的原则

数据库设计主要包含两方面的内容。

1．结构特性设计

结构特性设计是指数据库模式或数据库结构设计，应该具有最小冗余的、能满足不同用户数据需求的、能实现数据共享的系统。数据库结构特性是静态的，数据库结构设计完成后，一般不再变动，但由于客户需求变更的必然性，在设计时应考虑数据库变更的扩充余地，确保系统扩充、更新成功。

2．行为特性设计

行为特性设计是指应用程序、事物处理的设计。用户通过应用程序访问和操作数据库，用户的行为和数据库结构紧密相关。

9.2　数据库设计过程

按照软件工程的规范化设计方法，数据库设计主要包含以下几个阶段。

（1）需求分析 准确了解与分析用户需求。

（2）概念结构设计 对用户需求进行综合、归纳与抽象，把用户需求抽象为数据库的概念模型。

（3）逻辑结构设计 将概念结构转换为某个 DBMS 所支持的数据模型，并对其进行优化。

（4）物理结构设计 在 DBMS 上建立起逻辑结构设计确立的数据库的结构。

（5）数据库实施 建立数据库，编制与调试应用程序，组织数据入库，并进行试运行。

9.2.1 需求分析

需求分析的目的是准确了解系统的应用环境，了解并分析用户对数据及数据处理的需求，是整个数据库设计过程中最重要步骤之一，是其余各阶段的基础。在需求分析阶段，要求从各方面对整个组织进行调研，收集和分析各项应用对信息和处理两方面的需求。

1．收集需求信息

收集资料是数据库设计人员和用户共同完成的任务。确定企业组织的目标，从这些目标导出对数据库的总体要求。在需求分析阶段，设计人员必须与用户进行深入细致的交流，如果可以，最好让开发团队和用户共同工作；如果没有条件，则用户应该派出代表到开发团队中，以便于开发团队随时了解用户的各方面需求。

在需求分析阶段，需求分析是一个反复进行和迭代的过程，每次迭代，设计人员都要形成需求分析文档，应当和用户一同分析文档，以消除开发人员和用户之间的误解，形成正确而全面的需求规格说明书。

需求分析阶段，主要了解和分析以下内容：

① 信息需求：用户需要从数据库中获得信息的内容与性质；

② 处理需求：用户要求软件系统完成的功能，并说明对系统处理完成功能的时间、处理方式的要求；

③ 安全性与完整性要求：用户对系统信息的安全性要求等级，以及信息完整性的具体要求；

2．分析整理

分析的过程是对所收集到的数据进行抽象的过程。软件开发是以用户的日常工作为基础，在收集需求信息时，用户也是从日常工作角度，对软件功能和处理的信息进行描述，这些信息不利于软件的设计和实现，为便于设计人员和用户之间进行交流，同时方便软件的设计和实现，设计人员要对收集到的用户需求信息进行分析和整理，把功能进行分类和合并，把整个系统分解成若干个功能模块。

在图书销售管理系统中，以下是分析得到的用户需求。

① 新书信息录入，以添加系统中所销售图书的信息。

② 新书列表，以方便用户得到新进图书的信息。

③ 书目分类，以便于用户查看对应分类中相关图书信息。

④ 图书搜索功能，以方便用户按书名、ISBN、主题或作者搜索相应图书信息。

⑤ 用户注册功能，以方便保存用户信息，并在相应功能中快速应用用户信息。

⑥ 用户登录功能，以方便用户选购图书，并进行结算和配送。

⑦ 订单管理功能，以方便对图书的销售情况进行统计、分析和配送。

⑧ 系统管理员登录功能。

在数据库系统中，用户可以在结算前的任何时候登录系统，无权修改图书中相关信息，只能选购系统中的已注册的图书。对图书信息的修改，只能是以系统管理员角色(管理系统的用户)的用户登录后才能进行。系统中一般的注册用户和系统管理员角色不能重叠，一个用户只能是一般的注册用户或系统管理员中的一种。系统管理员不得查看用户的密码等关键信息。

3．数据流图

数据库设计过程中采用数据流图(Data Flow Diagram, DFD)来描述系统的功能。数据流图可以形象地描述事务处理与所需数据的关联，便于用结构化系统方法，自顶向下，逐层分解，步步细化，并且便于用户和设计人员进行交流。DFD 一般由图 9.1 所示元素构成。

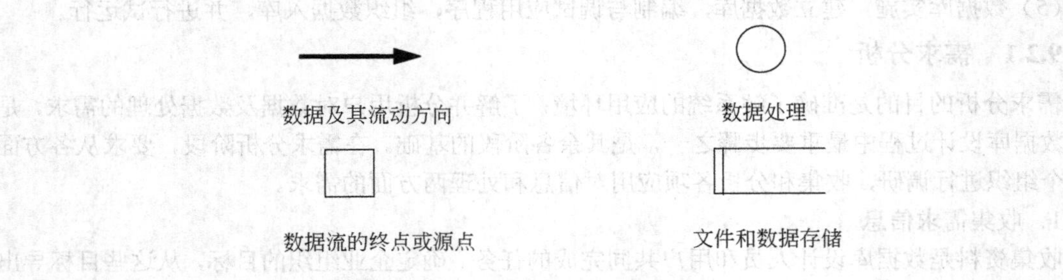

图 9.1 数据流图元素

数据流图的建立必须在充分调研用户需求的基础上进行，根据用户需求的各功能进行规划，并在数据流图中体现各功能实现的工作过程，以及实现过程中所需的数据、数据的流向及数据的内容。

数据流图要对用户需求的进一步明确和细化，用户和设计人员可以通过数据流图，交流各自对系统功能的理解。图书销售管理系统的数据流图如图 9.2 所示。

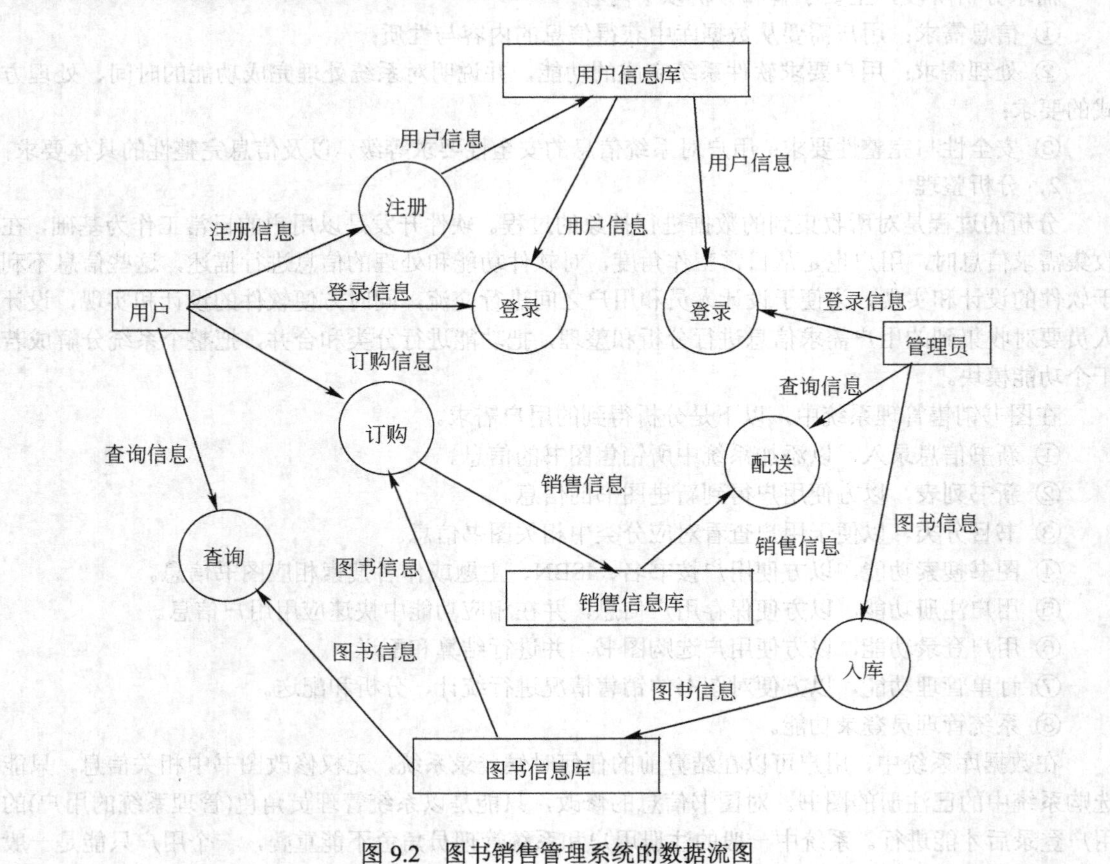

图 9.2 图书销售管理系统的数据流图

对图 9.2 说明如下：

① 注册信息：用户名、用户姓名、家庭住址、邮政编码、移动电话、固定电话、电子信箱、密码；

② 登录信息：用户名、密码；

③ 用户信息：客户编号、用户名、用户姓名、家庭住址、邮政编码、移动电话、固定电话、电子信箱；

④ 图书信息：图书序号、图书名称、ISBN、作者、图书类型编号、描述；

⑤ 销售信息：订单流水号、图书序号、数量、客户编号、单价；

⑥ 查询信息：查询依据、查询值。

4. 数据字典

数据字典（Data Dictionary, DD）是关于数据库中数据的一种描述，而不是数据库中的数据；数据字典用于记载系统中的各种数据、数据元素，以及它们的名字、性质、意义及各类约束条件。

数据字典有利于设计人员与用户之间、设计人员之间的通信；有利于要求所有开发人员，根据公共数据字典描述数据和设计模块，避免接口不一致的问题。

数据字典在需求分析阶段建立，产生于数据流图，主要是对数据流图中数据流、数据项、数据存储和数据处理的描述。

① 数据流：定义数据流的组成。

② 数据项：定义数据项，规定数据项的名称、类型、长度、值的允许范围等内容，数据项的组成规则需要特别描述。

③ 数据存储：定义数据的组成，以及数据的组织方式

④ 数据处理：定义数据处理的逻辑关系，数据处理中只说明处理的内容，不说明处理的方法。

数据字典主要有三种方法实现：全人工过程（数据字典卡片）、全自动化过程（应用数据字典处理程序）及混合过程。

表 9.1 是图 9.2 所示数据流图的部分数据字典内容。

表 9.1　数据项描述条目（部分）

数据项名称	类　型	长度/字节	范　围
用户名	字符	20	任意
用户姓名	字符	20	任意
密码	字符	24	任意
家庭住址	字符	100	任意
单价	数字	8	任意数字
订购日期	日期	8	任意日期

注意：需求分析的各阶段都要求设计人员和用户之间进行充分的交流，每个阶段都必须有用户直接参与，每个阶段的设计结果都要返回给用户，并与用户交流对设计结果的看法，最终让用户理解设计结果，并取得用户的认可。

9.2.2　概念设计

概念设计阶段的目标是把需求分析阶段得到的用户需求抽象为数据库的概念结构，即概念模式。设计关系型数据库的过程中，描述概念结构的有力工具是 E-R 图，概念结构设计分为局部

E-R 图和总体 E-R 图。总体 E-R 图由局部 E-R 图组成，设计时，一般先从局部 E-R 图开始设计，以减小设计的复杂度，最后由局部 E-R 图综合形成总体 E-R 图。E-R 图的相关知识参见第一章相关内容。

局部 E-R 图的设计从数据流图出发，确定数据流图中的实体和相关属性，并根据数据流图中表示的对数据的处理，确定实体之间的联系。

在设计 E-R 图的过程中，数据库设计人员需要注意以下问题：

① 用属性还是实体表示某个对象更恰当；

② 用实体还是联系能更准确地描述需要表达的概念；

③ 用强实体还是弱实体更恰当；

④ 使用三元联系还是一对二元联系，能更好地表达实体之间的联系。

对图 9.2 中所示的数据流图，确定用户订购图书的局部 E-R 图，如图 9.3 所示。

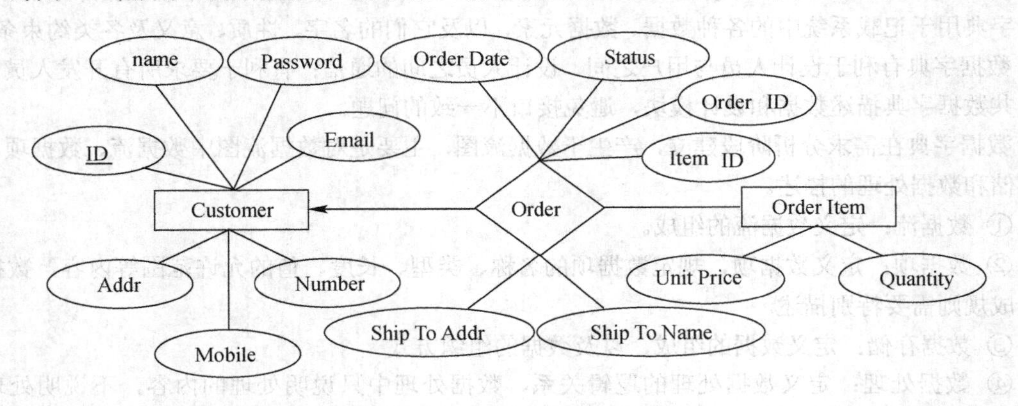

图 9.3 订购图书的局部 E-R 图

在用户订购图书的过程中，用户（Customer）和订单（Order Item）都是过程中的实体，而订购则是用户和订单之间的联系。由于订购过程中，一个用户可以发生多个订单，所以造成一对多的联系。在用户实体中，用户编号属性（ID）是主键，而订单实体中，目前还没有发现主键。在联系中，还有相应的属性，其中包括订购序号（Order ID）、订购的物品代码（Item ID）、订购日期（Order Date）、订单状态（Status）、配送地址（Ship To Addr），以及收件人姓名（Ship To Name）等属性。

图书相关的局部 E-R 图如图 9.4 所示。

整个数据库的总体 E-R 图，不在此列出，请读者根据以上方法自行设计完成。

9.2.3 逻辑设计

概念设计的结果得到的是与计算机软硬件具体性能无关的全局概念模式，概念结构无法在计算机中直接应用，需要把概念结构转换成特定的 DBMS 所支持的数据模型，逻辑设计就是把上述概念模型，转换成为某个具体的 DBMS 所支持的数据模型并进行优化。逻辑结构设计一般分为三部分：概念转换成 DBMS 所支持的数据模型、模型优化，以及设计用户子模式。

下面介绍如何把图书销售管理系统数据库，转换成关系型数据库。

1．概念结构向关系模型的转换

在概念结构向关系模型转换，需要有一定的原则和方法指导，一般原则如下。

（1）每个实体都有表与之对应，实体的属性转换成表的属性，实体的主键转换成表的主键。

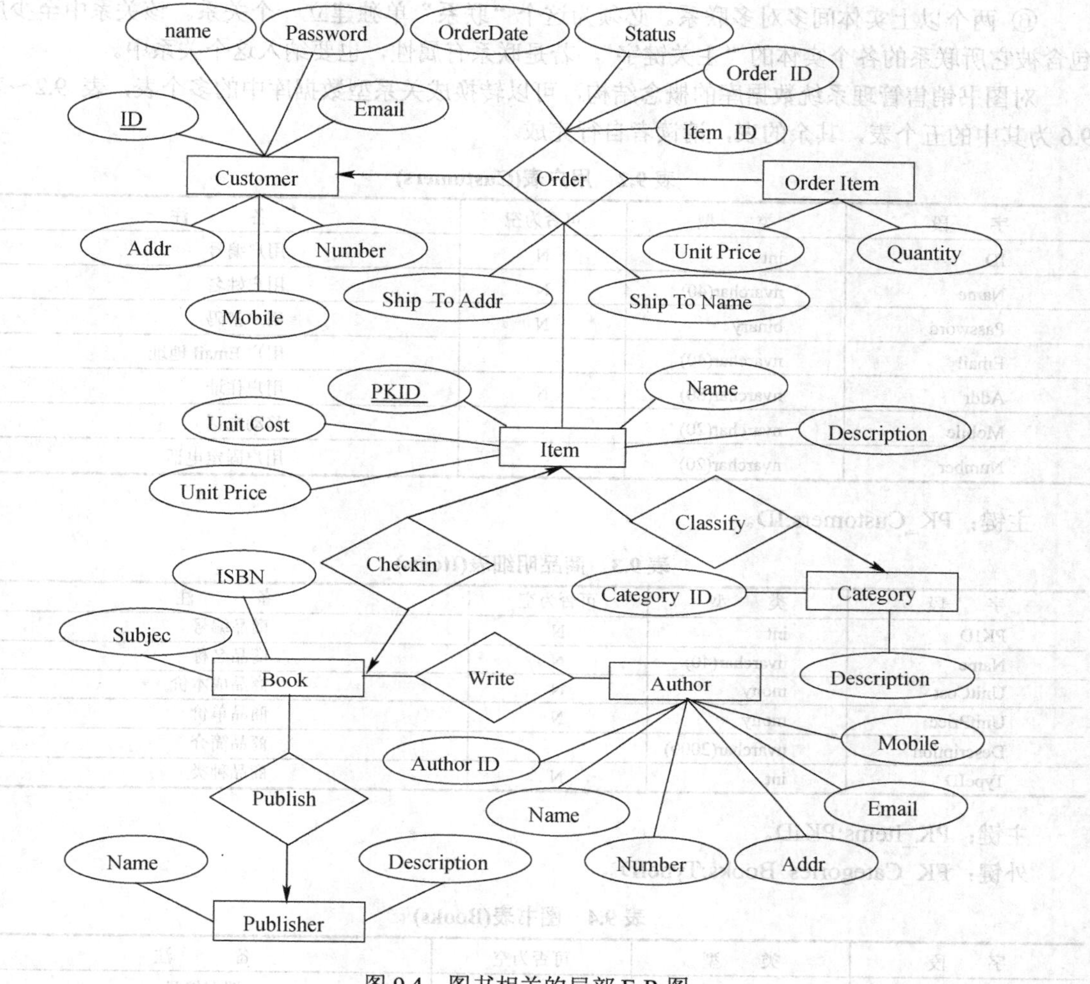

图 9.4　图书相关的局部 E-R 图

（2）联系的转换。联系转换的具体做法如下。

① 两实体间的一对一联系。一个一对一联系可以转换为一个独立的关系模式，也可以与任意一端对应的关系模式合并。如果转换为一个独立的关系模式，则与该联系相连的各实体的关键字，以及联系本身的属性均转换为关系的属性，每个实体的关键字均是该关系的候选关键字。如果与某一端实体对应的关系模式合并，则需要在该关系模式的属性中，加入另一个关系模式的关键字和联系本身的属性。可将任一方实体的主关键字，纳入另一方实体对应的关系中，若有联系的属性也一并纳入。

② 两实体间一对多联系。可将“一”方实体的主关键字，纳入“多”方实体对应的关系中，作为外关键字，同时把联系的属性也一并纳入“多”方对应的关系中。

③ 同一实体间的一对多联系。可在这个实体所对应的关系中多设一个属性，用来作为与该实体相联系的另一个实体的主关键字。

④ 两实体间的多对多联系。必须对“联系”单独建立一个关系，该关系中至少包含被它所联系的双方实体的“主关键字”，如果联系有属性，也要纳入这个关系中。

⑤ 同一实体间的多对多联系。必须为这个“联系”单独建立一个关系。该关系中至少应包含被它所联系的双方实体的“主关键字”，如果联系有属性，也要纳入这个关系中。由于这个“联系”只涉及一个实体，所以加入的实体的主关键字不能同名。

⑥ 两个以上实体间多对多联系。必须为这个“联系”单独建立一个关系。该关系中至少应包含被它所联系的各个实体的“主关键字”，若是联系有属性，也要纳入这个关系中。

对图书销售管理系统数据库的概念结构，可以转换成关系型数据库中的多个表，表 9.2～表 9.6 为其中的五个表，其余的表，请读者自行完成。

表 9.2　用户表(Customers)

字　段	类　型	可否为空	备　注
ID	int	N	用户编号
Name	nvarchar(40)	N	用户姓名
Password	binary	N	用户密码
Email	nvarchar(40)		用户 Email 地址
Addr	nvarchar(80)	N	用户住址
Mobile	nvarchar(20)		移动电话
Number	nvarchar(20)		用户固定电话

主键：PK_Customers:ID。

表 9.3　商品明细表(Items)

字　段	类　型	可否为空	备　注
PKID	int	N	商品编号
Name	nvarchar(40)	N	商品名称
UnitCost	mony	N	商品成本价
UnitPrice	mony	N	商品单价
Description	nvarchar(2000)		商品简介
TypeID	int	N	商品种类

主键：PK_Items:PKID。

外键：FK_Categories_Books:TypeID。

表 9.4　图书表(Books)

字　段	类　型	可否为空	备　注
ItemID	int	N	图书编号
ISBN	nchar(13)	N	ISBN 号
PublisherID	Int	N	出版商编号
Subject	nvarchar(255)		图书主题

主键：PK_Books:ItemID。

外键：FK_Items_Books:ItemID。

FK_Publishers_Books:PublisherID。

表 9.5　作者(Authors)

字　段	类　型	可否为空	备　注
AuthorID	int	N	作者编号
Name	nvarchar(40)	N	作者姓名
Addr	nvarchar(80)		作者住址
Email	nvarchar(50)	N	作者 Email 地址
Mobile	nvarchar(20)		移动电话
Number	nvarchar(20)		固定电话

主键：PK_Customers：AutherID。

表 9.6　作者图书关系(BookAuthor)

字　段	类　型	可否为空	备　注
ItemID	int	N	图书编号
AuthorID	int	N	作者编号

外键：FK_Items_BookAuthor:ItemID。

FK_Authors_BookAuthor:AuthorID。

其中，表 9.6 表示图书与作者之间的多对多联系。

2．关系模型的优化

在概念结构转换成逻辑结构之后，虽然逻辑结构能够基本满足数据存储和管理的要求，但是对于数据的维护和应用系统的开发仍有不便，所以需要对转换的结果进行优化，逻辑结构优化的方法是应用关系规范化理论进行规范化。

应用关系规范化理论对概念结构转换产生的关系模式进行优化，具体步骤如下。

（1）确定每个关系模式内部各个属性之间的数据依赖，以及不同关系模式属性之间的数据依赖。

（2）对各个关系模式之间的数据依赖进行最小化处理，消除冗余的联系。

（3）确定各关系模式的范式等级。

（4）按照需求分析阶段得到的处理要求，确定要对哪些模式进行合并或分解。

（5）为了提高数据操作的效率和存储空间的利用率，对上述产生的关系模式进行适当的修改、调整和重构。

注意：按照规范化理论对逻辑结构进行优化后，逻辑结构一般只要求达到三范式的要求即可，不必过于强调逻辑结构的冗余。在实际数据库应用系统的开发过程中，由于应用系统的开发要求，数据库在完成规范化设计之后，有时还会再次对数据进行调整，适度打破规范化理论的要求，以方便应用系统的开发，但此时应特别注意数据库中数据的冗余问题，需要采用一些技术手段，防止出现数据不一致问题。

表 9.2～表 9.6 是已完成优化后的结果。

3．设计用户子模式

全局关系模型设计完成后，还应根据局部应用的需求，结合具体 DBMS 的特点，设计用户的子模式。子模式设计时应注意考虑用户的习惯和方便，主要包括：

① 使用更符合用户习惯的别名；

② 可以为不同的用户定义不同的视图，以保证系统的安全性；

③ 可将经常使用的复杂查询定义为视图，简化用户操作。

9.2.4　物理设计

数据库的物理设计是指对数据库的逻辑结构，在指定的 DBMS 上，建立起适合应用环境的物理结构。物理设计通常分为以下两步。

1．确定数据库的物理结构

在关系型数据库中，确定数据库的物理结构，主要指确定数据的存储位置和存储结构，包括确定关系、索引、日志、备份等数据的存储分配和存储结构，并确定系统配置等工作。

确定数据的存储位置时，要区分稳定数据和易变数据、经常存取部分和不常存取部分、机密数据和普通数据等，分别为这些数据指定不同的存储位置，分开存放。确定数据的存储结构时，主要根据数据的自身要求，选择顺序结构、链表结构或树状结构等。

确定数据的存取方法时，主要确定数据的索引方法和聚簇方法的选择和确定。确定数据的存储结构应综合考虑数据的存取时间、存储空间利用率和维护代价等各方面的因素。由于这些方面的要求往往互相矛盾，所以需要从整体上衡量，以确定库的物理结构。同时，数据库的整体性能和具体的 DBMS 有关，设计人员需要详细了解 DBMS 所提供的方法和技术手段，针对应用环境的要求，对数据库进行合理的物理结构设计。

由于图书销售管理系统本身并不太复杂，系统的应用也不复杂，同时数据中的数据量，在一定时期内也不会太快地增长，在数据库的物理结构上，需要特别注意的地方不多，所以数据库采用集中式数据库，对系统的配置也无需做过多的工作，主要做好数据库的安全配置工作即可，有关数据库的安全配置，参见安全相关的内容。

2. 对物理结构进行评价

数据库物理结构设计过程中，对时间效率、空间效率、维护开销和各种用户要求进行权衡，从多种设计方案中选择一个较优的方案。评价数据库物理结构，主要是定量估算各种方案的存储空间、存取时间和维护代价，对估算的结果进行权衡，如果有必要，还需要修改数据库的设计。

9.2.5 数据库实施

数据库完成设计之后，需要进行实施，以建立真实的数据库。实施阶段的工作主要有：

① 建立数据库结构；

② 数据载入；

③ 应用程序的开发；

④ 数据库试运行。

建立数据库结构时，主要应用选定的 DBMS 所支持的 DDL 语言，把数据库中需要建立的各组成部分建立起来。

数据加载到数据库中是一项工作量很大的任务。一般数据库系统中的数据来源于各部门，数据的组织形式、结构都与新设计的数据库系统有差距，组织数据录入时，新系统对数据有一定的完整性控制，应用程序也尽可能考虑数据的合理性。

数据库输入一部分数据后，需要开始对数据库系统进行联合调试，也就是数据库的试运行。试运行的主要任务是执行对数据库的各种操作，测试系统的各项功能是否满足设计要求。如果不能满足要求，则要对系统进行修改和调整，直到系统满足系统的《用户需求规格说明书》。

在试运行阶段应注意以下问题。

（1）按照软件工程方法设计软件系统时，由于开发过程中，用户需求可能发生变更，而且数据库的设计开发一般比应用软件的开发先完成，应用软件开发过程中也可能要求变更数据库设计，所以数据库的试运行只需输入小部分数据即可。

（2）在数据库试运行阶段，数据库系统和应用软件系统都处于不稳定阶段，因此应注意数据的备份和恢复工作，以便于发生故障后，能快速恢复数据库。

9.3 数据库的运行和维护

数据库系统试运行合格后，数据库系统的开发工作基本结束，可以投入正式运行，在正式运行过程中，需要对数据库进行长期的调整和维护，对数据库经常性的维护工作主要由 DBA 完成，主要包括如下工作。

（1）数据库的转储和恢复。

（2）数据库的转储和恢复是系统正式运行后非常重要的一项维护工作。DBA 应根据系统的不同应用需求和系统的工作特点，做好不同的转储计划，并实施转储计划，以确保数据库发生故障后，能在最短的时间内将数据库恢复。

（3）数据库的安全性、完整性控制。

（4）在数据库运行期间，数据库系统的应用环境会发生变化，对数据库的安全性、完整性要求也会发生变化，DBA 应根据实际情况对数据库进行调整。

（5）数据库性能的监督、分析和改造。

（6）在数据库运行期间，DBA 应监督系统的运行状态，并对监测数据进行分析，不断保证或改进系统的性能。

（7）数据库的重组织与重构造。

在数据库运行一段时间之后，由于对数据库经常进行增、删、改等各种操作，数据库的物理存储情况可能变差，数据库对数据的存取效率将降低，数据库的性能将下降，因此，DBA 要负责对数据库进行重新组织，按照原设计重新安排数据的存储位置、回收垃圾、减少指针链等。在数据库的重组过程中，可以采用各种重组工具，以提高工作效率和正确性。

在数据库系统的运行过程中，数据库的应用环境可能会发生变化，用户的应用需求也可能发生变化，原有的数据库设计可能不能满足新的变化，因此，需要 DBA 对数据库的逻辑结构进行局部的调整。在调整过程中，要注意按照软件工程的相关方法和步骤完成，形成正式文档并进行评审和入库。

本章小结

（1）数据库设计包括结构设计和行为特性设计两方面内容。

（2）数据库设计过程可分为需求分析、概念结构设计、逻辑结构设计、物理设计、数据库实施，以及数据库运行维护多个阶段，需求分析的主要工具是数据流图和数据字典；概念设计的主要工具是 E-R 图。

（3）在需求分析阶段，要特别注意和客户进行充分、及时的交流和沟通，以减少需求分析的不正确和不准确性，使其后续的设计有较成熟而稳定的设计基线。

（4）概念设计是设计过程中难度较大的过程，需要有一定的设计经验，才能迅速地设计出合理的 E-R 模型。在设计时，要特别注意用属性，还是用实体来表达一个对象更合适。

（5）逻辑设计主要是把概念设计的结果转化为逻辑表达，其中主要包括：概念转换成 DBMS 所支持的数据模型、模型优化，以及设计用户子模式三部分。

（6）数据库运行时期，要特别注意数据库的转储和恢复，以及数据库的安全性、完整性控制。

习题 9

9-1　简述数据库设计的步骤。

9-2　数据字典的内容和作用是什么？

9-3　E-R 图转换成库表时的主要原则是什么？

9-4　简述将实体间的关系转化为字段或独立设计一个表来描述的原则。

实训 9　数据库设计

1．目标

完成本实验后，将掌握以下内容：

（1）分析需求。

（2）设计数据流图。

（3）设计数据字典。

（4）进行概念设计。

（5）完成概念结构向逻辑结构的转化。

（6）实施数据库。

2．准备工作

在进行本实验前，必须学习完成本章的全部内容。

3．场景

宏文软件股份有限公司是从事软件开发的中小型公司，该公司目前共有员工 100 人，其组织机构如图 9.5 所示。

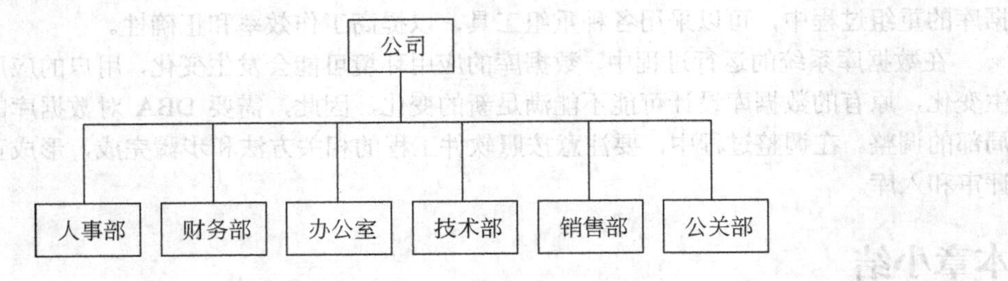

图 9.5 宏文软件股份有限公司组织机构

公司员工共分为：总经理、部门经理、普通员工，公司所有员工的薪金、考勤、业绩评定等，由人事部经理及其他人事部员工（人事助理）完成。由于公司人员越来越多，业务规模日益扩大，人事部的工作负荷日趋繁重，为高效、准确地完成各种人事管理事务，现确定开发一套人事管理系统，以实现办公自动化。

根据公司的组织结构和工作要求，该人事管理系统的主要功能为管理员工资料、员工考勤、评定员工业绩和自动计算员工薪资。

公司的人员各种角色权限定义如表 9.7 所示。

表 9.7 人员类型及权限表

人 员 类 型	权 限 描 述
普通员工	查看员工薪金资料、请假、加班、考勤、薪资等信息，填写业绩报告
部门经理	除普通员工的权限外，还可审批请假、加班和业绩报告的信息
人事助理	修改员工薪金资料，登记考勤信息，核实加班请假信息并计算月薪资
人事经理	除人事助理的权限外，还有指定员工起薪等权限

说明：本实训只完成整个数据库设计的员工基本信息管理部分，完整的设计在项目设计中完成。

实验预估时间：150 分钟。

4．实验步骤

练习 1 需求分析。

本练习中，将在给定场景下进行数据库系统的需求分析，为后继设计提供设计基线。

(1)和小组内成员以及指导教师进行交流，讨论公司的员工信息管理系统要完成预定的任务，需要实现什么功能，把找到的功能全部列出，并填写到表 9.8 中。

表 9.8　功能需求分析表

功 能 需 求	所 需 数 据

（2）根据上一步讨论的结果，把需要实现的功能，按功能之间相互关系的紧密程度进行分组。

练习 2　设计数据流图。

本练习中，将在练习 1 的基础上，分析员工信息的管理功能，并设计其数据流图。

（1）分析新员工入职时的信息流动过程，分析新员工入职时，其相关信息所包括的内容，信息入库时相关的角色、操作过程以及相关的信息库。

（2）把分析结果组织成数据流图，使其准确反映新员工入职信息入库的完整流程和信息流动过程。

（3）分析员工入职后相关信息的查询功能，分析信息流动过程，确定查询功能完成过程中所涉及的相关信息内容、参与此过程的角色以及相关信息库，并把相关内容添加到数据流图。

（4）分析员工信息的修改功能，分析信息修改过程，确定修改信息过程中所涉及的相关信息内容、参与此过程的角色以及相关信息库，并把相关内容添加到数据流图。

练习 3　设计数据字典。

本练习中，将在练习 2 的基础上，根据数据流图中所涉及的信息，并对信息进行的分析，确定所有数据项的描述内容，其中主要分数据项名称、类型、长度以及范围，并填写表 9.9 所示表格。

表 9.9　数据项描述条目

数据项名称	类　型	长度/字节	范　围

练习 4　概念设计。

本练习中，将在练习 3 的基础上，把数据流图中所涉及的数据项抽象为数据库的概念结构，并用 E-R 图描述出来。由于设计时预先确定采用 SQL Server 2014 数据库管理系统，所以概念设计时直接针对关系型数据库进行，并采用 E-R 图描述设计结果。

（1）确定员工信息应包括的内容即数据项，把员工直接包括的数据项设计为员工的属性，如员工的员工编号、员工姓名、员工的入职日期、员工的身份证号、员工登录密码等，并以 E-R 图的形式描述出来。

（2）把员工非直接包括的数据项列出，如员工所属的部门名称、部门主管姓名、起薪、每月的成绩评定。

（3）把员工非直接数据项和员工联系起来，确定这些数据项与员工之间的关系，如果数据项应该是其余实体的属性，则应设计新的对应实体，并进一步确定新实体与员工之间的关系，非直接数据项应放置在哪个实体中，或者应属于它们之间关系的属性。如员工所属的部门，一个部门的相关数据项不应属于员工自身的属性，但是员工入职后就应该归属到一个部门，所以设计新的实体“部门”，员工和部门之间的关系是“属于”，指定员工所属的部门编号，即可确定员工所属的部门。

（4）确定所有的关系，是否准确、完整地得到描述。

（5）对所设计的局部E-R图进行检查，确定设计的正确、完整性，并对E-R图进行调整，以优化数据库的概念结构。

练习5　逻辑结构设计。

本练习中，将在练习4的基础上完成逻辑结构的设计，把E-R图转化为相应的数据库的逻辑结构。由于设计时预先确定采用SQL Server 2014数据库管理系统，所以在逻辑设计时，直接针对SQL Server 2014数据库管理系统进行。

（1）把员工这一主要实体直接转化为表，并完成表9.10。

表9.10　员工表(Employee)

字　段	类　型	可否为空	备　注
EmployeeID	Int	N	员工编号
Name	nvarchar(50)	N	员工姓名
LoginName	nvarchar(20)	N	员工登录名.建议为英文字符，且与姓名不同
DeptID	Int	N	所属部门编号
Email	nvarchar(20)		员工电子邮件

主键：PK_Employee：EmployeeID。

外键：FK_Department_Employee：DeptID。

（2）把部门直接转化为表，并参考表9.10的格式完成部门(Department)的表设计。

（3）把E-R图中其他实体直接转化为相应的表，并参考表9.10的格式完成该表的设计。

（4）检查所有的关系，把关系分成一对一、一对多、多对多三种，按9.2.3节中所述的原则，把相关的关系转化为字段，或独立设计一个表来描述实体间的关系。

（5）对逻辑设计的结果进行优化，其中最重要也是最主要的工作是，应用关系规范化理论对逻辑设计的结果进行规范化处理。

练习6　实施数据库。

本练习中，将在练习5的基础上把数据库建成相应的数据库管理系统，完成数据库的实施。由于设计时预先确定采用SQL Server 2014数据库管理系统，所以在数据库实施时，直接针对SQL Server 2014数据库管理系统进行。

（1）通过SQL Server 2014 Managment Studio，把练习5中设计的所有的表，建立在SQL Server 2014中。

（2）通过SQL Server 2014 Managment Studio建立相应表之间的关系，或执行相应的SQL语句，调整表结构，建立表之间的关系。

（3）添加一部分数据到数据库中，验证数据库中表之间的引用关系的正确性。

第 10 章　数据库管理

【内容提要】本章主要介绍了 SQL Server 2014 数据库管理方面的内容。包括 SQL Server 2014 的安全机制，数据库的备份和还原，数据库的分离和附加等。通过本章学习，读者应该掌握以下内容：SQL Server 2014 的安全设置、数据库的备份和还原、数据库的分离和附加、数据库的联机和脱机。

10.1　数据库的安全管理

10.1.1　SQL Server 2014 的安全机制

SQL Server 的安全机制用来保护数据库服务器和存储在服务器中的数据库，SQL Server 2014 中的安全性管理机制，可以决定哪些用户能登录到服务器，登录到服务器的用户，可以对哪些数据库对象执行操作或管理任务等。

SQL Server 2014 的整个安全体系结构，从顺序上可以分为认证和授权两个部分，其安全机制主要分为服务器级别的安全机制、数据库级别的安全机制和数据库对象级别的安全机制。

服务器级别的安全机制主要通过登录账户进行控制，要想访问一个数据库服务器，必须拥有一个登录账户。登录账户可以是 Windows 账户，也可以是 SQL Server 的登录账户。

数据库级别的安全机制主要通过用户账户进行控制，要想访问一个数据库，必须拥有该数据库的一个用户账户身份。用户账户是通过登录账户进行映射的，可以属于固定的数据库角色或自定义数据库角色。数据对象级别的安全机制，通过设置数据对象的访问权限进行控制。

10.1.2　服务器的安全性管理

服务器身份验证即登录模式是 SQL Server 实施安全性的第一步，只有登录到服务器之后，才能对数据库系统进行管理。SQL Server 提供了两种身份验证模式：Windows 身份验证模式和混合模式（即 SQL Server 和 Windows 身份验证模式）。

一般而言，SQL Server 数据库服务器都运行在 Windows 操作系统上，Windows 作为网络操作系统，本身提供了登录账户的管理和验证功能。Windows 身份验证模式利用了 Windows 操作系统的用户安全性和账户管理机制，允许 SQL Server 使用 Windows 操作系统中的登录用户名和密码，在这种模式下，SQL Server 将登录数据库服务器的身份验证任务，交给了 Windows 操作系统，用户只要通过了 Windows 操作系统的验证，就可以连接到 SQL Server 服务器。默认情况下，SQL Server 使用 Windows 身份验证模式。

使用混合验证模式时，可以既使用 Windows 身份验证，也可以使用 SQL Server 身份验证。使用 SQL Server 身份验证时，用户连接到服务器时，必须提供 SQL Server 的登录账号和密码。

在 SQL Server 2014 的安装过程中，可以选择身份验证模式，在连接到数据库服务器后，也可以重新设置服务器的身份验证模式。

打开 SQL Server 2014 Managment Studio，在【对象资源管理器】窗口，右键单击服务器名称，在弹出菜单中选择【属性】菜单命令，如图 10.1 所示。

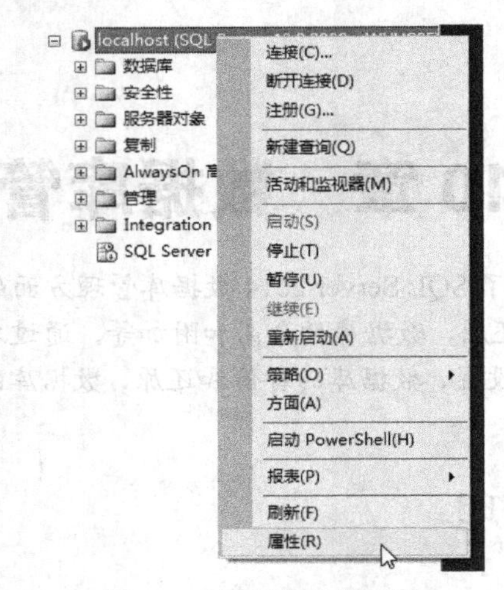

图 10.1　选择服务器属性

在打开的【服务器属性】对话框左侧，选择【安全性】选项卡，在右侧窗口就可以进行服务器身份验证模式的选择了，重新启动 SQL Server 服务器后，所做的修改才会生效，如图 10.2。

图 10.2　选择服务器身份验证模式

在 SQL Server 中，如果需要创建可以多个登录账户来访问数据库服务器，SQL Server 可以通过对创建的登录账户进行设置，来控制账户的访问权限、密码策略等。

在 SQL Server 2014 中创建新的登录账户的一般步骤如下。

（1）在【对象资源管理器】中展开【安全性】节点，然后右键单击【登录名】，在弹出菜单中，选择【新建登录名】菜单命令，如图 10.3 所示。

图 10.3　选择【新建登录名】

（2）在打开的【登录名-新建】对话框左侧，选择【常规】选项卡，在右侧【登录名】处输入新的登录账户名，选中【SQL Server 身份验证】单选按钮，然后输入该账户的登录密码，取消选中【强制实施密码策略】复选框，并选择此新账户的默认数据库，如图 10.4 所示。

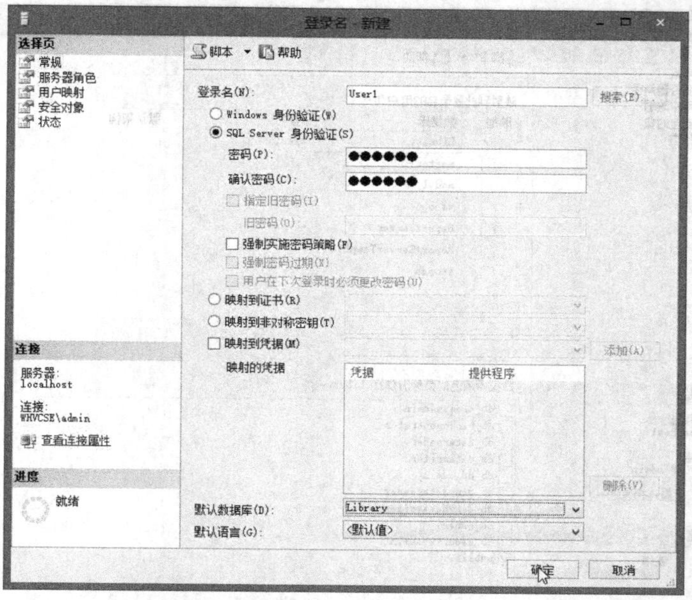

图 10.4　输入登录名和密码

若在上述操作中选中了【强制实施密码策略】，系统会对设置的密码的长度、组合的复杂度等有强制性的要求，提高了密码的安全性。

（3）在【登录名-新建】对话框左侧，选择【服务器角色】选项卡，服务器角色用于向用户授予服务器范围内的安全特权，默认服务器角色 public，如图 10.5 所示。public 是 SQL Server 中的一类默认角色，每个 SQL Server 登录名均属于 public 服务器角色，如果想拥有服务器管理的最高权限，可以选择 sysadmin 角色。

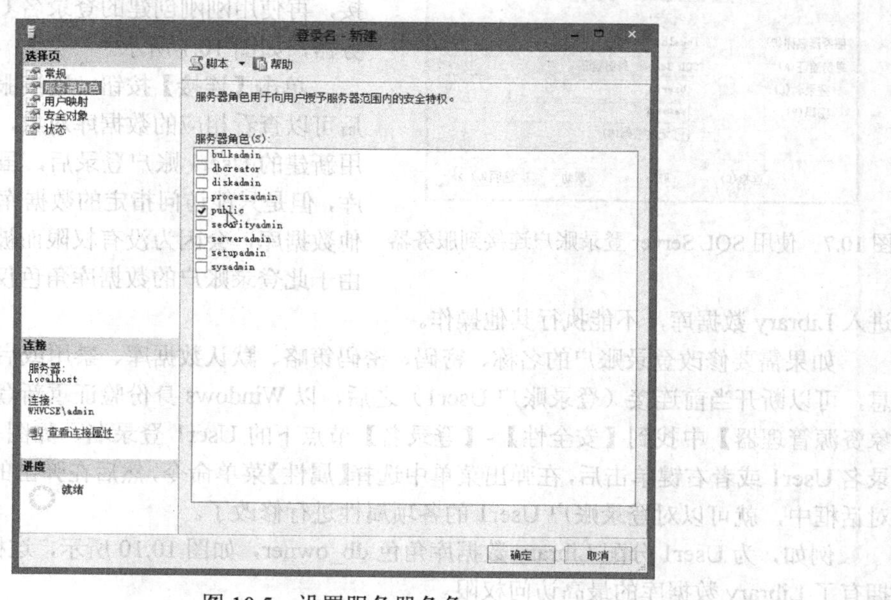

图 10.5　设置服务器角色

（4）在【登录名-新建】对话框左侧，选择【用户映射】选项卡，在右上部分选择此登录账户可以操作的数据库，这里选中示例数据库 Library，在右下部分选择该登录账户的数据库角色，默认选中的 public 表示拥有最小权限，如图 10.6 所示。

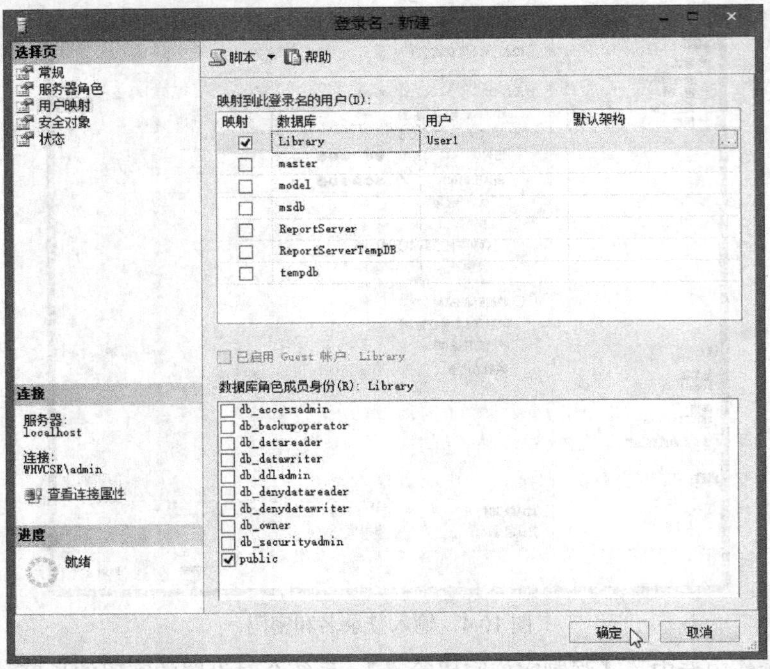

图 10.6　用户映射设置

（5）单击【确定】按钮，完成 SQL Server 登录账户的创建。

图 10.7　使用 SQL Server 登录账户连接到服务器

登录账户创建完成后，可以断开服务器的连接，再使用刚刚创建的登录名 User1 连接数据库服务器，如图 10.7 所示。

单击【连接】按钮，连接服务器，连接成功之后可以查看相应的数据库对象，如图 10.8 所示。使用新建的 User1 账户登录后，虽然能看到其他数据库，但是只能访问指定的数据库 Library，若访问其他数据库，会因为没有权限而被拒绝访问。另外，由于此登录账户的数据库角色仅 public，目前只能进入 Library 数据库，不能执行其他操作。

如果需要修改登录账户的名称、密码、密码策略、默认数据库、禁用或启用该登录账户等信息，可以断开当前连接（登录账户 User1）之后，以 Windows 身份验证重新登录服务器，在【对象资源管理器】中找到【安全性】-【登录名】节点下的 User1 登录名，如图 10.9 所示，双击登录名 User1 或者右键单击后，在弹出菜单中选择【属性】菜单命令，然后在弹出的【登录属性-User1】对话框中，就可以对登录账户 User1 的各项属性进行修改了。

例如，为 User1 分配 Library 数据库角色 db_owner，如图 10.10 所示，这样设置后，User1 就拥有了 Library 数据库的最高访问权限。

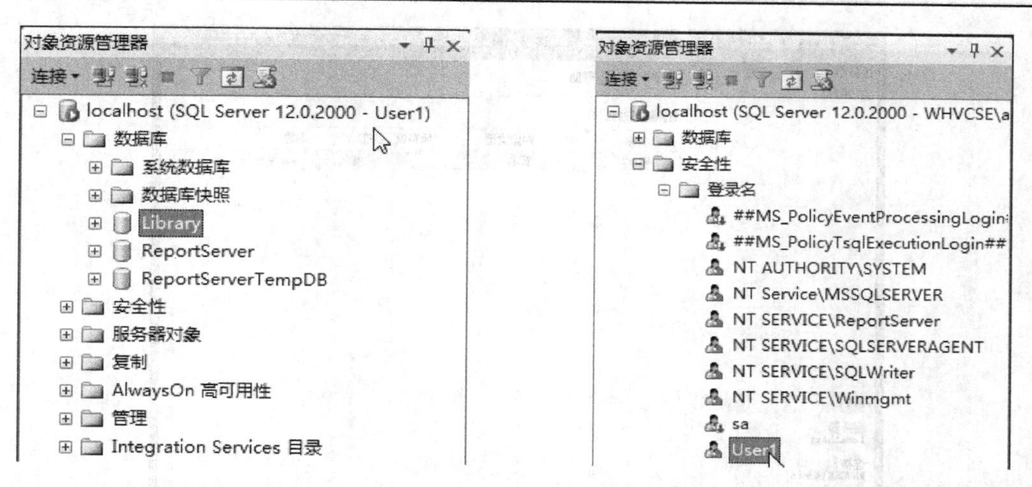

图 10.8　使用新登录账户 User1 连接到服务器（1）　　图 10.9　使用新登录账户 User1 连接到服务器（2）

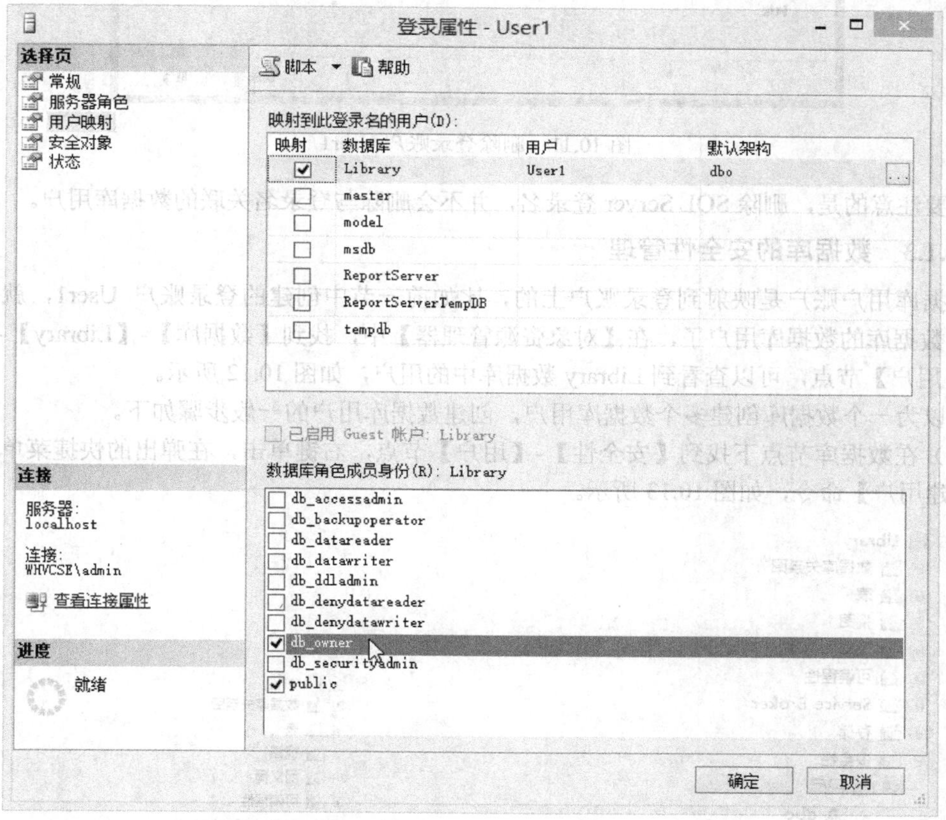

图 10.10　修改登录账户 User1

如果登录账户不再需要使用，可将其删除，以避免不必要的数据库安全隐患。

在【对象资源管理器】中找到【安全性】-【登录名】节点，再找到删除的登录名如 User1，右键单击后在弹出菜单中选择【删除】菜单命令，再在打开的【删除对象】窗口，单击【确定】按钮，完成登录账户的删除操作，如图 10.11 所示。

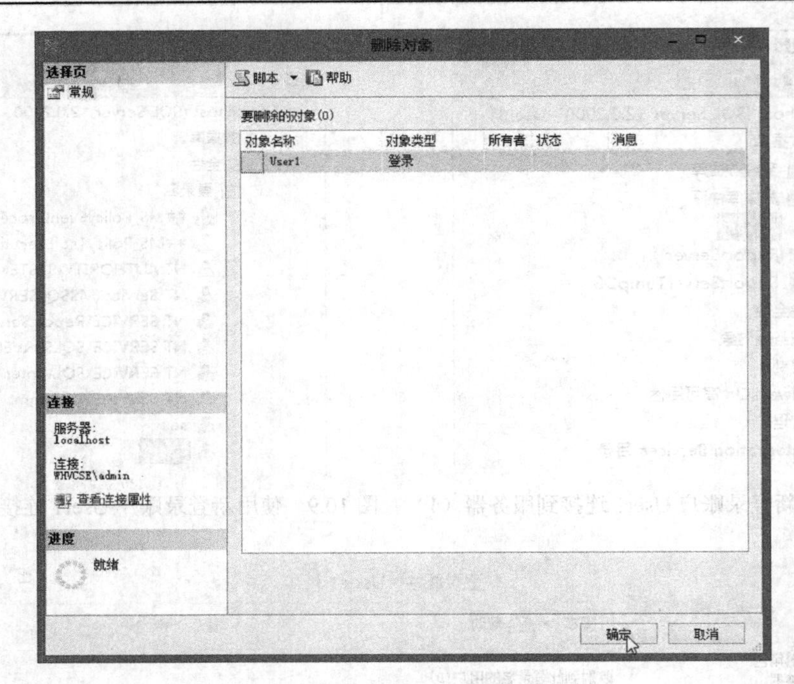

图 10.11 删除登录账户 User1

需要注意的是，删除 SQL Server 登录名，并不会删除与登录名关联的数据库用户。

10.1.3 数据库的安全性管理

数据库用户账户是映射到登录账户上的，比如前一节中创建的登录账户 User1，就映射为 Library 数据库的数据库用户了，在【对象资源管理器】中，找到【数据库】-【Library】-【安全性】-【用户】节点，可以查看到 Library 数据库中的用户，如图 10.12 所示。

可以为一个数据库创建多个数据库用户，创建数据库用户的一般步骤如下。

（1）在数据库节点下找到【安全性】-【用户】节点，右键单击，在弹出的快捷菜单中，选择【新建用户】命令，如图 10.13 所示。

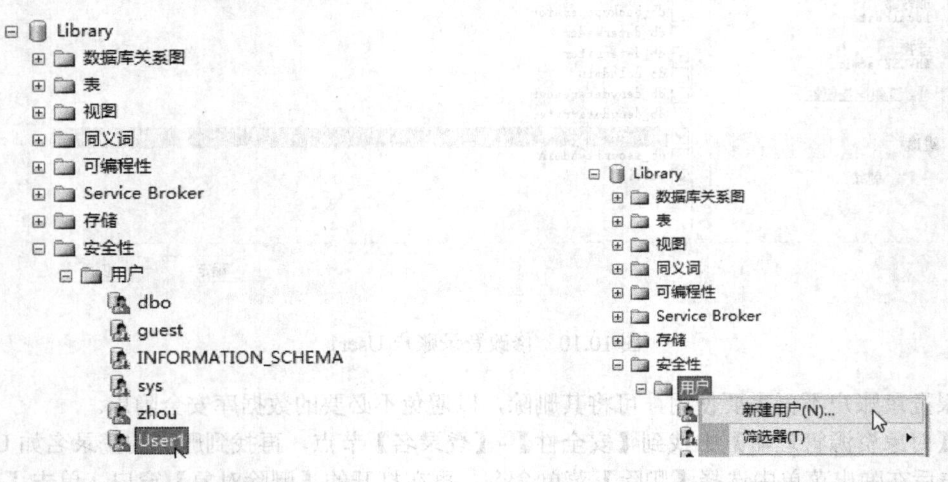

图 10.12 查看数据库用户　　　　图 10.13 新建数据库用户

（2）在打开的【数据库用户-新建】对话框中，在右侧的用户类型中，选择“带登录名的 SQL

用户”，然后再分别在用户名和登录名中输入已注册的 SQL Server 登录用户 User2（注：此 User2 必须是已经创建的 SQL Server 登录名），如图 10.14 所示。

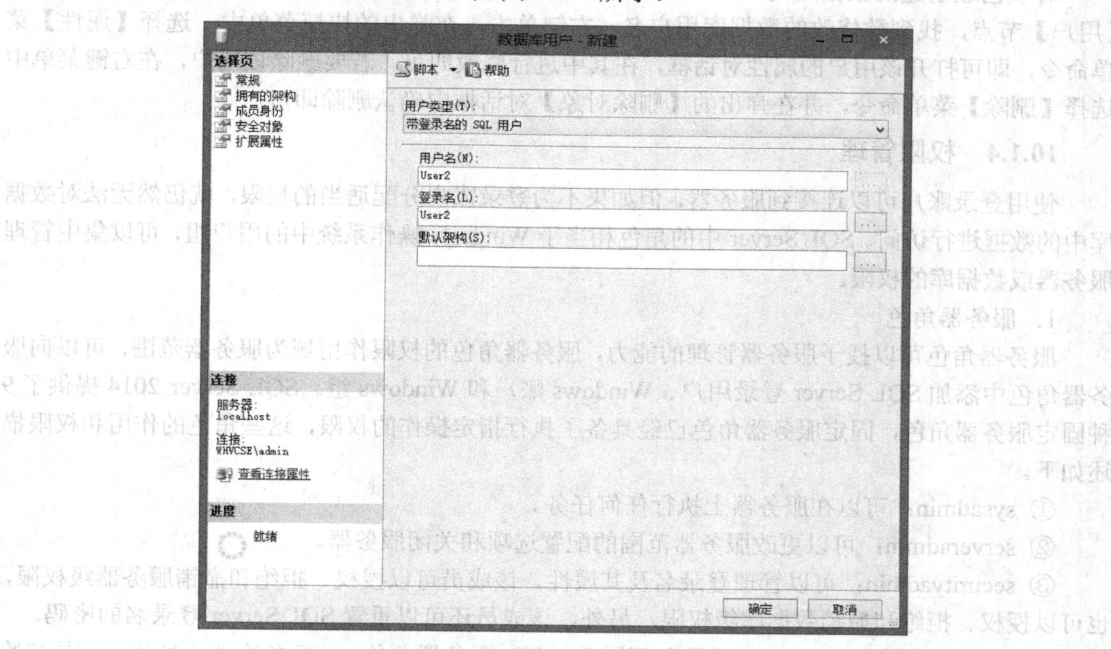

图 10.14　输入用户名和登录名

（3）在左侧选择【成员身份】选项卡，再在右侧选择数据库角色成员身份，这里选择的是 db_owner，如图 10.15 所示。

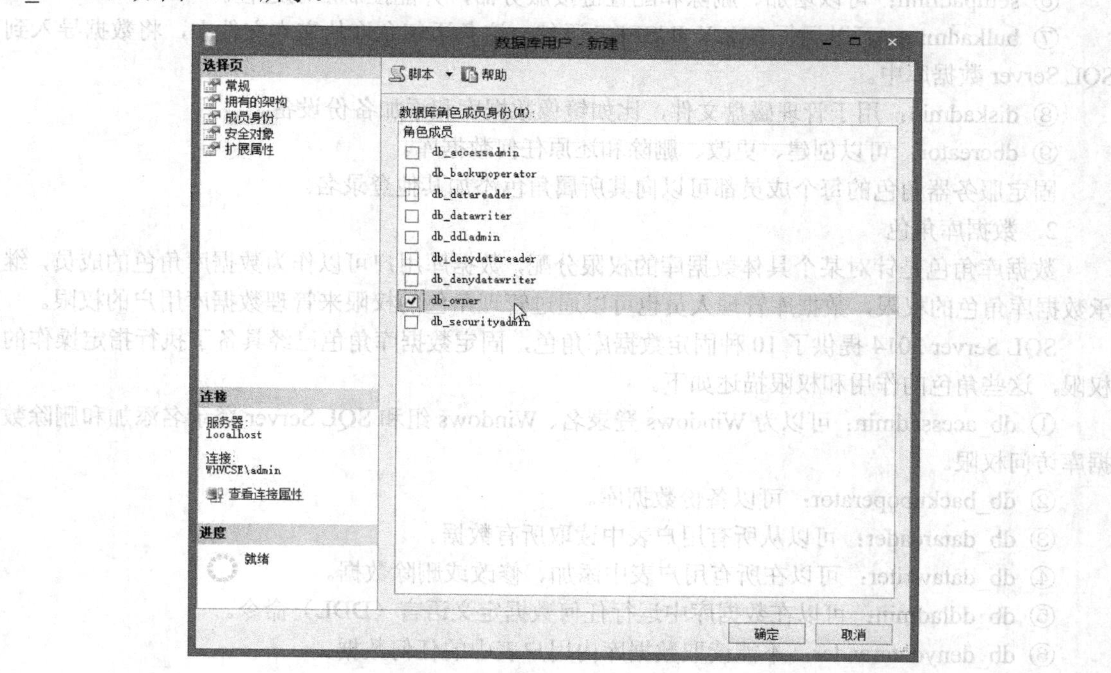

图 10.15　选择成员身份

单击【确定】按钮，即可完成数据库用户的添加。

对于已经创建的数据库用户，可以进行修改和删除操作，在数据库节点下找到【安全性】-【用户】节点，找到欲修改的数据库用户名，右键单击，在弹出的快捷菜单中，选择【属性】菜单命令，即可打开该用户的属性对话框，在其中进行修改即可。若要删除该用户，在右键菜单中选择【删除】菜单命令，并在弹出的【删除对象】对话框中确认删除即可。

10.1.4 权限管理

使用登录账户可以连接到服务器，但如果不为登录账户分配适当的权限，就仍然无法对数据库中的数据进行访问。SQL Server 中的角色相当于 Windows 操作系统中的用户组，可以集中管理服务器或数据库的权限。

1．服务器角色

服务器角色可以授予服务器管理的能力，服务器角色的权限作用域为服务器范围，可以向服务器角色中添加 SQL Server 登录用户、Windows 账户和 Windows 组。SQL Server 2014 提供了 9 种固定服务器角色，固定服务器角色已经具备了执行指定操作的权限，这些角色的作用和权限描述如下。

① sysadmin：可以在服务器上执行任何任务。

② serveradmin：可以更改服务器范围的配置选项和关闭服务器。

③ securityadmin：可以管理登录名及其属性。该成员可以授权、拒绝和撤销服务器级权限，也可以授权、拒绝和撤销数据库级权限，另外，该成员还可以重置 SQL Server 登录名的密码。

④ public：每个 SQL Server 登录名都属于 public 服务器角色，该角色有两大特点：一是初始状态时没有权限；二是所有的数据库用户都是它的成员。

⑤ processadmin：可以终止在 SQL Server 实例中运行的进程。

⑥ setupadmin：可以增加、删除和配置链接服务器，并能控制启动过程。

⑦ bulkadmin：可以运行 BULK INSERT 语句，这条语句允许从文本文件中，将数据导入到 SQL Server 数据库中。

⑧ diskadmin：用于管理磁盘文件，比如镜像数据库和添加备份设备。

⑨ dbcreator：可以创建、更改、删除和还原任何数据库。

固定服务器角色的每个成员都可以向其所属角色添加其他登录名。

2．数据库角色

数据库角色是针对某个具体数据库的权限分配，数据库用户可以作为数据库角色的成员，继承数据库角色的权限，数据库管理人员也可以通过管理角色的权限来管理数据库用户的权限。

SQL Server 2014 提供了 10 种固定数据库角色，固定数据库角色已经具备了执行指定操作的权限，这些角色的作用和权限描述如下。

① db_acessadmin：可以为 Windows 登录名、Windows 组和 SQL Server 登录名添加和删除数据库访问权限。

② db_backupoperator：可以备份数据库。

③ db_datareader：可以从所有用户表中读取所有数据。

④ db_datawriter：可以在所有用户表中添加、修改或删除数据。

⑤ db_ddladmin：可以在数据库中运行任何数据定义语言（DDL）命令。

⑥ db_denydatareader：不能读取数据库内用户表中的任何数据。

⑦ db_denydatawrtier：不能添加、修改或删除数据库内用户表中的任何数据。

⑧ db_owner：可以执行数据库的所有配置和维护活动，还可以删除数据库。

⑨ db_securityadmin：可以修改角色成员身份和管理权限。

⑩ public：每个数据库用户都属于 public 数据库角色。如果未向某个用户授予或拒绝对安全对象的特定权限时，该用户将继承授予该对象的 public 角色的权限。

3．指派角色

这些预定义的固定服务器角色和数据库角色，为数据库的安全管理提供了一定的便利，用户可以为登录账户指派不同的角色，使得该账户具备特定的权限。一般操作步骤如下。

（1）在【对象资源管理器】中，找到【安全性】-【登录名】节点，右键单击 User1 登录名，在弹出的菜单中选择【属性】菜单命令，打开【登录属性-User1】对话框。

（2）在窗口左侧选择【服务器角色】选项卡，在右侧的服务器角色列表中，通过勾选复选框来授予 User1 不同的服务器角色，使之具备该服务器角色的各种权限，如图 10.16 所示。

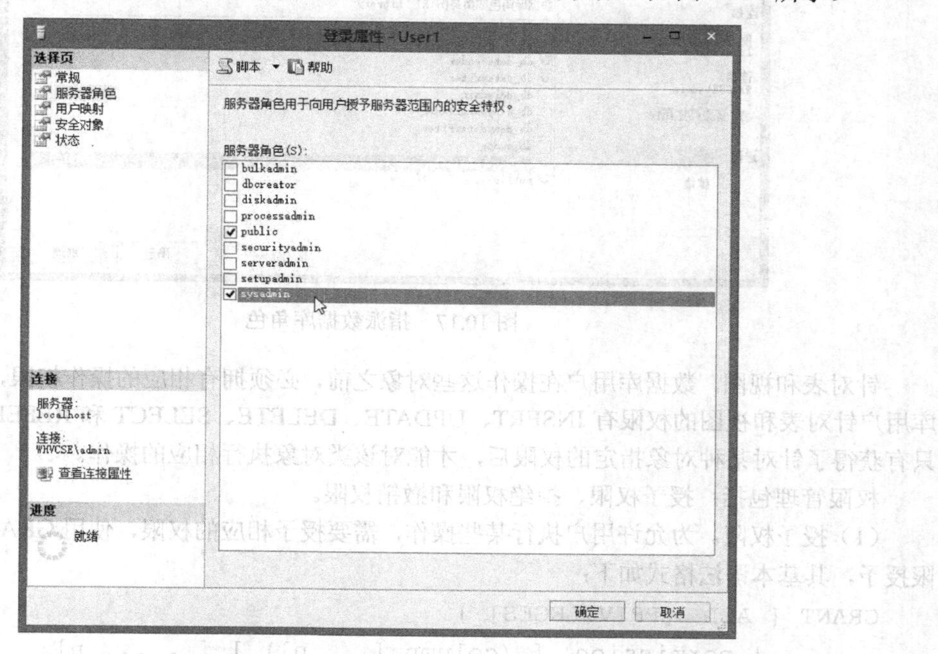

图 10.16　指派服务器角色

（3）如果要指派数据库角色，可以再选择【用户映射】选项卡，在右下方的数据库角色成员身份列表中，通过勾选复选框来授予 User1 不同的数据库角色，使之具备该数据库角色的各种权限，如图 10.17 所示。

（4）单击【确定】按钮完成设置。

4．权限管理

在 SQL Server 2014 中根据是否系统预定义，可以把权限分为预定义权限和自定义权限；按照权限与特定对象的关系，可以把权限划分为针对所有对象的权限和针对特殊对象的权限。

SQL Server 2014 安装完成之后即可以拥有预定义权限，固定服务器角色和固定数据库角色都属于预定义权限。自定义权限是指需要经过授权或者继承才可以得到的权限，大多数安全主体都需要经过授权才能获得指定对象的使用权限。

所有对象权限可以针对所有数据库对象，特殊对象权限是指某些只能在特定对象上执行的权限，例如 SELECT 可用于表或视图，但不可用于存储过程，EXEC 只能用于存储过程而不能用于表或视图。

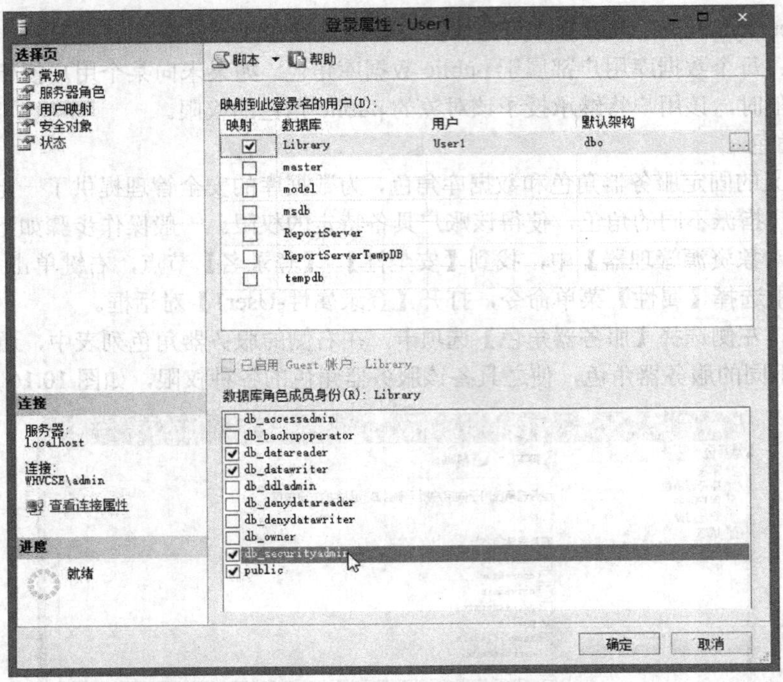

图 10.17 指派数据库角色

针对表和视图，数据库用户在操作这些对象之前，必须拥有相应的操作权限，可以授予数据库用户针对表和视图的权限有 INSERT、UPDATE、DELETE、SELECT 和 REFERENCES。用户只有获得了针对某种对象指定的权限后，才能对该类对象执行相应的操作。

权限管理包括：授予权限、拒绝权限和撤销权限。

（1）授予权限。为允许用户执行某些操作，需要授予相应的权限，使用 GRANT 语句进行权限授予，其基本语法格式如下：

```
GRANT { ALL  [PRIVILEGES] }
      | permission  [ (column [,...n]) ] [ , ... n]
      [ ON [ class :: ] securable ]  TO principal [ , ... n]
      [ WITH GRANT OPTION ] [ AS principal ]
```

使用 ALL 参数时若安全对象不同，所代表的权限也不同。

如果安全对象为数据库，则 ALL 代表 BACKUP DATABASE、BACKUP LOG、CREATE DATABASE、CREATE DEFAULT、CREATE FUNCTION、CREATE PROCEDURE、CREATE RULE、CREATE TABLE 和 CREATE VIEW。

如果安全对象为表或视图，则 ALL 代表 SELECT、INSERT、UPDATE、DELETE 和 REFERENCES。

其他参数的含义如下：

privileges：包含此参数是为了符合 ISO 标准；

permission：权限的名称，例如 SELECT、INSERT 等；

column：指定表中将授予其权限的列的名称；

class：指定将授予其权限的安全对象的类；

securable：指定将授予权限的安全对象；

TO principal：主体的名称，可为其授予安全对象权限的主体；

GRANT OPTION：指示被授权者在获得指定权限的同时，还可以将指定权限授予其他主体；

AS principal：指定一个主体，执行该查询的主体从该主体获得授予该权限的权利。

【例 10-1】 向用户 User2 授予对 Library 数据库的 Book 表的 SELECT、INSERT 和 DELETE 权限。

```
USE Library;
GRANT SELECT,INSERT,DELETE
ON Book
TO User2
```

（2）拒绝权限。拒绝权限可以在授予用户指定的操作权限之后，根据需要暂时停止用户对指定数据库对象的访问或操作，拒绝权限的基本语法格式如下：

```
DENY { ALL  [PRIVILEGES] }
        | permission  [ (column [,...n]) ] [ , ... n]
        [ ON [ class :: ] securable ]  TO  principal  [ , ... n]
        [ CASCADE ] [ AS principal ]
```

DENY 语句与 GRANT 语句的参数相同，这里不再赘述。

【例 10-2】 拒绝用户 User2 对 Library 数据库的 Book 表的 DELETE 权限。

```
USE Library;
DENY DELETE
ON Book
TO User2
```

（3）撤销权限。撤销权限可以删除某个用户已经授予的权限，撤销权限使用 REVOKE 语句，其基本语法格式如下：

```
REVOKE [ GRANT OPTION FOR ]
        {
         [ ALL  [PRIVILEGES] ]
        | permission  [ (column [,...n]) ] [ , ... n]
        }
        [ ON [ class :: ] securable ]
        { TO | FROM } principal [ , ... n]
        [ CASCADE ] [ AS principal ]
```

CASCADE 表示当前正在撤销的权限，也将从其他被该主体授权的主体中撤销，使用 CASCADE 参数时，还必须同时指定 GRANT OPTION FOR 参数。

【例 10-3】 撤销用户 User2 对 Library 数据库的 Book 表的 INSERT 权限。

```
USE Library;
REVOKE INSERT
ON Book
FROM User2
```

10.2　数据库的备份和还原

尽管采取了一定的措施来保证数据库的安全，但有时不确定的意外情况，如意外的停电、管理员的误操作等，都可能会造成数据的丢失。为更好地保证数据安全，还有一个重要措施就是对数据进行定期的备份。如果数据库中的数据丢失或者出现错误，可以使用备份的数据进行还原，这样就尽可能地降低了意外原因导致的损失。

1．备份数据库

备份就是数据库结构和数据的拷贝，这是保证数据库系统安全的基础性工作，也是系统管理员的日常工作。使用 SQL Server 2014 Managment Studio 创建备份的一般步骤如下。

（1）在【对象资源管理器】的【数据库】节点中找到要备份的数据库 Library，右键单击，在弹出的快捷菜单中选择【任务】-【备份】菜单命令，如图 10.18 所示。

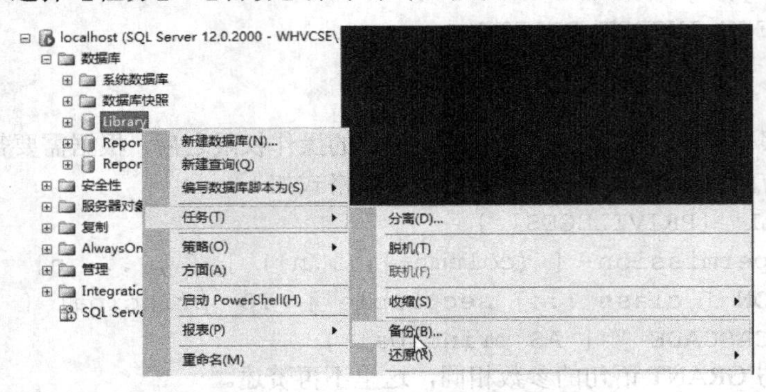

图 10.18　备份数据库（1）

（2）在打开的【备份数据库-Library】对话框左侧，选择【常规】选项卡，在右侧进行相应的设置。

在“数据库”对应的下拉列表中，可以重新选择任一可备份的数据库，“备份类型”可选择“完全”备份，表示将数据库所有相关信息以及数据进行备份；选择“差异”备份，则只备份自从上一次数据库完全备份之后的变化内容中，新增的内容或对数据库的修改部分。在“目标”区域设置备份到磁盘的指定位置和文件，有一个默认的备份位置，如图 10.19 所示。如果不使用默认备份，可删除之，然后通过单击“添加”按钮，在弹出的对话框中，指定备份文件的存放路径和文件名。

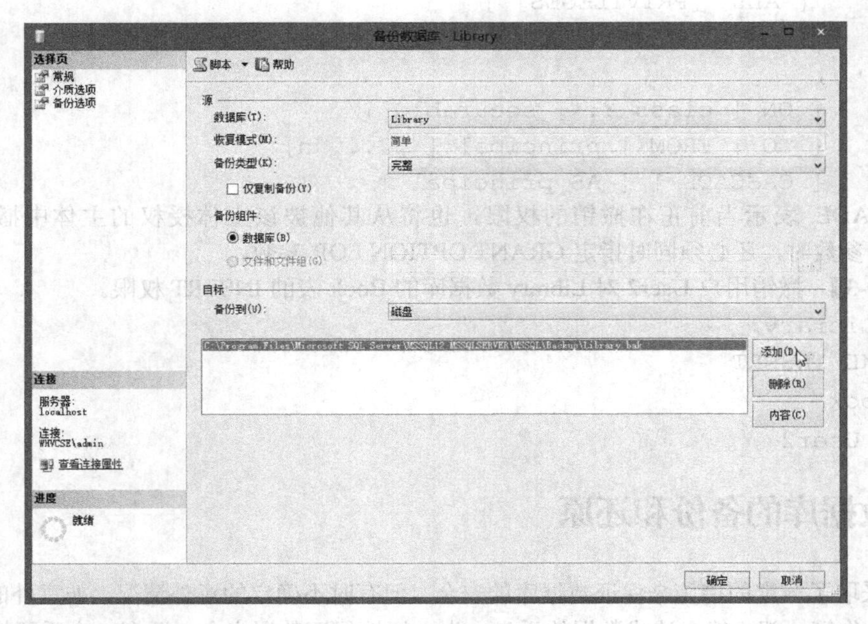

图 10.19　备份数据库（2）

（3）在打开的【选择备份目标】对话框中，单击【浏览】按钮，在打开的【定位数据库文件】的对话框中，选择备份的磁盘位置并指定文件名，这个位置用户必须有权限访问，不然备份要报错，确定返回后如图 10.20 所示。

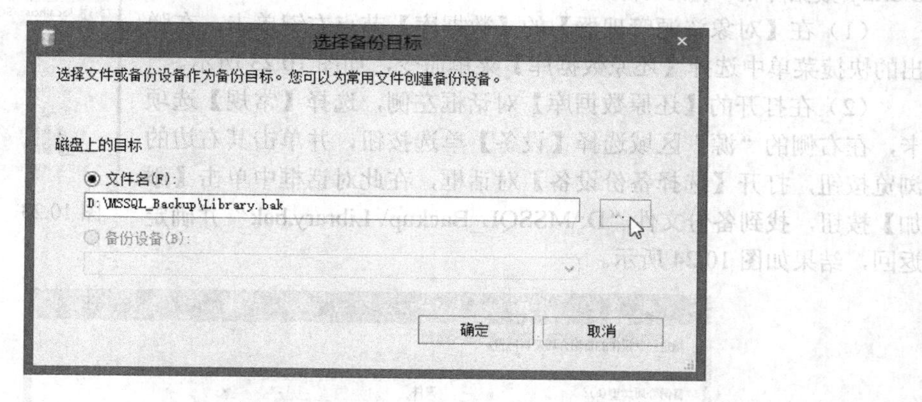

图 10.20　选择备份目标

（4）添加完成后，单击【备份数据库-Library】对话框右下方【确定】按钮开始备份，如图 10.21 所示。

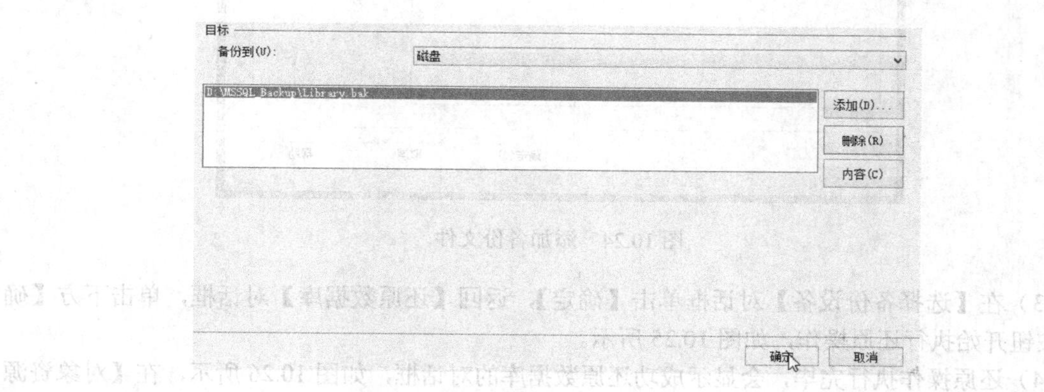

图 10.21　备份数据库

（5）备份成功完成，如图 10.22 所示。

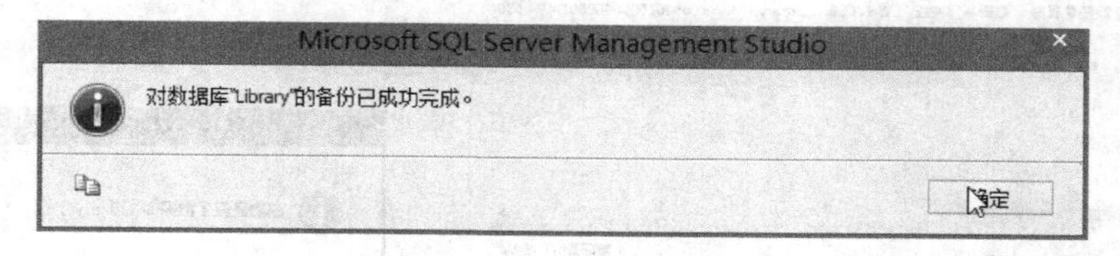

图 10.22　备份数据库成功

2．还原数据库

数据库的还原是与备份相对应的操作。备份是为了防止可能遇到的系统失败而采取的操作，而还原则是为了对付已经遇到的系统失败而采取的操作。在数据库发生崩溃时，能迅速判断出产生非正常状态的原因，并采取有效措施将系统恢复到正常状态，是需要系统管理员拥有非常专业的知识和丰富的实践经验的。本小节内容只讨论从数据库的完全备份中进行数据库还原这一种情况。

上一小节将 Library 数据库完整备份到了“D:\MSSQL_Backup\ Library.bak”，将 Library 数据库删除后，使用 SQL Server 2014 Managment Studio 从备份文件还原 Library 数据库的一般步骤如下。

图 10.23　选择还原数据库

（1）在【对象资源管理器】的【数据库】节点右键单击，在弹出的快捷菜单中选择【还原数据库】菜单命令，如图 10.23 所示。

（2）在打开的【还原数据库】对话框左侧，选择【常规】选项卡，在右侧的“源”区域选择【设备】单选按钮，并单击其右边的浏览按钮，打开【选择备份设备】对话框，在此对话框中单击【添加】按钮，找到备份文件“D:\MSSQL_Backup\ Library.bak”并确定返回，结果如图 10.24 所示。

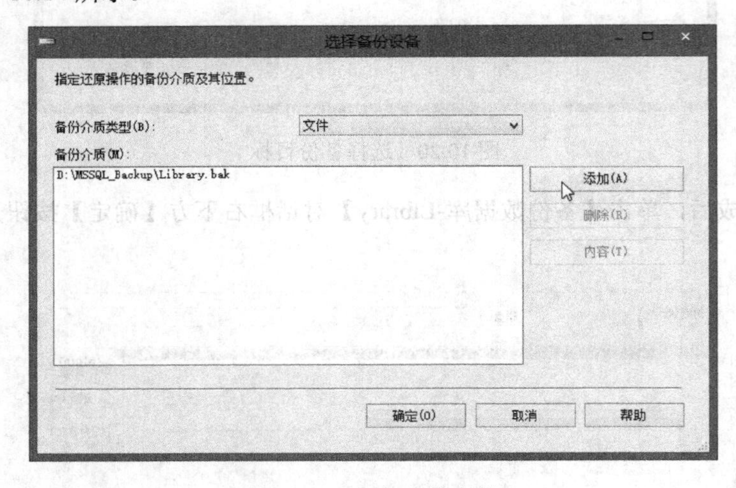

图 10.24　添加备份文件

（3）在【选择备份设备】对话框单击【确定】，返回【还原数据库】对话框，单击下方【确定】按钮开始执行还原操作，如图 10.25 所示。

（4）还原操作执行完毕，会显示成功还原数据库的对话框，如图 10.26 所示，在【对象资源管理器】-【数据库】节点右键，选择【刷新】菜单命令，即可看到还原的数据库 Library。

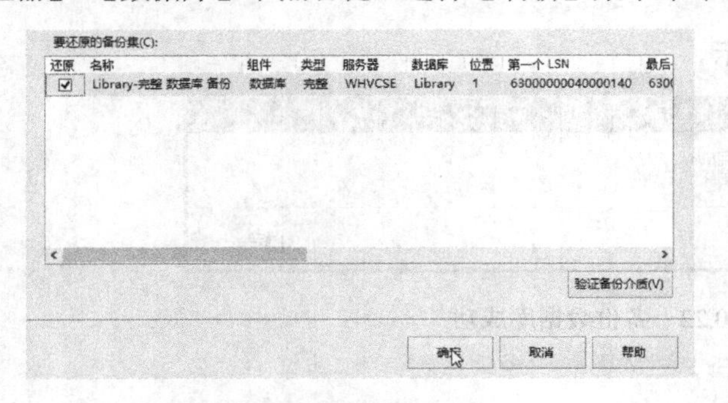

图 10.25　还原数据库

图 10.26　还原数据库成功

10.3　数据库的分离和附加

如果需要将数据库更改到同一计算机的不同 SQL Server 实例中，或需要移动数据库，则分离和附加数据库会很有用。

1．分离数据库

分离数据库是指将数据库从 SQL Server 2014 的实例中分离出去，但是不会删除该数据库的文件和事务日志文件，这样，该数据库可以再附加到其他的 SQL Server 2014 的实例上去。

使用 SQL Server 2014 Managment Studio 分离数据库的操作的一般步骤如下。

（1）在【对象资源管理器】的【数据库】节点中，找到要备份的数据库 Library，右键单击，在弹出的快捷菜单中选择【任务】-【分离】菜单命令。

（2）打开【分离数据库】对话框，在右边要分离的数据库名称列表中查看数据库名称是否要分离的数据库，如图 10.27 所示。

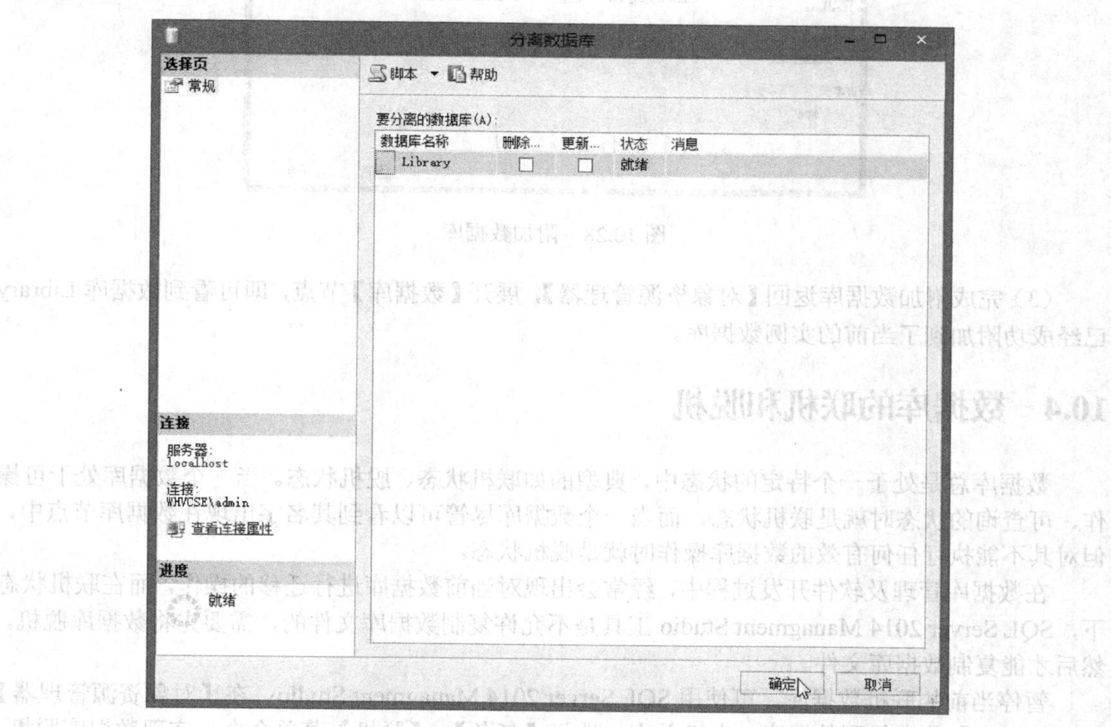

图 10.27　分离数据库

（3）在【状态】列显示“就绪”后，可单击【确定】进行分离操作。

2．附加数据库

附加数据库是指将当前数据库以外的数据库，附加到当前数据库实例中。在附加数据库时，所有数据库文件（.mdf 和.ndf 文件）都必须是可用的。如果任何数据文件的路径与创建数据库或上次附加数据库时的路径不同，则必须指定文件的当前路径。在附加数据库的过程中，如果没有日志文件，系统将创建一个新的日志文件。

下面就将上一小节分离的 Library 数据库，再附加到当前数据库实例中。

使用 SQL Server 2014 Managment Studio 附加数据库的一般操作步骤如下。

（1）在【对象资源管理器】的【数据库】节点右键单击，并选择【附加】菜单命令。

（2）在打开的【附加数据库】对话框中，单击【添加】按钮，从弹出的【定位数据库文件】对话框中，选择要附加的数据库所在的位置，单击【确定】返回【附加数据库】对话框后，再单击【确定】按钮进行附加操作，如图 10.28 所示。

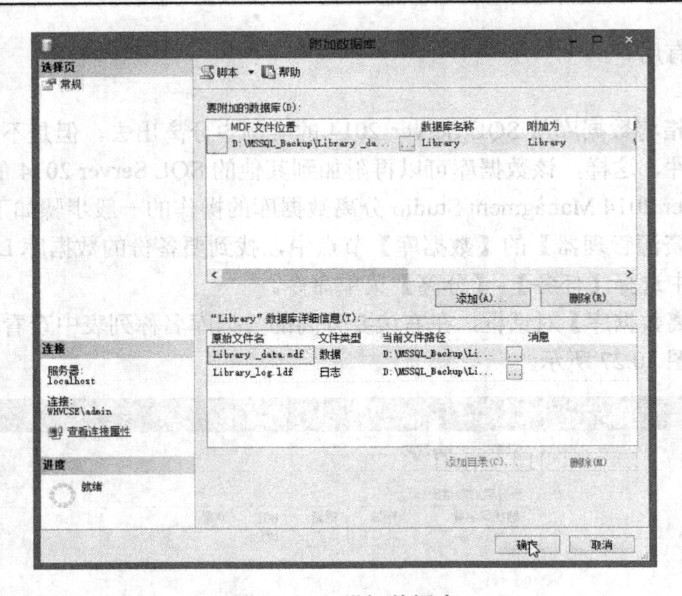

图 10.28　附加数据库

（3）完成附加数据库返回【对象资源管理器】，展开【数据库】节点，即可看到数据库 Library 已经成功附加到了当前的实例数据库。

10.4　数据库的联机和脱机

数据库总是处于一个特定的状态中，典型的如联机状态、脱机状态。当一个数据库处于可操作、可查询的状态时就是联机状态，而当一个数据库尽管可以看到其名字出现在数据库节点中，但对其不能执行任何有效的数据库操作时就是脱机状态。

在数据库管理及软件开发过程中，经常会出现对当前数据库进行迁移的操作，而在联机状态下，SQL Server 2014 Managment Studio 工具是不允许复制数据库文件的，需要先将数据库脱机，然后才能复制数据库文件。

暂停当前的联机数据库，可使用 SQL Server 2014 Managment Studio：在【对象资源管理器】的【数据库】节点找到数据库，右键单击，选择【任务】-【脱机】菜单命令，实现数据库脱机，操作成功后如图 10.29 所示。

数据库脱机后，就可以进行数据库文件的复制了，复制完成后，将数据库状态恢复为联机状态，可在数据库名称上右键单击，选择【任务】-【联机】菜单命令来实现联机，操作成功后如图 10.30 所示。

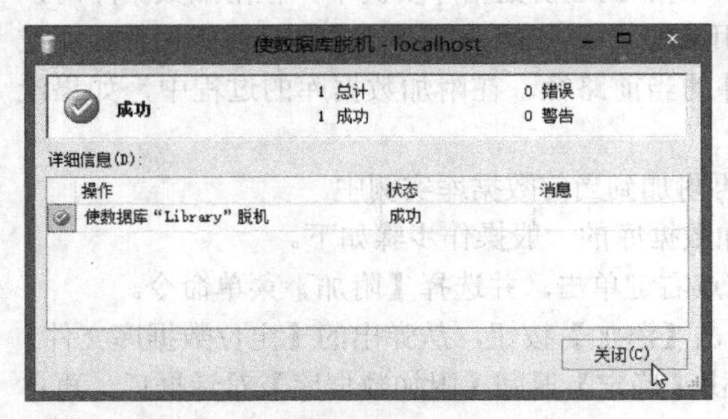

图 10.29　脱机数据库

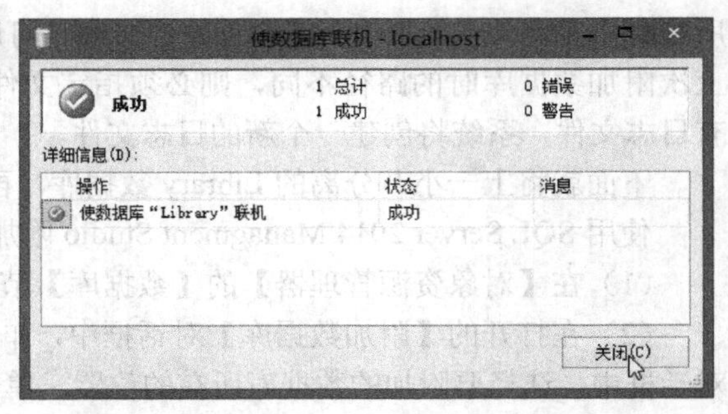

图 10.30　联机数据库

本章小结

（1）SQL Server 2014 本身有很好的安全机制，用户在使用时应注意安全性的管理。服务器级别的安全机制主要通过登录账户进行控制，要想访问一个数据库服务器，必须拥有一个登录账户。数据库级别的安全机制主要通过用户账户进行控制，要想访问一个数据库，必须拥有该数据库的一个用户账户身份。

（2）为更好地保证数据安全，还有一个重要措施就是对数据进行定期的备份，如果数据库中的数据丢失或者出现错误，可以使用备份的数据进行还原，这样就尽可能地降低了意外原因导致的损失。

（3）如果需要将数据库更改到同一计算机的不同 SQL Server 实例中，或需要移动数据库，分离和附加数据库会很有用。

（4）在数据库管理及软件开发过程中，经常会出现对当前数据库进行迁移的操作，而在联机状态下，不允许复制数据库文件，需要先将数据库脱机，然后才能复制数据库文件，复制完成后可再将数据库联机。

习题 10

10-1　简述 SQL Server 的安全管理机制。

10-2　创建一个 SQL Server 登录账户，并使用该账户登录服务器。

10-3　简述 SQL Server 2014 的固定服务器角色。

10-4　简述数据库备份的意义。

10-5　简述数据库的分离和附加操作。

实训 10　数据库安全管理

1．目标

完成本实验后，将掌握以下内容。

（1）创建 SQL Server 登录账户。

（2）管理数据库用户并进行权限管理。

（3）数据库的备份和还原。

2．准备工作

在进行本实验前，必须学习完成本章的全部内容，准备实训数据库 HongWenSoft。

实验预估时间：30 分钟。

3．实验步骤

练习　创建登录账户和数据库用户，并进行权限管理。

创建名为“stu”的用户，使其可以对 HongWenSoft 数据库的 products 表有查询的权限，但没有添加、删除、修改等其他操作权限。

（1）创建名为“stu”的 SQL Server 登录账户，默认数据库为 HongWenSoft，设置“stu”账户，可以访问的数据库为 HongWenSoft，数据库角色为 public。

（2）在 HongWenSoft 数据库中，创建数据库用户“stu”，同登录名“stu”。

（3）在 HongWenSoft 数据库的 products 表属性对话框中，为“stu”用户授予查询权限。

（4）使用登录名“stu”连接服务器，对 HongWenSoft 数据库的 products 表进行查询和其他操作（如添加、删除等），以检验“stu”用户的权限。

第 11 章　数据库应用系统的开发

【内容提要】本章重点讲述了数据库应用系统的基本框架、嵌入式 SQL，同时讲解了几种常见的数据库应用系统的开发模式和应用程序连接数据库的方式，介绍了几种常见的数据库应用系统开发工具，最后，以网上图书销售系统为例，讲解了信息系统后台数据库的设计和前台界面的设计。

11.1　数据库应用系统开发概述

11.1.1　数据库应用系统的基本框架

目前比较流行的数据库应用系统框架，是基于浏览器的三层结构框架。浏览器 / 服务器（ Browser/Server，B/S）由传统的两层结构发展而来，是三层 C/S 结构在 Web 上的应用。随着 Internet　的发展，访问同一个数据库应用系统的用户数量可能会非常庞大，而且很多用户都可能使用同样的显示和处理逻辑。相对于 C/S 结构而言，三层的 B/S 体系结构是把原来在客户机一侧的应用程序模块与显示功能分开，将应用程序模块放到 Web 服务器上单独组成一层，客户机上只需安装单一的浏览器，这样客户机的压力大大减轻了，把负荷均衡地分配给了 Web 服务器，从而克服了 C/S 两层结构负荷不均的弊端。同时，原来的服务器端进一步分解成一个 Web 服务器和一个或几个数据库服务器 。三层 C/S 结构如图 11.1 所示。

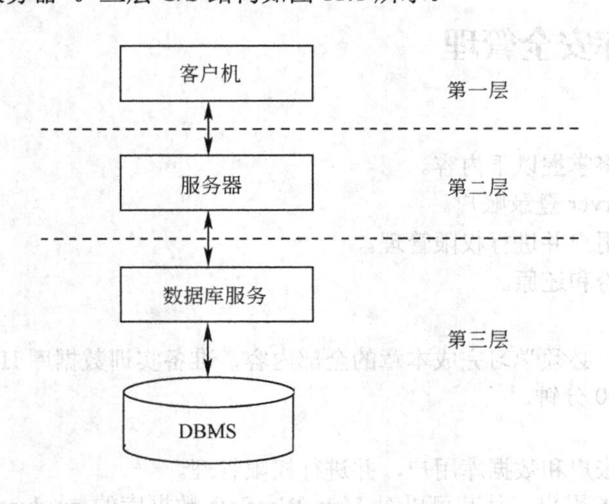

图 11.1 三层 C/S 结构图

（1）第一层是表示层：即 Web 浏览器。表示层是应用的用户接口部分，是用户与系统之间交互信息的界面。它的主要功能是检查用户输入的数据，显示系统输出的数据 。它的任务是由 Web 浏览器向网络上的某 Web Hll 务器提出服务请求，Web 服务器对用户身份进行验证后，用 HI1P 协议把所需的文件资料传送给客户端，客户机接收传来的文件资料，并把它显示在 Web 浏览器上。

（2）第二层是功能层：位于具有应用程序扩展功能的 Web 服务器上。功能层是应用的主体，位于 Web 服务器端。它包括了应用中全部的事务处理程序。除了输入、输出功能在表示层、数据库在数据层以外，统计、汇总、分析、打印功能全部都放在功能层。它的任务是：接受用户的请求后，首先需要执行相应的扩展应用程序与数据库进行连接，通过 SQL 等方式，向数据库服务器提出数据处理申请，然后等数据库服务器将数据处理的结果提交给 Web 服务器，再由 Web 服务器传送回客户端。

（3）第三层是数据层：位于数据库服务器上。数据层就是数据库管理系统，负责管理对数据库数据的读写，位于数据库服务器端，它的任务是接受 Web 服务器对数据库操纵的请求，实现对数据库查询、修改、更新等功能，把运行结果提交给 Web 服务器。

基于 Web 访问数据库的应用通常包括四部分的内容：Web 浏览器、Web 服务器、数据库服务器，以及 Web Server 与 DBMS 的接口。数据库查询通过从 Web 浏览器向 Web 服务器发送一个用户请求，服务器接收到请求后，通过 Web 与 DBMS 的接口，连接数据库服务器，并在数据库服务器上执行相应的查询，再将查询结果通过 Web 与 DBMS 的接口，返回 Web 服务器，然后传递给 Web 客户。这里实现 Web 访问数据库的关键，是 Web Server 与 DBMS 的接口，它的主要功能是负责 Web 服务器和数据库服务器之间的通信，并提供应用程序服务。对于不同的接口技术，将会产生不同的 Web 访问数据库的方案。

应用程序由 Web 页面和实现事务逻辑的中间件组成，同时也包括一些驻留在数据库服务器上的用于管理和存取数据的程序，如存储过程等。应用程序一般驻留在 Web 服务器上，用户可以通过 Web 浏览器下载 Web 页面，Web 浏览器通过 Internet 与 Web 服务器进行通信。中间件负责 Web 服务器与数据库服务器之间的通信，并完成应用程序的许多事务计算和数据库访问功能，它能通过直接调用外部程序或脚本代码，如 Java Applet、ActiveX 等，来访问数据库，提供与数据库相关的动态 HTML 页面，或执行用户查询，并将查询结果格式化为 HTML 页面，通过 Web 服务器返回给用户浏览器，数据库服务器负责管理驻留在数据库服务器中的数据。

11.1.2　嵌入式 SQL

SQL 查询语言的数据库查询功能是很强的，编写 SQL 查询语句，比用一般编程语言编码实现相同的查询要简单得多，但是在有些情况下，仍然需要使用一般通用编程语言，如 PASCAL、C 语言等，这是因为 SQL 语言是非过程化语言，有些查询要求必须通过程序过程实现，包括与用户交互、查询的特殊输出，以及对数据表中数据较为复杂的处理等。为此，可将 SQL 语句嵌入到一般通用编程语言程序中去，SQL 语句负责对数据库中数据的提取及操作，它所提取的数据逐行提交给程序，程序中其他语句负责数据的处理和传递。SQL 标准定义了许多语言的嵌入式 SQL，例如 PASCAL、Fortran、C 和 Cobol。嵌入 SQL 语句的应用程序叫做宿主程序，书写该程序的语言称为宿主语言，宿主语言中使用的 SQL 结构称为嵌入式 SQL，宿主语言可以是 C、C++、JAVA 等。

嵌入式 SQL 语句与交互式 SQL 在语法上类似，但是嵌入式 SQL 在个别语句上有所扩充。嵌入的 SQL 语句主要有两种类型：执行性 SQL 语句和说明性 SQL 语句。执行性 SQL 语句可用来定义数据、查询和操纵数据库中的数据，每一执行性语句真正对数据库进行操作。说明性语句用来说明通信域和 SQL 语句中用到的变量，说明性语句不生成执行代码。

一个使用嵌入式 SQL 的程序在执行前，一般要进行两次编译。首先预编译，嵌入的 SQL 请求被宿主语言的声明及允许运行时访问数据库的过程所代替，然后由宿主语言编译且得到执行代码。为使预处理能识别嵌入式 SQL 语句，在 SQL 语句前加上“EXEC SQL”标记。

11.1.3　数据库应用系统的开发模式

根据数据库应用系统业务功能，开发团队技术能力、开发团队习惯的不同，在进行数据库应用系统开发的时候，所用到的开发模式也有所不同，常见的开发模式如下。

1．瀑布模型

瀑布形式是将软件生命周期的各项活动，规定为依照固定次序相连的若干个期间性作业，形如瀑布流水，结尾得到软件商品。其优点为：易于了解，调研开发的期间性强，着重早期方案及需要查询，断定何时可以交给商品，以及何时进行评定与测验。其缺陷为：需求查询剖析只进行一次，不能适应客户需要而随时改变；次序的开发流程，使得开发中的经验教训，不能反映到该项意图开发中去；不能反映出软件开发进程的重复与迭代性；没有包含任何类型的危险评价；开发中呈现的疑问直到开发后期才可以暴露，因而失掉及早纠正的时机。

2．增量模型

与建造大厦相似，数据库软件也是一步一步建造起来的。在增量模型中，软件被作为一系列的增量构件来设计、实现、集成和测试，每一个构件是由多种相互作用的模块所形成的提供特定功能的代码片段构成。

增量模型在各个阶段并不交付一个可运行的完整产品，而是交付满足客户需求的一个子集的可运行产品。整个产品被分解成若干个构件，开发人员逐个构件地交付产品，这样做的好处是，软件开发可以较好地适应变化，客户可以不断地看到所开发的软件，从而降低开发风险。但是，增量模型也存在以下缺陷。

① 由于各个构件是逐渐并入已有的软件体系结构中的，所以加入构件必须不破坏已构造好的系统部分，这需要软件具备开放式的体系结构。

② 在开发过程中，需求的变化是不可避免的。增量模型的灵活性，可以使其适应这种变化的能力大大优于瀑布模型和敏捷模型，但也很容易退化为边做边改模型，从而使软件过程的控制失去整体性。

在使用增量模型时，第一个增量往往是实现基本需求的核心产品。核心产品交付用户使用后，经过评价形成下一个增量的开发计划，它包括对核心产品的修改和一些新功能的发布。这个过程在每个增量发布后不断重复，直到产生最终的完善产品。

例如，使用增量模型开发字处理软件。可以考虑第一个增量发布基本的文件管理、编辑和文档生成功能，第二个增量发布更加完善的编辑和文档生成功能，第三个增量实现拼写和文法检查功能，第四个增量完成高级的页面布局功能。

3．螺旋模型

1988年，巴利·玻姆（Barry Boehm）正式发表了软件系统开发的“螺旋模型”，它将瀑布模型和敏捷模型结合起来，强调了其他模型所忽视的风险分析，特别适合于大型复杂的系统。

螺旋模型是由风险驱动的，强调可选方案和约束条件，从而支持软件的重用，有助于提升软件质量。但是，螺旋模型也有一定的限制条件，具体如下。

① 螺旋模型强调风险分析，但要求许多客户接受和相信这种分析，并做出相关反应是不容易的，因此，这种模型往往只适应于内部的大规模软件开发。

② 如果执行风险分析，将大大影响项目的利润，因此，螺旋模型只适合于对利润要求不太高的大规模软件项目。

③ 软件开发人员应该擅长寻找可能的风险，准确地分析风险，否则将会带来更大的风险。

首先是确定该阶段的目标，完成这些目标的选择方案及其约束条件，然后从风险角度分析方案的开发策略，努力排除各种潜在的风险，有时需要通过建造原型来完成。如果某些风险不能排除，该方案应立即终止，否则启动下一个开发步骤。最后，评价该阶段的结果，并设计下一个阶段。

4．敏捷模型

敏捷模型是一种以人为核心、迭代、循序渐进的开发方法。在敏捷中，软件项目的构建被切分成多个子项目，各个子项目的成果都经过测试，具备集成和可运行的特征。换言之，就是把一个大项目分为多个相互联系，但也可独立运行的小项目，并分别完成，在此过程中软件一直处于可使用状态。

敏捷模型开发小组主要的工作方式可以归纳为：作为一个整体工作；按短迭代周期工作；每次迭代交付一些成果，关注业务优先级，检查与调整。

敏捷模型开发要注意项目规模，规模增长，团队交流成本就上去了，因此敏捷模型软件开发暂时适合不是特别大的团队开发，比较适合一个组的团队使用。

5．喷泉模型

喷泉模型与传统的结构化生存期比较，具有更多的增量和迭代性质，生存期的各个阶段可以相互重叠和多次反复，而且在项目的整个生存期中还可以嵌入子生存期。就像水喷上去又可以落下来，可以落在中间，也可以落在最底部。

6．智能模型

智能模型拥有一组工具（如数据查询、报表生成、数据处理、屏幕定义、代码生成、高层图形功能及电子表格等），每个工具都能使开发人员在高层次上定义软件的某些特性，并把开发人员定义的这些软件自动地生成为源代码。这种方法需要四代语言（4GL）的支持。4GL 不同于三代语言，其主要特征是用户界面极端友好，即使没有受过训练的非专业程序员，也能用它编写程序；它是一种声明式、交互式和非过程性编程语言。4GL 还具有高效的程序代码、智能缺省假设、完备的数据库和应用程序生成器。目前市场上流行的 4GL 都不同程度地具有上述特征。但 4GL 目前主要限于事务信息系统的中、小型应用程序的开发。

11.1.4 数据库的连接方式

1．ODBC 数据库接口

ODBC 即开放式数据库互联（Open Database Connectivity），是微软公司推出的一种实现应用程序和关系数据库之间通信的接口标准。符合标准的数据库就可以通过 SQL 语言编写的命令对数据库进行操作，但只针对关系数据库。目前所有的关系数据库都符合该标准（如 SQL Server、Oracle、Access、Excel 等）。ODBC 本质上是一组数据库访问 API（应用程序编程接口），由一组函数调用组成，核心是 SQL 语句，其结构如图 11.2 所示。

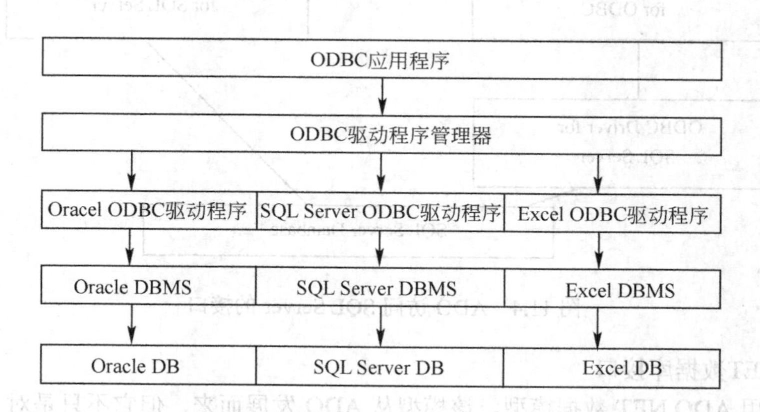

图 11.2 ODBC 数据库接口（1）

2．OLE DB 数据库接口

OLE DB 即数据库链接和嵌入对象（Object Linking and Embedding DataBase）。OLE DB 是微

软提出的基于 COM 思想且面向对象的一种技术标准，目的是提供一种统一的数据访问接口访问各种数据源，这里所说的“数据”，除了标准的关系型数据库中的数据之外，还包括邮件数据、Web 上的文本或图形、目录服务（DirectoryServices）、以及主机系统中的文件和地理数据以及自定义业务对象等。OLE DB 标准的核心内容就是提供一种相同的访问接口，使得数据的使用者(应用程序)可以使用同样的方法访问各种数据，而不用考虑数据的具体存储地点、格式或类型，如图 11.3 所示。

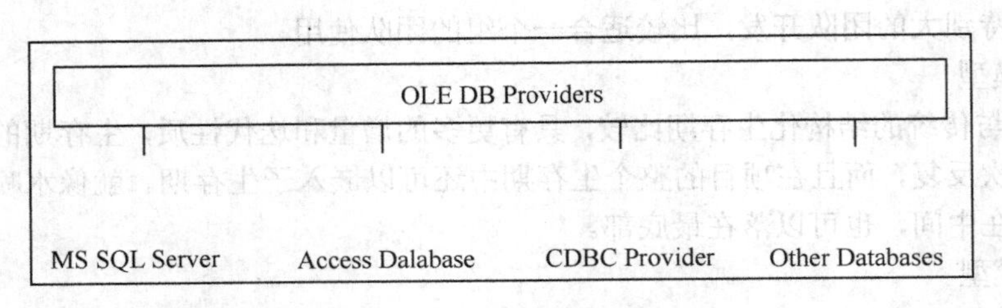

图 11.3　OLE DB 数据库接口（2）

3．ADO 数据库接口

ADO（ActiveX Data Objects）是微软公司开发的基于 COM 的数据库应用程序接口，通过 ADO 连接数据库，可以灵活地操作数据库中的数据。

图 11.4 所示为应用程序通过 ADO 访问 SQL Server 数据库接口。从图中可看出，使用 ADO 访问 SQL Server 数据库有两种途径：一种是通过 ODBC 驱动程序；另一种是通过 SQL Server 专用的 OLE DB Provider，后者有更高的访问效率。

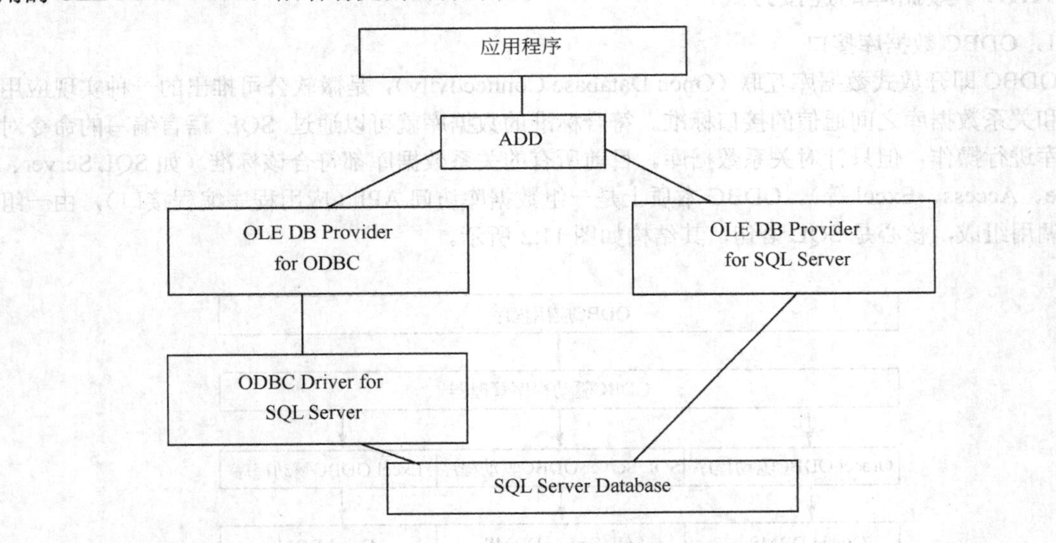

图 11.4　ADO 访问 SQL Server 的接口

4．ADO.NET数据库接口

ASP.Net使用 ADO.NET 数据模型。该模型从 ADO 发展而来，但它不只是对 ADO 的改进，而是采用了一种全新的技术。主要表现在以下几个方面。

- ADO.NET：不是采用 ActiveX 技术，而是与.NET 框架紧密结合的产物。
- ADO.NET：包含对 XML 标准的完全支持，这对于跨平台交换数据具有重要的意义。
- ADO.NET：既能在与数据源连接的环境下工作，又能在断开与数据源连接的条件下工作。

特别是后者，非常适合于网络应用的需要。因为在网络环境下，保持与数据源连接，不仅效率低，付出的代价高，而且常常会引发由于多个用户同时访问时带来的冲突，不符合网站的要求。因此ADO.NET 系统集中主要精力，用于解决在断开与数据源连接的条件下数据处理的问题。

ADO.NET 提供了面向对象的数据库视图，并且在 ADO.NET 对象中，封装了许多数据库属性和关系。最重要的是，ADO.NET 通过很多方式封装和隐藏了很多数据库访问的细节。可以完全不知道对象在与 ADO.NET 对象交互，也不用担心数据移动到另外一个数据库，或者从另一个数据库获得数据的细节问题。如图 11.5 所示。

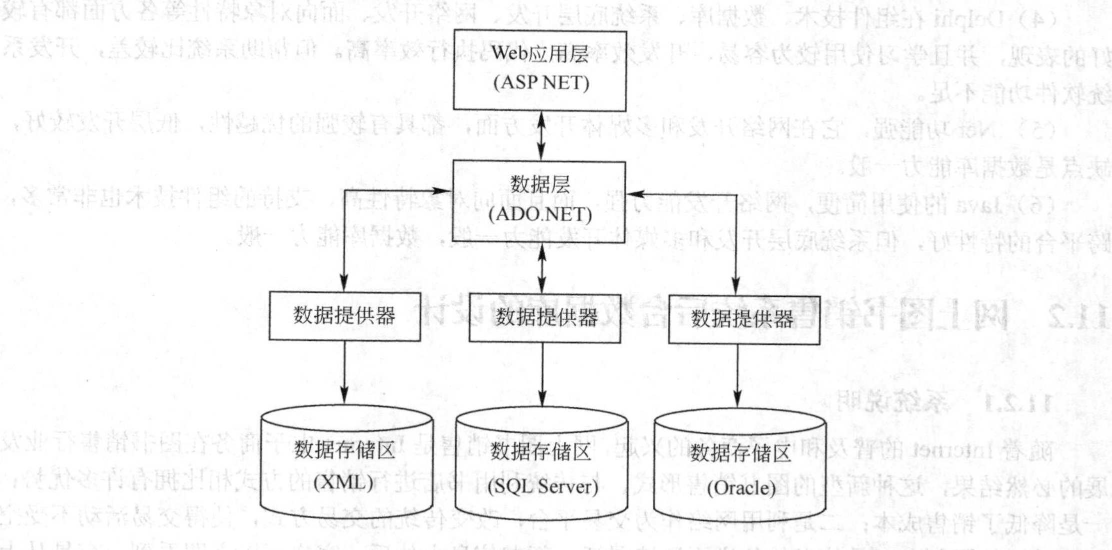

图 11.5　通过 ADO.NET 访问数据库的接口模型

5. JDBC 数据库接口

JDBC（Java Data Base Connectivity）是Java Soft 公司开发的，一组 Java 语言编写的用于数据库连接和操作的类和接口，可为多种关系数据库提供统一的访问方式。通过 JDBC 完成对数据库的访问，它包括四个主要组件：Java 应用程序、JDBC 驱动器管理器、驱动器和数据源。

在 JDBC API 中有两层接口：应用程序层和驱动程序层，前者使开发人员可以通过 SQL 调用数据库和取得结果，后者处理与具体数据库驱动程序的所有通信。

使用 JDBC 接口对数据库操作有如下优点。

（1）JDBC API 与 ODBC 十分相似，有利于用户理解。

（2）使编程人员从复杂的驱动器调用命令和函数中解脱出来，而致力于应用程序功能的实现。

（3）JDBC 支持不同的关系数据库，增强了程序的可移植性。

使用 JDBC 的主要缺点：访问数据记录的速度会受到一定影响，此外，由于 JDBC 结构中包含了不同厂家的产品，这给数据源的更改带来了较大麻烦。

11.1.5　数据库应用系统开发工具

目前比较流行的几种开发工具是 VFP、VB、PB、Delphi、.Net 和 Java 等工具。

（1）VFP 容易学习和掌握，有较高的开发效率，除嵌入标准的 SQL 语句外,本身提供了数据库操纵命令，方便快捷。其缺点是不具备跨平台这个特性，对于组件技术不完善，API 调用困难，对事物的支持能力较差，不能嵌套汇编，网络与多媒体功能较差。

（2）VB 的特点是容易学习,开发效率较高，编写静态页面非常方便，语言应用广泛，但不具备跨平台这个特性，对于组件技术不完善，系统底层开发的时候也是相对复杂的，调用 API 函数需声明，不能进行DDK编程，不能嵌套汇编,面向对象的特性差，网络功能和数据库功能也没有非常突出的表现。

（3）PB是开发MIS系统和各类数据库跨平台的首选,使用简单，容易学习,容易掌握，在代码执行效率较高，是一种真正的4GL语言，可随意直接嵌套SQL语句，数据访问中具有无可比拟的灵活性，非常适合编写服务端动态Web应用，但系统底层开发较复杂，调用API函数需声明，不能嵌套汇编，网络通信的支持不足，静态页面定制支持有限，PB在网络方面的应用也不能非常广泛，面向对象特性一般。

（4）Delphi在组件技术、数据库、系统底层开发、网络开发、面向对象特性等各方面都有较好的表现，并且学习使用较为容易，开发效率高，代码执行效率高。但帮助系统比较差，开发系统软件功能不足。

（5）.Net功能强，它在网络开发和多媒体开发方面，都具有较强的优越性，低层开发较好，缺点是数据库能力一般。

（6）Java的使用简便，网络开发能力强，而且面向对象特性高，支持的组件技术也非常多，跨平台的特性好，但系统底层开发和多媒体开发能力一般，数据库能力一般。

11.2 网上图书销售系统后台数据库的设计

11.2.1 系统说明

随着Internet的普及和电子商务的兴起,网上图书销售是Internet电子商务在图书销售行业发展的必然结果，这种新型的图书销售形式，与传统利用书店进行销售的方式相比拥有许多优势：一是降低了销售成本；二是利用网络作为交易平台，改变传统的交易方式，使得交易活动不受空间和时间的限制；三是信息的传递更迅速灵活，新书信息上传后，客户可以立即看到，交易马上可以从网上进行。网上图书商城的主要功能，是利用网站作为交易平台，将图书的一些基本信息，以网站的形式发布到Internet中，客户可以通过Internet登录图书销售网站，查看售书信息，并提交订单订购图书，实现在线交易。

网上书城主要包括会员注册、订单管理、购物车、搜索、支付等基本功能。此外，本系统也将实现在线图书销售系统的后端管理，包括图书的添加、订单的处理等功能。本系统完全基于Struts2+Hibernate+Spring技术，在系统的设计与开发过程中，严格遵守软件工程的规范，运用软件设计模式，从而减少系统模块间的耦合，力求做到系统的稳定性、可重用性和可扩充性。

网上书城主要功能如下。

（1）客户购买部分

① 用户管理：注册会员、登录、激活、退出、修改密码；

② 分类显示：显示所有1级和2级分类；

③ 图书显示：按分类查询图书、通过关键字搜索图书、高级搜索图书、查看某本图书的详细等；

④ 购物车管理：向购物车中添加图书、修改购物车中图书数量、删除购物车中图书、我的购物车；

⑤ 订单管理：通过购物车中图书生成订单、查看我的订单、查看某个订单的详细、订单支付、确认收货、取消未付款订单。

（2）管理员管理部分

① 管理员：管理员登录；

② 分类管理：查看所有分类、添加一级分类、添加二级分类、修改一级分类、修改二级分

类、删除一级分类、删除二级分类；

③ 图书管理：按分类搜索图书、高级搜索图书、添加新图书、查看图书详细信息、编辑图书、删除图书；

④ 订单管理：按状态搜索订单、查看订单详细信息、取消订单、发货。

根据系统功能分析，可以画出系统的功能模块图。用户购书功能图如图 11.6 所示。

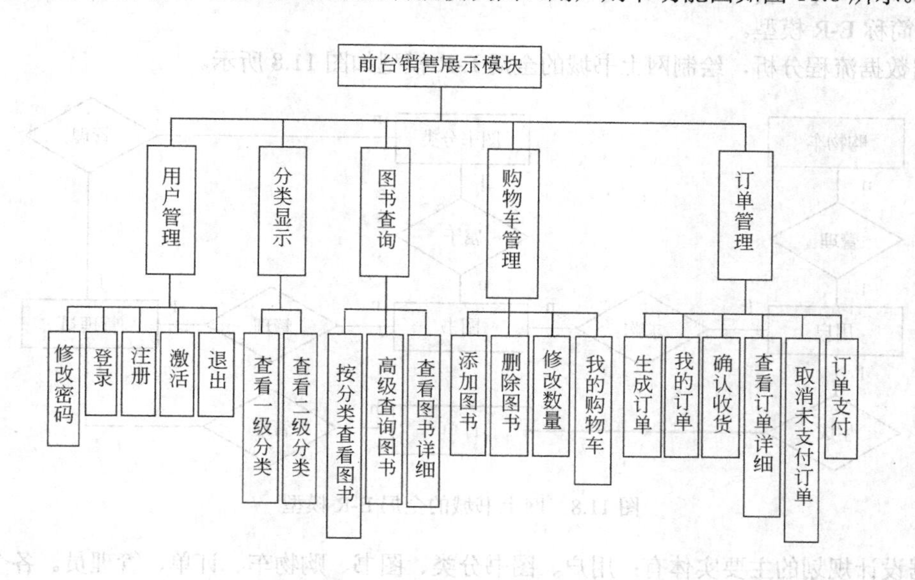

图 11.6　用户购书功能图

管理员功能图如图 11.7 所示。

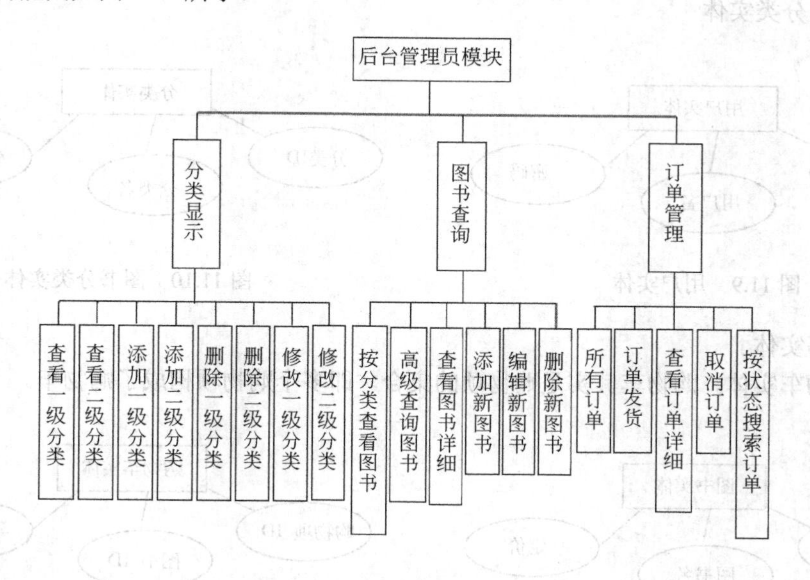

图 11.7　管理员功能图

11.2.2　数据库分析

信息系统的主要任务是通过大量数据获得管理所需要的信息，这就要求系统本身能够存储和管理大量的数据，本系统的数据存储选择 MySQL 数据库。

1. E-R 模型图

概念模型是对信息世界建模，所以概念模型应该能够方便、准确地表示信息世界中的常用概念。概念模型的表示方法很多，其中最为常用的是 P.P.S.Chen 于 1976 年提出的实体联系方法(Entity-Relationship Approach，E-R)。该方法用 E-R 图来描述现实世界的概念模型，称为实体-联系模型，简称 E-R 模型。

根据数据流程分析，绘制网上书城的全局 E-R 模型如图 11.8 所示。

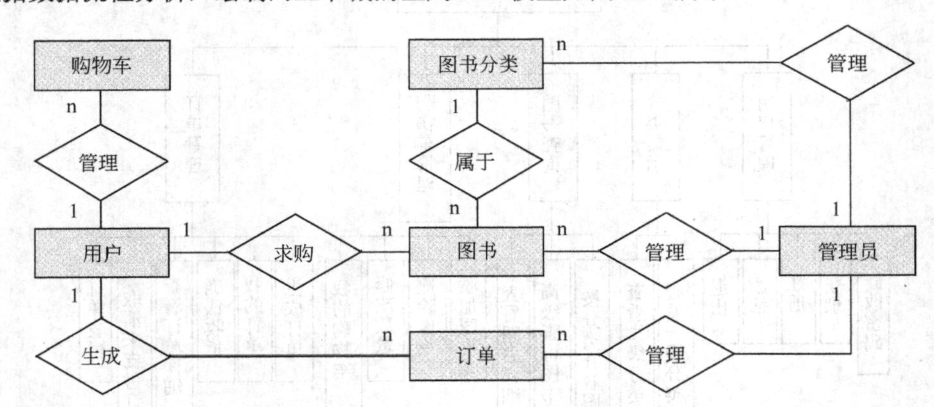

图 11.8 网上书城的全局 E-R 模型

根据设计规划的主要实体有：用户、图书分类、图书、购物车、订单、管理员。各个实体具体的描述属性如图 11.9～图 11.13 所示(因为属性过多的原因，实体属性在图中并没有全部给出)。

(1) 用户实体

(2) 图书分类实体

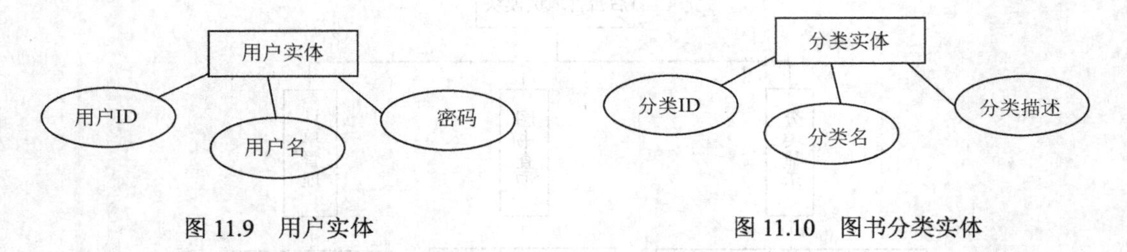

图 11.9 用户实体　　图 11.10 图书分类实体

(3) 图书实体

(4) 购物车实体。购物车其实是购物项的集合，即多个购物项构成了购物车。

图 11.11 图书实体　　图 11.12 购物车实体

(5) 订单实体。订单其实是订单项的集合，即多个订单项构成了订单。

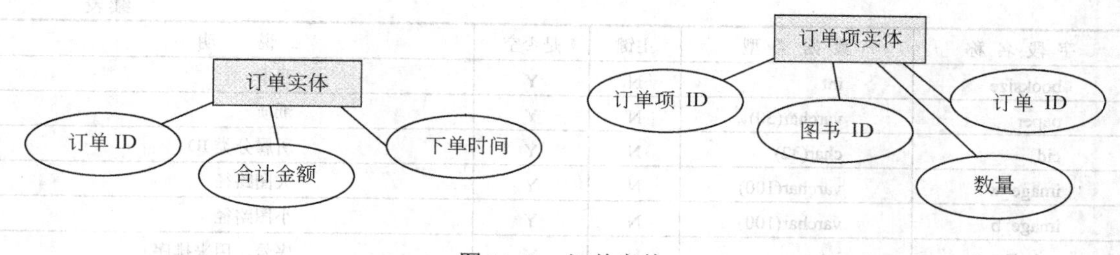

图 11.13　订单实体

2．数据库表设计

数据库表设计主要是把概念结构设计时设计好的基本 E-R 图，转换为与选用 DBMS 产品所支持的数据模型相符合的逻辑结构。它包括数据项、记录及记录间的联系、安全性和一致性约束等。导出的逻辑结构是否与概念模式一致，从功能和性能上是否满足用户的要求，要进行模式评价。本系统数据库见表 11.1～表 11.7。

表 11.1　t_user

字 段 名 称	数 据 类 型	主键	是否空	说　明
uid	char(32)	Y	N	主键
loginname	varchar(50)	N	N	登录名
loginpass	varchar(50)	N	N	登录密码
email	varchar(50)	N	N	邮箱地址
status	boolean	N	N	是否激活
activationCode	char(64)	N	N	激活码(唯一)

表 11.2　t_category

字 段 名 称	数 据 类 型	主键	是否空	说　明
cid	char(32)	Y	N	主键
cname	varchar(50)	N	N	分类名称
pid	char(32)	N	Y	父分类 ID
desc	varchar(100)	N	Y	分类描述
orderBy	int	N	Y	序号，用来排序

表 11.3　t_book

字 段 名 称	数 据 类 型	主键	是否空	说　明
bid	char(32)	Y	N	主键
bname	varchar(200)	N	N	书图名称
author	varchar(50)	N	Y	作者
price	decimal(8,2)	N	Y	定价
currPrice	decimal(8,2)	N	Y	当前价
discount	decimal(3,1)	N	Y	折扣
press	varchar(100)	N	Y	出版社
publishtime	char(10)	N	Y	出版时间
edition	int	N	Y	版次
pageNum	int	N	Y	页数
wordNum	int	N	Y	字数
printtime	char(10)	N	Y	印刷时间

续表

字段名称	数据类型	主键	是否空	说　明
booksize	int	N	Y	开本
paper	varchar(50)	N	Y	纸质
cid	char(32)	N	Y	所属分类 ID
image_w	varchar(100)	N	Y	大图路径
image_b	varchar(100)	N	Y	小图路径
orderBy	int	N	Y	序号，用来排序

表 11.4　t_cartitem

字段名称	数据类型	主键	是否空	说　明
cartItemId	char(32)	Y	N	主键
quantity	int	Y	N	数量
bid	char(32)	Y	N	图书 ID
uid	char(32)	Y	N	用户 ID
orderyBy	int	Y	N	序号，用来排序

表 11.5　t_order

字段名称	数据类型	主键	是否空	说　明
oid	char(32)	Y	N	主键
ordertime	char(19)	Y	N	下单时间
total	decimal(10,2)	Y	N	合计金额
status	int	Y	N	订单状态
address	varchar(1000)	Y	N	收货地址
uid	char(32)	Y	N	用户 ID

表 11.6　t_orderitem

字段名称	数据类型	主键	是否空	说　明
orderItemId	char(32)	Y	N	主键
quantity	int	Y	N	数量
subtotal	decimal(8,2)	Y	N	小计
bid	char(32)	Y	N	图书 ID
oid	char(32)	Y	N	所属订单 ID

表 11.7　t_admin

字段名称	数据类型	主键	是否空	说　明
adminId	char(32)	Y	N	主键
adminname	varchar(50)	Y	N	管理员名称
adminpwd	varchar(50)	Y	N	管理员密码

11.3　网上图书销售系统前台界面的设计

1. 首页设计

首页模块包括 3 个主要的部分，采用内嵌框架技术，位置分别为上、左、中，如图 11.14 所示。

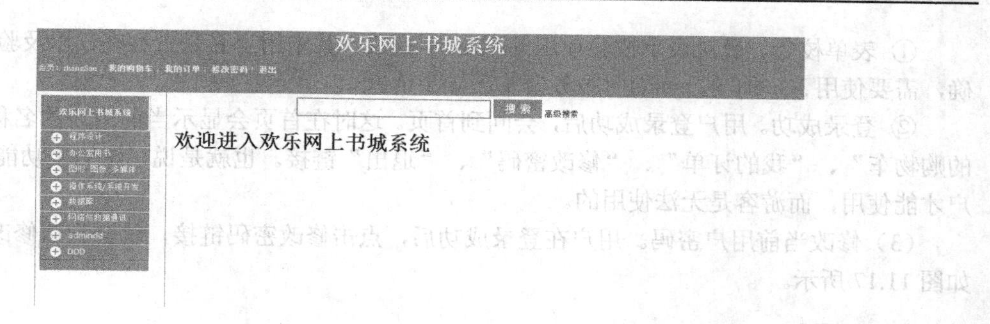

图 11.14　首页

2．用户模块

注册用户是构成网站主体的一个重要组成部分，网站设置注册用户的目的之一，在于方便网站信息的管理。

（1）用户注册。用户在登录之前需要先进行注册，在首页中点击“注册”链接，就可以到达注册页面，如图 11.15 所示。

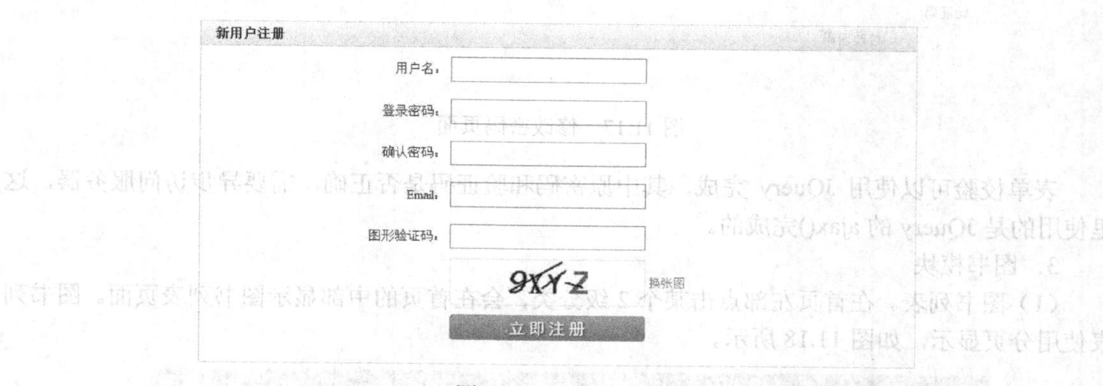

图 11.15　注册页面

① 表单校验。表单校验中，用户名是否被注册过、Email 是否被注册过、验证码是否正确，这三项都需要请求服务器验证，所以这里使用的是 JQuery 的 ajax()来完成对服务器的访问。

② 激活。当用户注册成功后，还需要激活成功才能登录。在注册成功后，系统给用户的邮箱发送一份激活邮件。当用户登录自己的邮箱后，在激活邮件中点击激活链接完成激活后，才可以去登录。

（2）用户登录。在首页点击“登录”链接就可以来到登录页面，如图 11.16 所示。

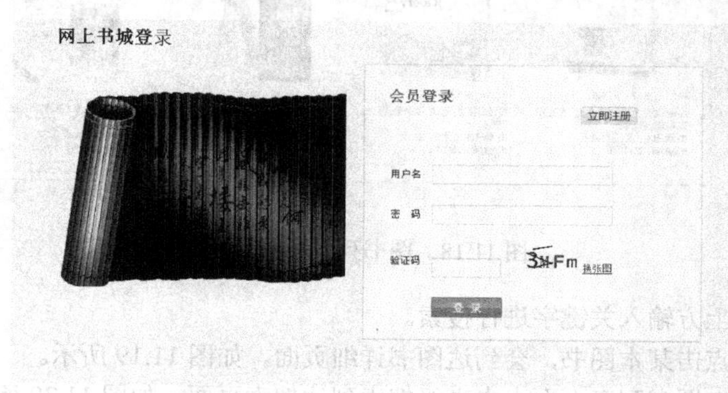

图 11.16　登录页面

① 表单校验。登录表单校验使用的 JQuery 完成，其中用户名是否存在，以及验证码是否正确，需要使用 JQuery 的 ajax()向服务器发送异步请求。

② 登录成功。用户登录成功后，会回到首页。这时在首页会显示当前用户的名称，以及“我的购物车”、“我的订单”、“修改密码”、“退出”链接。也就是说，这几个功能只能登录用户才能使用，而游客是无法使用的。

（3）修改当前用户密码。用户在登录成功后，点击修改密码链接，就会到达修改密码页面，如图 11.17 所示。

图 11.17　修改密码页面

表单校验可以使用 JQuery 完成，其中原密码和验证码是否正确，需要异步访问服务器，这里使用的是 JQuery 的 ajax()完成的。

3．图书模块

（1）图书列表。在首页左部点击某个 2 级分类，会在首页的中部显示图书列表页面。图书列表使用分页显示，如图 11.18 所示。

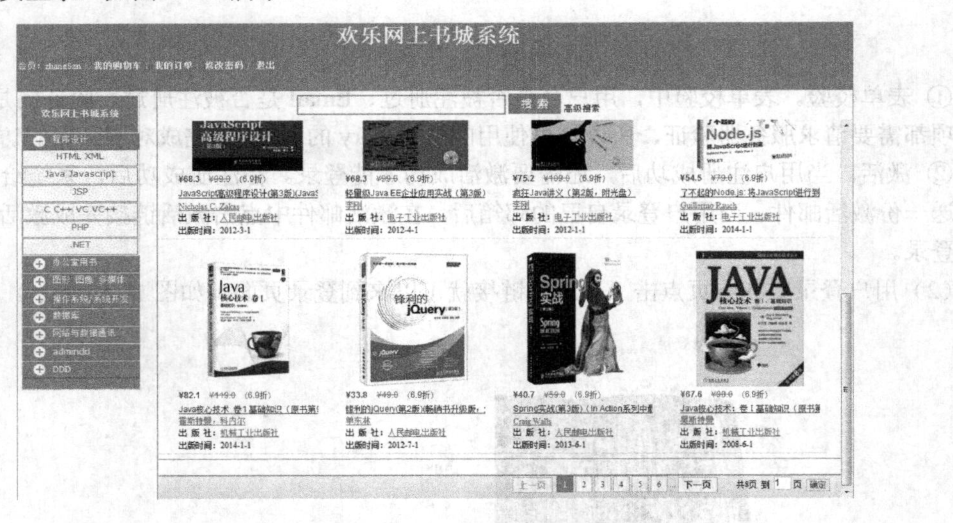

图 11.18　图书列表页面

可以在图书列表上方输入关键字进行搜索。

（2）图书详细。点击某本图书，会到达图书详细页面，如图 11.19 所示。

（3）高级搜索。在图书列表页面点击高级搜索到达搜索页面，如图 11.20 所示。

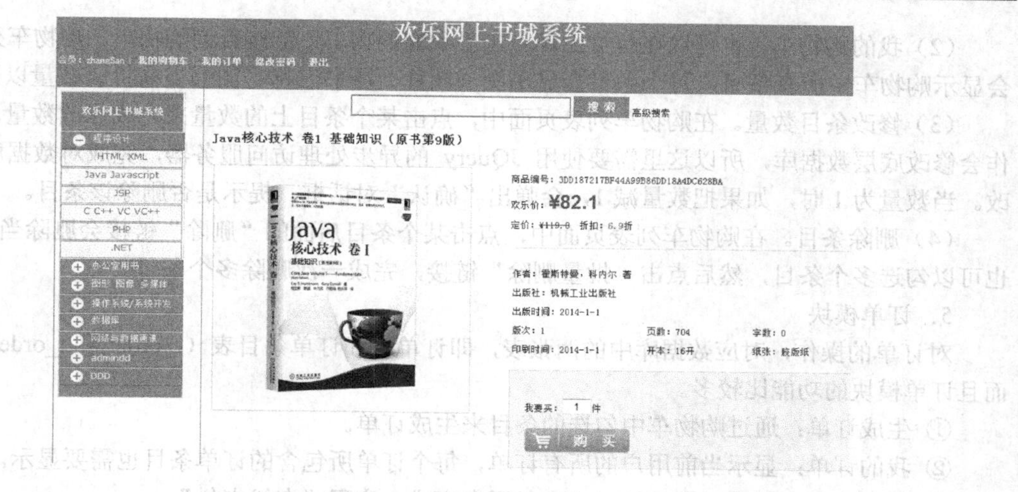

图 11.19　图书详细页面

搜 索　高级搜索

书名：

作者：

出版社：

搜　索　重新填写

图 11.20　搜索页面

高级搜索有三个条件：书名、作者、出版社，三个条件的关系是并列的，而且三个条件都是模糊查询。

4．购物车

购物车使用数据库来保存数据，也就是说，添加到购物车中的图书，不会因为关闭浏览器，或者是关闭电脑而消失，而且修改数量，是通过异步请求来操作数据库的。

（1）添加图书到购物车。在图书详细页面，给出数量，然后点击“购买”就可以把图书添加到购物车中，并且会到达购物车列表页面，如图 11.21 所示。

☑全选	商品名称	单价	数量	小计	操作
☑	Spring实战(第3版)（In Action系列中最畅销的Spring图书，近十万读者学习Spring的共同选择）	¥40.7	1	¥40.7	删除
☑	Spring实战(第3版)（In Action系列中最畅销的Spring图书，近十万读者学习Spring的共同选择）	¥40.7	1	¥40.7	删除
☑	Spring实战(第3版)（In Action系列中最畅销的Spring图书，近十万读者学习Spring的共同选择）	¥40.7	1	¥40.7	删除

批量删除　　总计：¥203.5

结　算

图 11.21　购物车列表页面

（2）我的购物车。也可以在首页上部点击“我的购物车”链接查询购物车。购物车列表页面会显示购物车中所有条目，每个条目会显示图书图片、图书名称、图书当前价、数量以及小计。

（3）修改条目数量。在购物车列表页面中，点击某个条目上的数量来完成修改数量。这项操作会修改底层数据库，所以这里需要使用 JQuery 的异步处理访问服务器，完成对数据库表的修改。当数量为 1 时，如果把数量减 1，会弹出“确认”对话框，提示是否删除该条目。

（4）删除条目。在购物车列表页面中，点击某个条目后面的“删除”链接会删除当前条目，也可以勾选多个条目，然后点击“批量删除”链接，完成一次删除多个条目。

5．订单模块

对订单的操作，对应数据库中的两张表，即订单表和订单条目表（t_order 和 t_orderitem），而且订单模块的功能比较多。

① 生成订单：通过购物车中勾选的条目来生成订单。

② 我的订单：显示当前用户的所有订单，每个订单所包含的订单条目也需要显示。

③ 订单支付：使用易宝的第三方支付平台完成，实现“在线支付”。

④ 订单详细：显示指定的某个订单。

⑤ 订单取消和订单的确认收货：这两个功能都是对订单状态的修改。

（1）选中条目，准备生成订单。在购物车列表页面中，勾选要购买的条目，然后点击“结算”按钮，完成选中条目，准备生成订单，这会到达订单准备页面，如图 11.22 所示。

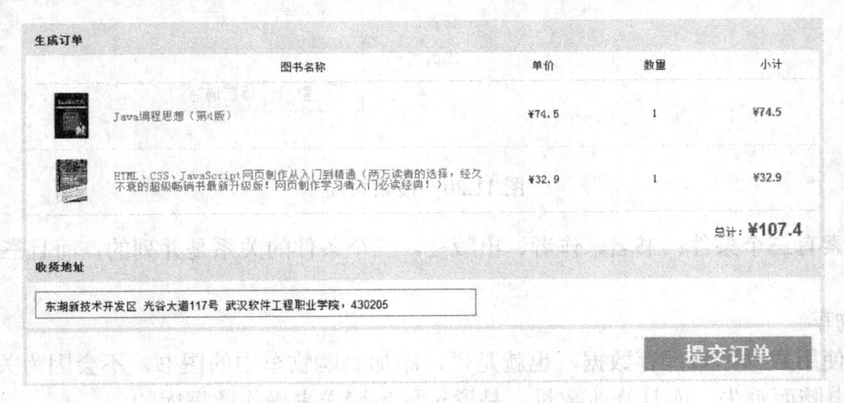

图 11.22　订单准备页面

（2）生成订单。在订单准备页面，输入收货地址，然后点击“提交订单”按钮，完成下单（生成订单）。这时会到达“下单成功”页面，如图 11.23 所示。

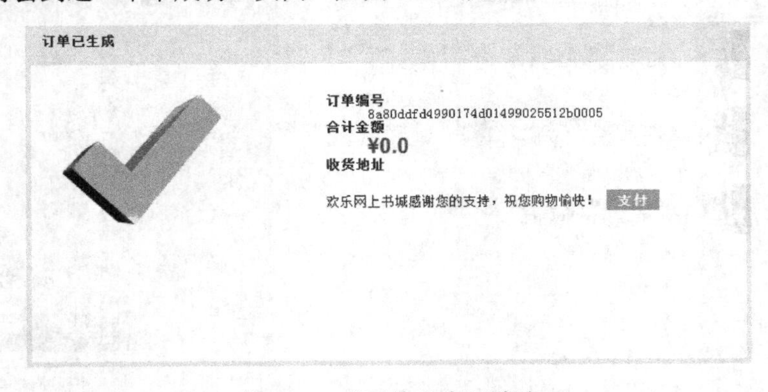

图 11.23 “下单成功”页面

这时订单已经生成，但状态为“未付款”。可以在“下单成功”页面点击“支付”按钮，到达“支付”页面。

（3）订单列表。在首页上部点击“我的订单”链接，就会到达订单列表页面。该页面会显示当前用户的所有订单信息。该页使用分页显示订单，如图 11.24 所示。

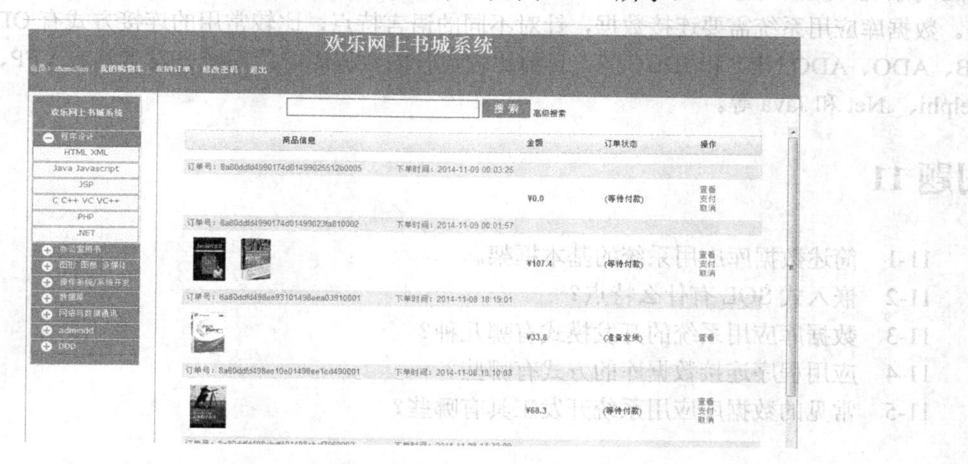

图 11.24　订单列表页面

（4）支付页面。在“下单成功”页面，或者“订单列表”页面中，点击“支付”按钮都可以到达“支付”页面。在“支付”页面中选择银行，然后点击“下一步”就会跳转到银行的支付页面了，如图 11.25 所示。

图 11.25　银行的支付页面

本章小结

（1）数据库应用系统目前比较流行的框架是基于浏览器的三层结构框架。因为 SQL 语言是非过程化语言，有些查询要求必须通过程序过程实现，包括与用户交互、查询的特殊输出及对数据表中数据较为复杂的处理等，可将 SQL 语句嵌入到一般通用编程语言程序中去，SQL 语句负责对数据库中数据的提取及操作，它所提取的数据逐行提交给程序，程序中其他语句负责数据的处理和传递。

（2）根据数据库应用系统业务功能，开发团队技术能力，开发团队习惯的不同，在进行数据库应用系统开发的时候，所用到的开发模式也有所不同，常见的开发模式有瀑布模型、螺旋模型等。数据库应用系统需要连接数据，针对不同的语言特点，比较常用的连接方式有 ODBC、OLE DB、ADO、ADO.NET 和 JDBC 等。目前比较流行的数据库应用系统开发工具有 VFP、VB、PB、Delphi、.Net 和 Java 等。

习题 11

11-1 简述数据库应用系统的基本框架。

11-2 嵌入式 SQL 有什么特点？

11-3 数据库应用系统的开发模式有哪几种？

11-4 应用程序连接数据库的方式有哪些？

11-5 常见的数据库应用系统开发工具有哪些？

参 考 文 献

[1] 张莉. SQL Server 数据库原理与应用教程. 第4版. 北京：清华大学出版社，2016.

[2] 张孝译. 数据库原理. 第6版. 北京：中国人民大学出版社，2017.

[3] 李俊山. 数据库原理及应用（SQL Server）. 第2版. 北京：清华大学出版社，2012.

[4] 李军. SQL Server2012 数据库原理与应用案例教程. 北京：北京大学出版社，2015.

[5] 虞江锋. 数据库基础与项目实训教程（基于 SQL Server）. 北京：科学出版社，2010.

[6] 邓利强. 轻松掌握 SQL. 第3版. 北京：电子工业出版社，2000.

[7] 宋沄剑. SQL Server 2012 管理高级教程. 第2版. 北京：清华大学出版社，2013.

[8] 萨师煊，王珊. 数据库系统概论. 北京：高等教育出版社，2004.

[9] 苗雪兰. 数据库系统原理及应用教程. 北京：机械工业出版社，2004.

[10] 程有娥. SQL Server 数据库管理系统项目教程. 北京：化学工业出版社，2014.